新编21世纪高等职业教育精品教材
装备制造类

电工实训

主　编◎赵艳芝　刘圳波　崔嘉玲
副主编◎杨凤湖　刘　伟　高　波
　　　　史雪飞　廖方圆　管延菊
参　编◎刘　冠　冷　月　徐洪亮
　　　　肖　冰

中国人民大学出版社
·北京·

图书在版编目（CIP）数据

电工实训 / 赵艳芝，刘圳波，崔嘉玲主编．-- 北京 ：中国人民大学出版社，2025. 1. --（新编 21 世纪高等职业教育精品教材）. -- ISBN 978-7-300-33573-5

Ⅰ. TM

中国国家版本馆 CIP 数据核字第 2025JT5987 号

新编 21 世纪高等职业教育精品教材 · 装备制造类

电工实训

主　编　赵艳芝　刘圳波　崔嘉玲

副主编　杨凤湖　刘　伟　高　波　史雪飞　廖方圆　管延菊

参　编　刘　冠　冷　月　徐洪亮　肖　冰

Diangong Shixun

出版发行	中国人民大学出版社		
社　　址	北京中关村大街 31 号	**邮政编码**	100080
电　　话	010－62511242（总编室）		010－62511770（质管部）
	010－82501766（邮购部）		010－62514148（门市部）
	010－62515195（发行公司）		010－62515275（盗版举报）
网　　址	http://www.crup.com.cn		
经　　销	新华书店		
印　　刷	中煤（北京）印务有限公司		
开　　本	787 mm×1092 mm　1/16	**版　　次**	2025 年 1 月第 1 版
印　　张	15.5	**印　　次**	2025 年 1 月第 1 次印刷
字　　数	315 000	**定　　价**	49.00 元

PREFACE

前言

党的二十大报告指出，教育、科技、人才是全面建设社会主义现代化国家的基础性、战略性支撑。教育是国之大计、党之大计。职业教育是我国教育体系的重要组成部分，肩负着“为党育人、为国育才”的神圣使命。本教材以习近平新时代中国特色社会主义思想为指导，深入贯彻落实党的二十大精神，将思想道德建设与专业素质培养融为一体，着力培养爱党爱国、敬业奉献，具有工匠精神的高素质技能人才。

目前，电工技术已经发展到了一定的高度，现代化工业、现代化农业、现代化物流业和现代化制造业等领域都离不开电工技术人才。

本教材基于实际工作过程组织内容，体现模块化教学理念，通过七个模块实现了教学过程与生产过程的对接。主要内容包括电工安全知识、电工基本操作技术、常用电工仪表的使用、常用低压电器与电动机的应用、照明设备的认识与安装、电力拖动基本控制电路的安装、常用机床电气控制设备及电气控制电路的检修等，强调操作技能和工作安全，突出对学生实际操作能力的培养。

本教材从职业院校学生的实际情况出发，坚持能力本位，突出实用、够用，同时运用数字技术立体化讲解知识点。具体特点如下：

（1）模块化教学，多资源支持。以知识点或教学单元为依据，进行模块化教学，方便知识的动态化组织与更新，同时有利于学生进行情境化、系统化学习，注重情境在学习中的重要作用，并充分利用各种信息资源来支持教与学。

（2）强调“学、测、评、导”一体化。课程内容的设计有助于学生完成“学、测、评、导”这一完整的学习过程，强调边学边练，参与互动，从而激发学生的学习兴趣和动力。

（3）标准引领，校企合作。遵循职业教育国家教学标准，参照国家职业技能鉴定标准、“1＋X”职业技能等级标准完善教学内容。同时，通过引入企业工程师，将新技术、新工艺、新规范纳入教材。

（4）问题导向，提升能力。对理论知识、实训、学习评价等进行一体化设计，为学生的自主学习、探究式学习创设良好的情境，培养学生“发现问题、凝练问题、分析问题、解决问题”的能力。

由于时间仓促，加之编者水平有限，书中难免存在疏漏之处，恳请广大读者批评指正。

编者

C O N T E N T S 目录

模块一

电工安全知识

实训一 电流对人体的危害与救护

知识点

- 安全用电知识及常见的触电方式。
- 运用电气监测、电气检查和电气控制知识来保障安全，解决生产中的安全问题。

技能点

- 触电急救方法。

安全要点

- 强化安全意识，保障用电安全。

素养提升

- 树立自觉遵守电工安全操作规程的意识，以及团队合作意识。
- 贯彻 6S（整理、整顿、清扫、清洁、素养、安全）管理理念。

一、电流对人体的伤害

1. 电流对人体伤害的类型

触电事故是由电流的能量造成的，是电流对人体的伤害。电流对人体的伤害可分为电击和电伤。

（1）电击是指电流通过人体内部，破坏人的心脏、神经系统、肺部的正常工作从而造成伤害。

电气设备正常状态下的电击称为**直接接触电击**，故障状态下的电击称为**间接接触电击**。

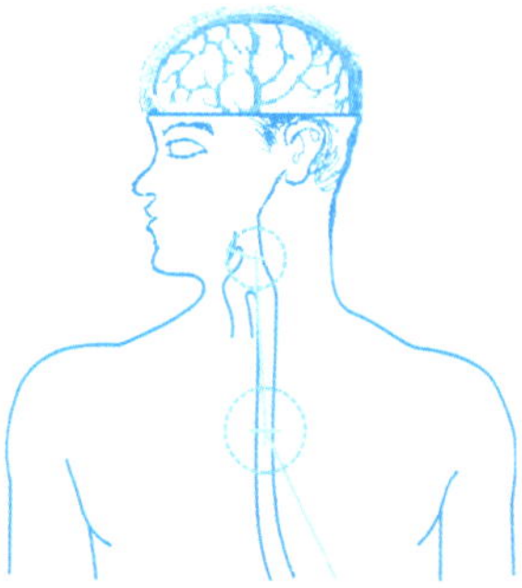

神经系统受到电流强烈刺激，造成呼吸中枢衰竭，呼吸麻痹（见图 1－1－1），心室纤维性颤动，导致昏迷和死亡。电流对人体的作用没有预兆，人体遭到电击后，防卫能力迅速下降。

图 1－1－1　神经系统受到电流刺激

（2）电伤是指电流转换为其他形式的能量作用于人体从而造成的伤害，这是由电流的热效应、化学效应、机械效应共同作用的结果。电伤主要包括电灼伤、电烙印、皮肤金属化等。

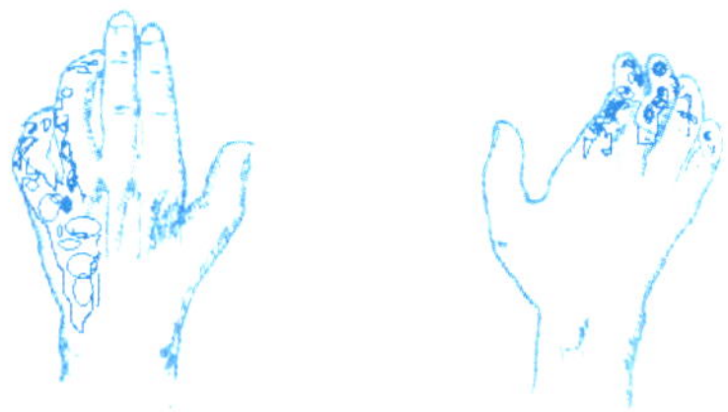

图 1－1－2　电灼伤

电灼伤是电流的热效应造成的伤害（见图 1－1－2），分为**电流灼伤**和**电弧灼伤**两种。电流灼伤是电流通过人体时电能转换成热能造成的伤害；电弧灼伤是由弧光放电引起的，电弧灼伤也能致命。

图 1－1－3　电烙印

电烙印通常是在人体与带电体紧密接触时，由电流的化学效应和机械效应共同作用引起的伤害。接触部位将留下永久性斑痕，斑痕处皮肤失去弹性，表皮坏死，如图 1－1－3 所示。

图 1－1－4　皮肤金属化

皮肤金属化是指因电流熔化和蒸发的金属微粒渗入表皮而造成的伤害（见图 1－1－4）。皮肤金属化多与电弧灼伤同时发生。

2. 对人体作用的电流的划分

（1）感知电流。在一定概率下，通过人体并使人产生感觉的最小电流称为**感知电流**。

（2）摆脱电流。在一定概率下，人触电后能自行摆脱带电体的最大电流称为**摆脱电流**。

（3）室颤电流。通过人体使心室发生纤维性颤动的最小电流称为**室颤电流**。电击致命的主要原因是电流引起**心室颤动**。

3. 影响触电伤害程度的因素

（1）电流的大小。通过人体的电流越大，人的生理反应越强烈，危险性越大。通过人体的电流强度取决于触电电压和人体电阻。人体电阻一般为 1kΩ～2kΩ。总体来说人体电阻是个可变值。

（2）持续时间。通电时间越长，越容易引起心室纤维性颤动，电击危险性越大。发生心室纤维性颤动后，血液循环实际上是中止的。

（3）电流的途径。电流通过头部会使人立即昏迷，甚至死亡；电流通过脊髓，会导致半截肢体瘫痪；电流通过中枢神经，会引起中枢神经强烈失调，造成窒息进而导致死亡。

（4）电流频率。常用的 50～60Hz 工频交流电对人体的伤害最严重。低于 20Hz 时，危险性相对减小；2000Hz 以上时，死亡危险性降低，但容易引起皮肤灼伤。

（5）人体健康状况。患心脏病、结核病、精神病、内分泌疾病或醉酒的人，抵抗力差，触电后果更为严重。

二、常见的触电方式

1. 单相触电

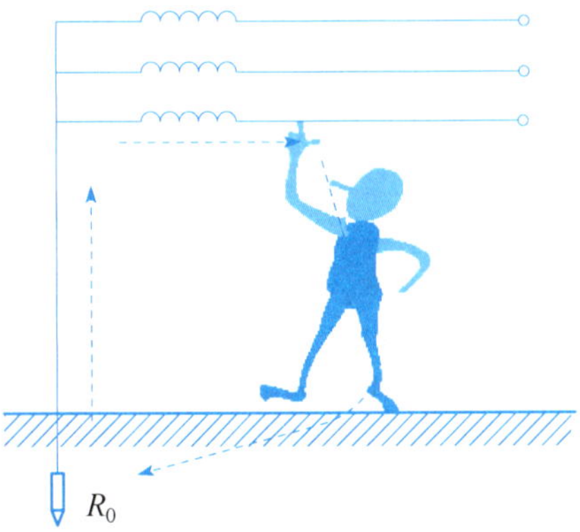

人体的某一部分接触带电体时，另一部分与大地或中性点相接，这种触电现象称为单相触电。电源中性点直接接地的单相触电如图 1-1-5 所示。

图 1-1-5　电源中性点直接接地的单相触电

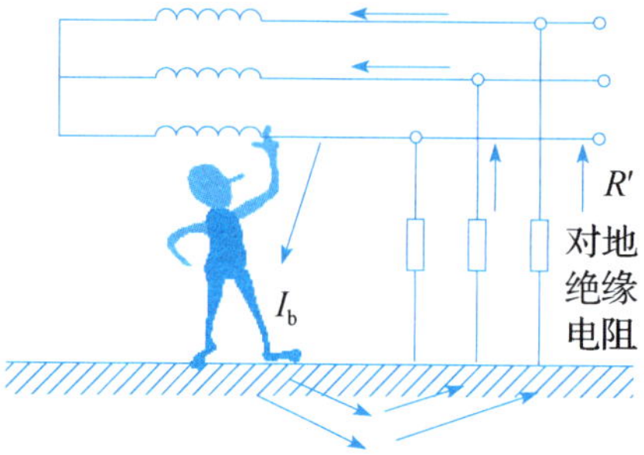

电源中性点不直接接地的单相触电如图 1-1-6 所示。

图 1-1-6　电源中性点不直接接地的单相触电

单相触电时，电流路径是相线→人体→大地→接地极→中心点。该回路中有 3 个电阻，人体电阻、人体与地的接触电阻、接地极电阻。通过人体的电流为：

$$I=\frac{220\text{V}}{(800\sim1000)+4+R}\approx 0.22\text{A}$$

这一数值已大大超过人体的承受能力。但是如能增加 R，即人体与地的接触电阻，危险性将大大降低，这也是**防护用品的作用**。

2. 两相触电

人体的不同部分同时接触两相电源时造成的触电称为两相触电，如图 1-1-7 所示。这种情况，无论电网中性点是否接地，人体所承受的线电压都比单相触电时高。

图 1-1-7　两相触电

两相触电时，回路中只有人体电阻。作用于人体上的电压等于线电压 380V，防护用品起不到保护作用，这是**很危险的触电方式**。

3. 跨步电压触电

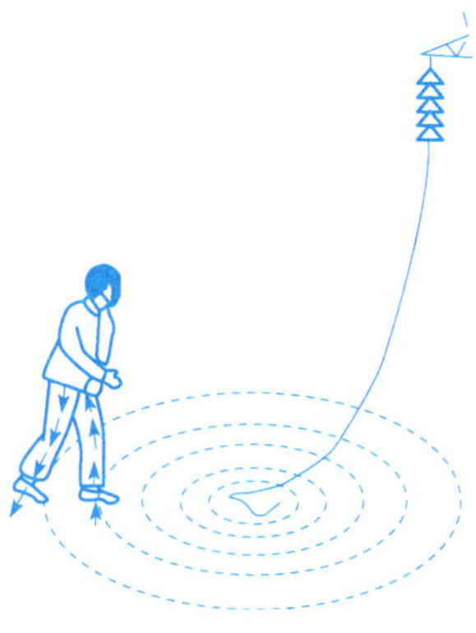

当电气设备发生接地故障，接地电流通过接地体向大地流散，在地面上形成电位分布时，若人在接地短路点周围行走，其两脚之间的电位差就是跨步电压。由跨步电压引起的触电称为跨步电压触电，如图 1-1-8 所示。

图 1-1-8　跨步电压触电

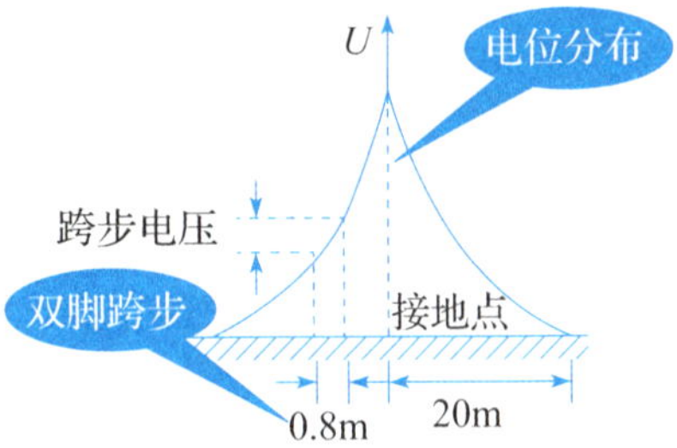

图 1-1-9　跨步电压电位分布

跨步电压的大小与人和接地点的距离、两脚之间的跨距、接地电流大小等因素有关。一般在 20m 之外，跨步电压降为零，如图 1-1-9 所示。如果误入接地点附近，应双脚并拢或单脚跳出危险区。

三、安全用电注意事项

图 1-1-10　注意事项（一）

（1）禁止使用“一线一地”，如图 1-1-10 所示。

图 1-1-11　注意事项（二）

（2）不准私拉乱接电线，如图 1-1-11 所示。

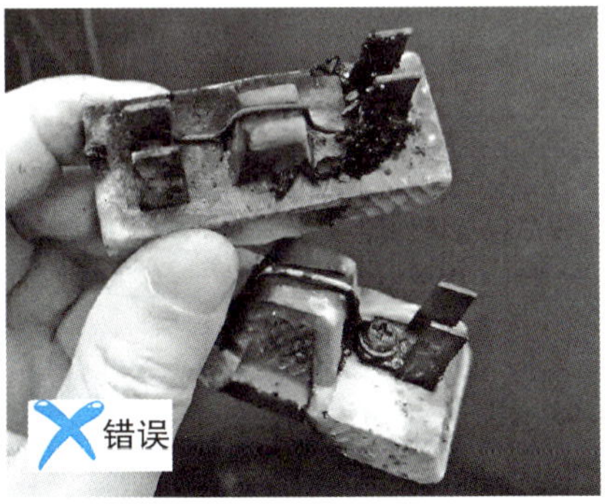

图 1-1-12　注意事项（三）

（3）不准用铜丝或铁丝代替保险丝，如图 1-1-12 所示。

图 1-1-13　注意事项（四）

（4）同一个插座上不允许接插多个大功率用电器，如图 1-1-13 所示。

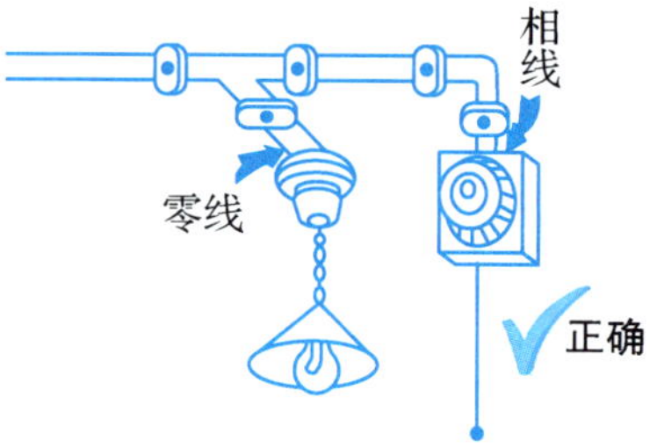

图 1-1-14　注意事项（五）

（5）相线必须进开关，如图 1-1-14 所示。

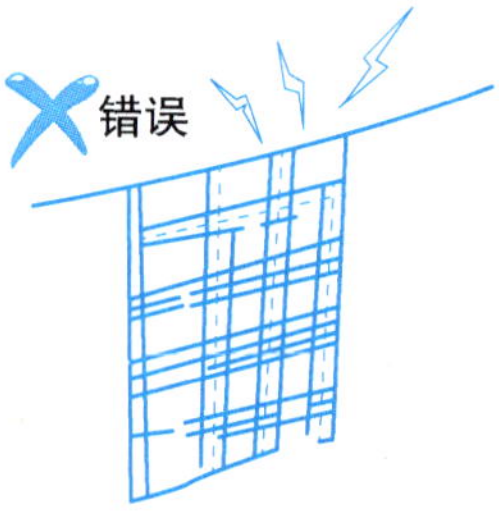

图 1-1-15　注意事项（六）

（6）禁止在电线上晒衣服，如图 1-1-15 所示。

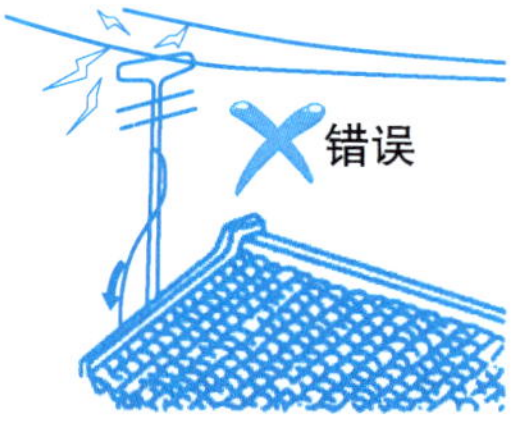

图 1-1-16　注意事项（七）

（7）电视天线不要触及电线，如图 1-1-16 所示。

图 1-1-17 注意事项（八）

（8）使用电钻时必须戴绝缘手套，如图 1-1-17 所示。

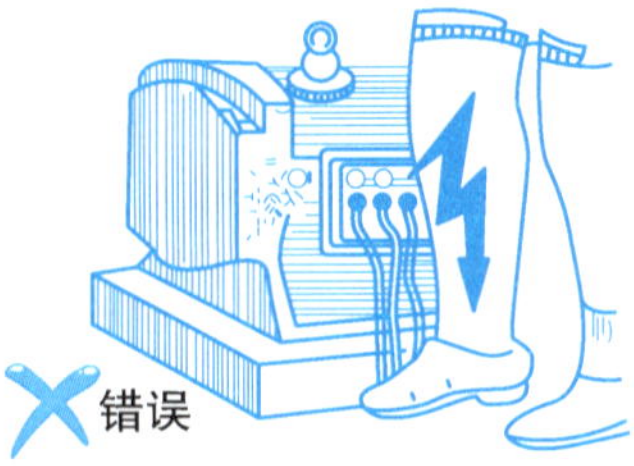

图 1-1-18 注意事项（九）

（9）接线桩头不可外露，如图 1-1-18 所示。

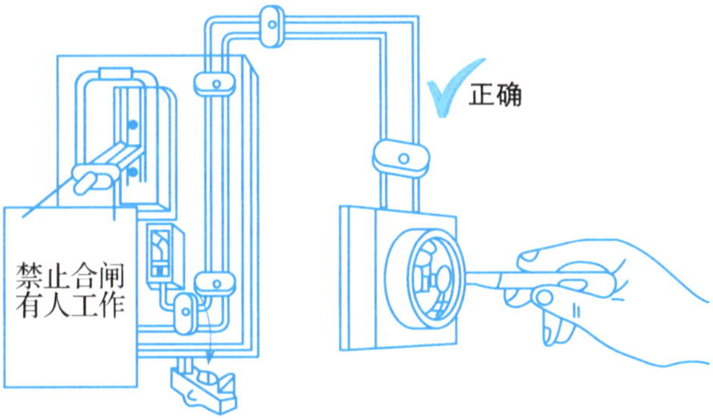

图 1-1-19 注意事项（十）

（10）维修电源开关时应挂标志牌，如图 1-1-19 所示。

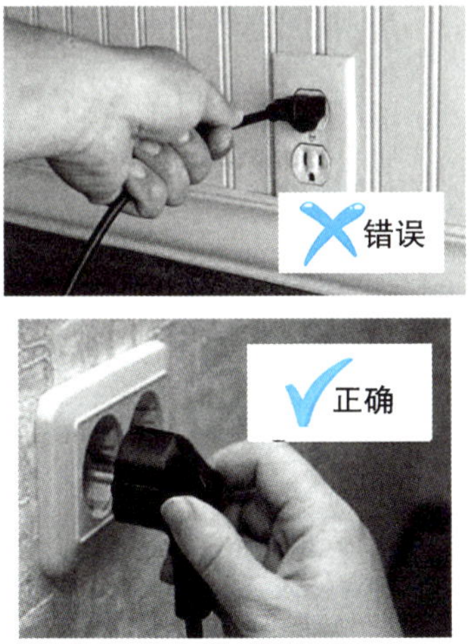

图 1-1-20 注意事项（十一）

（11）用正确方式拔电源插头，如图 1-1-20 所示。

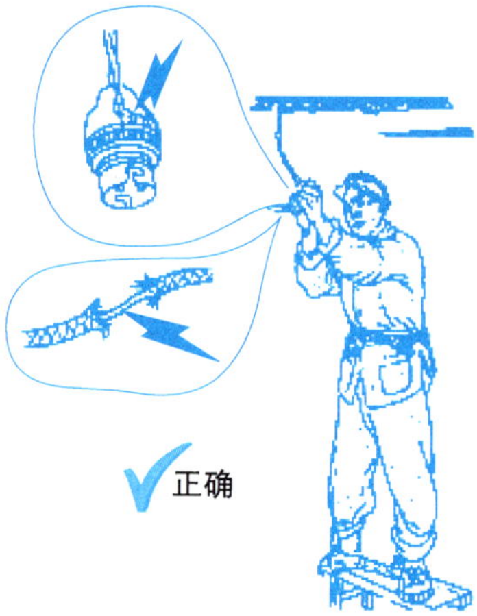

(12) 及时维修绝缘损坏的电器，如图 1-1-21 所示。

图 1-1-21　注意事项（十二）

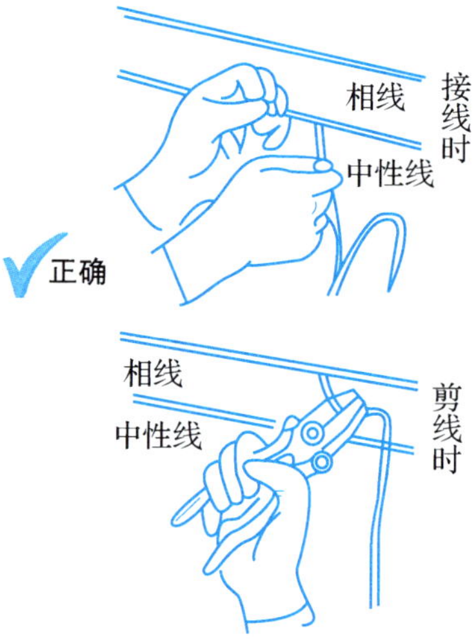

(13) 带电操作时应正确接线，如图 1-1-22 所示。

图 1-1-22　注意事项（十三）

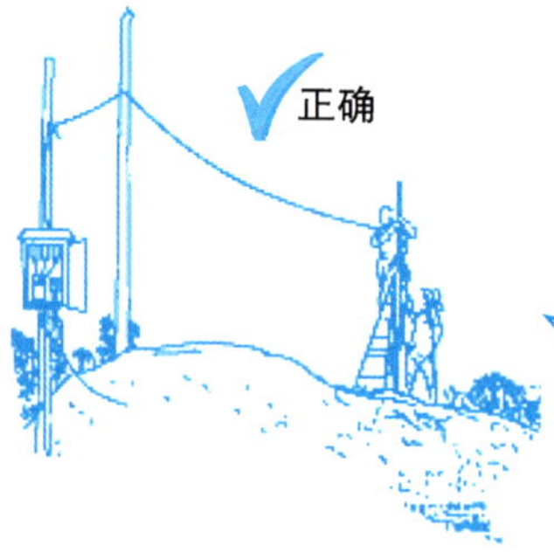

(14) 临时线路要架高，如图 1-1-23 所示。

图 1-1-23　注意事项（十四）

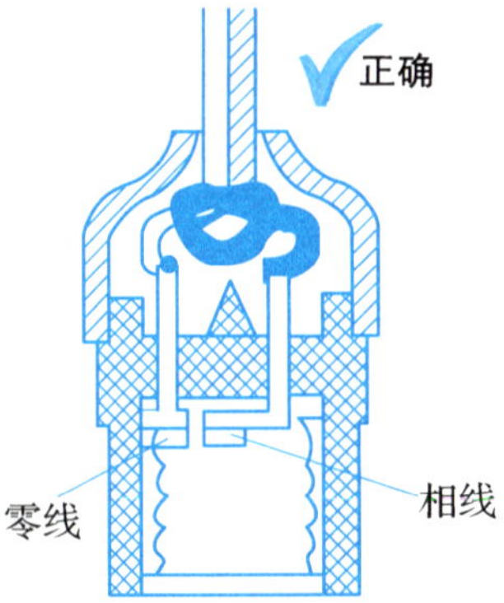

(15) 螺口灯头的铜舌必须接相线，如图 1-1-24 所示。

图 1-1-24 注意事项（十五）

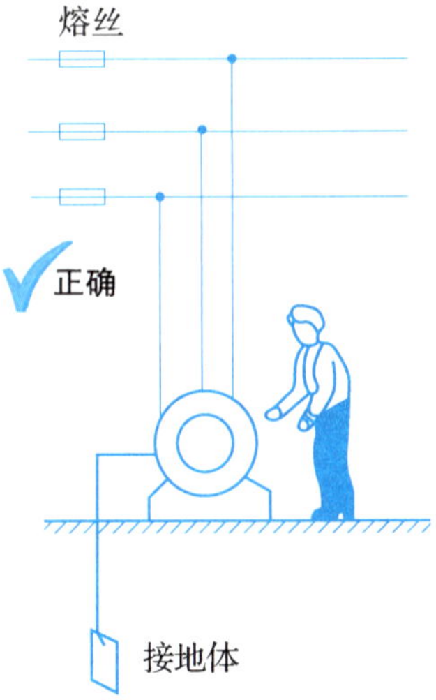

(16) 电器设备应有接地保护装置，如图 1-1-25 所示。

图 1-1-25 注意事项（十六）

四、触电急救

1. 人体触电后的表现

（1）假死。触电者丧失知觉，面色苍白，瞳孔放大，脉搏和呼吸停止。

（2）局部电灼伤。触电者神志清醒，电灼伤常位于电流进出人体的接触处，进口处的伤口常为一个，出口处的伤口有时不止一个。

（3）伤害较轻。触电者神志清醒，只是有些心慌、四肢发麻、全身无力，但未失去知觉，没有出冷汗或恶心呕吐等症状。

2. 急救原则及方法

（1）急救原则。

现场急救的原则是迅速、就地、准确、坚持。

1）迅速。动作迅速，不可惊慌失措，要争分夺秒、千方百计地使触电者脱离电源，并将触电者移到安全的地方。

2）就地。争取时间，在现场（安全的地方）就地抢救触电者。

3）准确。抢救的方式和方法要正确。

4）坚持。抢救必须坚持到底，直至医务人员到来。

（2）使触电者脱离低压电源的方法。

拉：就近拉下电源开关、拔出插头或瓷插熔断器，如图 1－1－26 所示。

图 1－1－26　拉

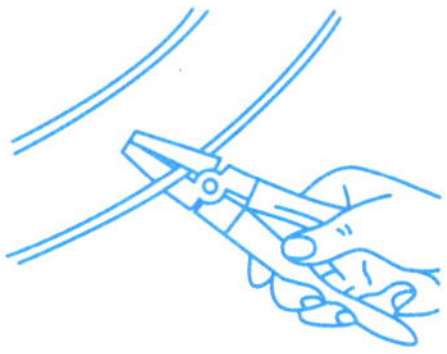

切：当电源开关、插座或瓷插熔断器距离触电现场较远时，可用带有绝缘柄的利器切断电源线，如图 1－1－27 所示。

图 1－1－27　切

挑：如果导线搭落在触电者身上或压在身下，可用干燥的木棒、竹竿等挑开导线，或用干燥的绝缘绳套拉导线或触电者，使触电者脱离电源，如图 1－1－28 所示。

图 1－1－28　挑

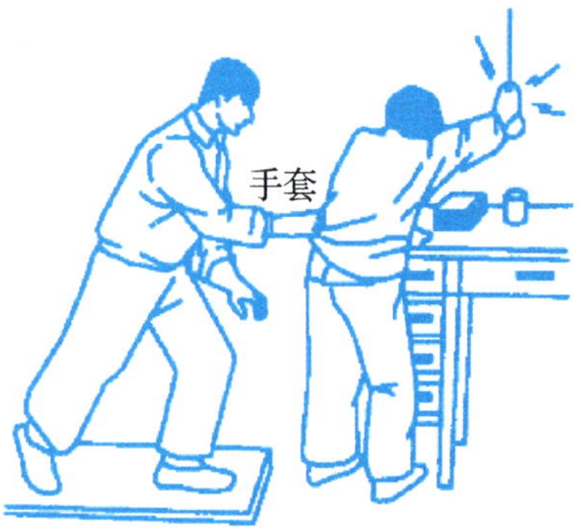

拽：救护人可戴上绝缘手套或在手上包缠干燥的衣服等绝缘物品拖拽触电者，使其脱离电源，如图 1－1－29 所示。

图 1－1－29　拽

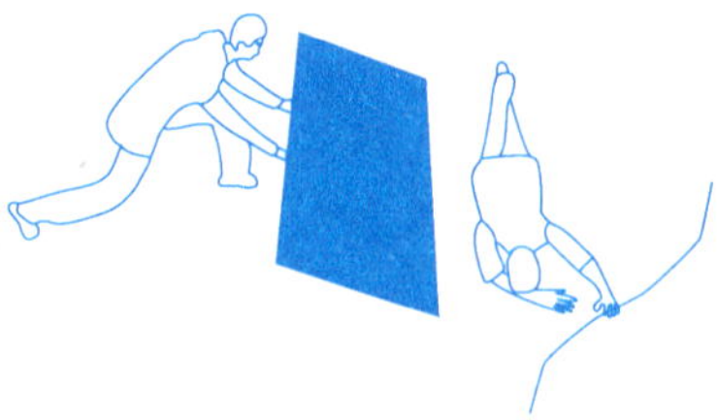

图 1-1-30 垫

垫：如果触电者由于痉挛，手指紧握导线，或导线缠绕在身上，可先用干燥的木板塞进触电者身下，使其与地绝缘，再采取其他方法切断电源，如图 1-1-30 所示。

3. 触电者脱离电源后的处理

（1）应急处置。

如触电者神志清醒，应使其就地平躺，暂时不要站立或走动，救护人员严密观察触电者的情况。如触电者神志不清醒，应使其就地平躺，确保气道通畅，尽快呼叫或轻拍其肩部，判定触电者是否丧失意识。

（2）呼吸、心跳情况的判定。

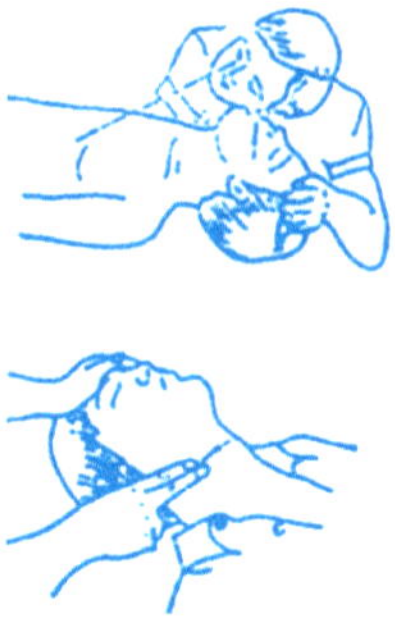

图 1-1-31 看、听、试

对于丧失意识的触电者，应第一时间用**看**、**听**、**试**的方法判定其呼吸和心跳情况，如图 1-1-31 所示。

4. 心肺复苏法

保持气道通畅，口对口（鼻）进行人工呼吸并配合胸外按压。具体方法请参照专业医疗机构的规定。

技能检测

（1）两人一组或对人体模型练习心肺复苏法。

（2）两人一组，在模拟的低压触电现场，一人扮演触电者，另一人扮演施救者。注意选择正确的绝缘工具，使用安全快速的方法使触电者脱离电源。使触电者平躺在体操垫上，通过“看、听、试”的方法判断其呼吸和心跳。

实训二　电气安全用具与安全标识

知识点

- 电气安全用具的分类及操作要点。

技能点

- 能够正确选择和使用电气安全用具。
- 能够根据电气设备和线路的安全标识判断其功能和状态，了解其使用规定。

安全要点

- 正确选择和使用各类电气安全用具，保障人身安全。

素养提升

- 在实训过程中注意培养与人为善、助人为乐的良好品格。
- 树立质量意识、安全意识。

一、电气安全用具的分类

电气安全用具的分类如图 1－2－1 所示。

- 电气安全用具
  - 绝缘安全用具
    - 基本安全用具
      - 高压验电器
      - 高压绝缘棒
      - 绝缘夹钳
    - 辅助安全用具
      - 绝缘手套
      - 绝缘鞋（靴）
      - 绝缘站台
  - 一般防护安全用具
    - 接地线
    - 安全帽
    - 防护遮栏
    - 安全带
    - 标志牌

图 1－2－1　电气安全用具的分类

二、常用电气安全用具的操作要点

1. 验电器（笔）

验电器是用来检查设备是否带电的一种专用安全用具，分为高压、低压两种。低压验电器如图 1－2－2（a）所示，高压验电器如图 1－2－2（b）所示。

低压试电笔

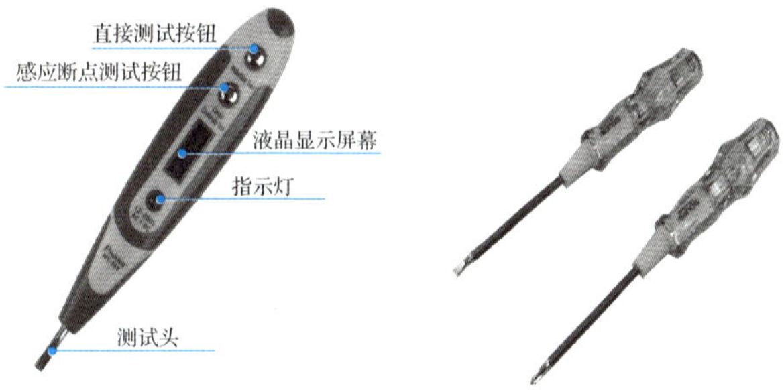

（a）低压验电器

用途：验电器是用来检查设备是否带电的一种专用安全用具，分为低压、高压两种。

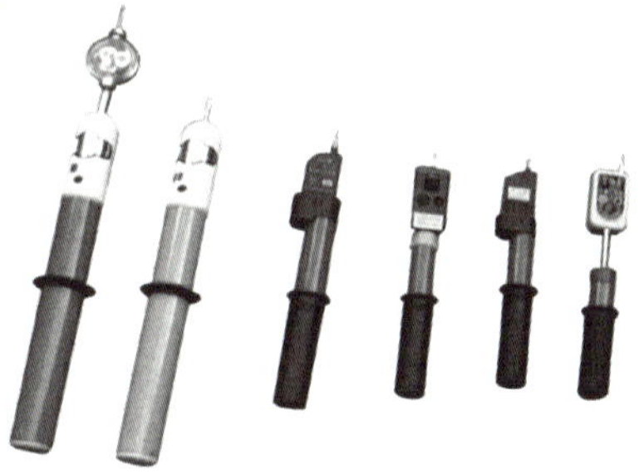

（b）高压验电器

图 1－2－2　验电器

低压验电器的结构如图 1－2－3 所示，高压验电器的结构如图 1－2－4 所示。

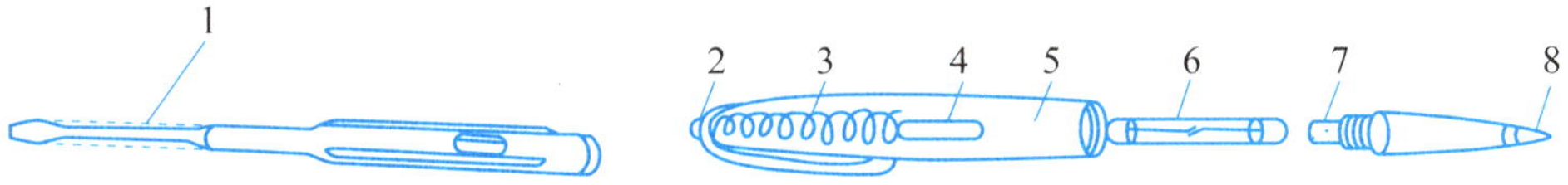

（a）螺钉旋具式　　（b）钢笔式

图 1－2－3　低压验电器的结构

1—绝缘套管；2—笔尾的金属体；3—弹簧；4—小窗；5—笔身；6—氖管；7—电阻；8—笔尖的金属体

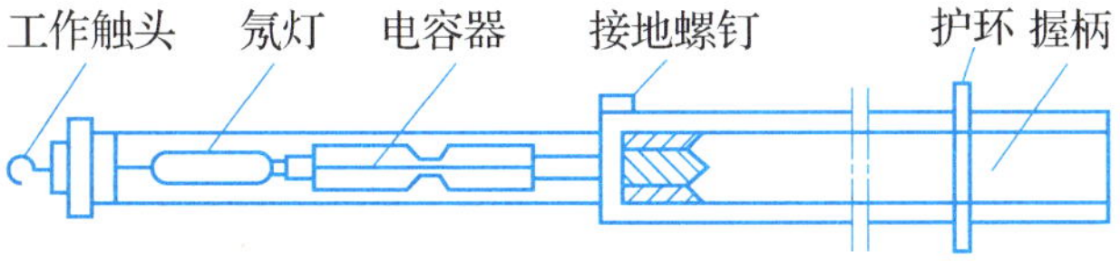

图 1－2－4　高压验电器的结构

安全操作要点如下：

（1）应选用电压等级相符，且经试验合格的验电器。

（2）验电前应在确知带电设备上试验，证实验电器完好后，方可使用。

（3）手不能接触验电器前端金属部分。

（4）使用高压验电器时，不要直接接触设备的带电部分，而要逐渐接近，至氖管发亮为止。

（5）有时验电器会受邻近带电设备影响而使氖管发亮，引起误判，应注意避免。高压验电器与带电设备距离应为：电压为 6kV 时，大于 150mm；电压为 10kV 时，大于 250mm。

（6）使用高压验电器时，手握部分不得超过护环。高压验电器的发光电压不应高于额定电压的 25%。验电的正确顺序是先验低压，后验高压；先验下层，后验上层。

2. 绝缘棒

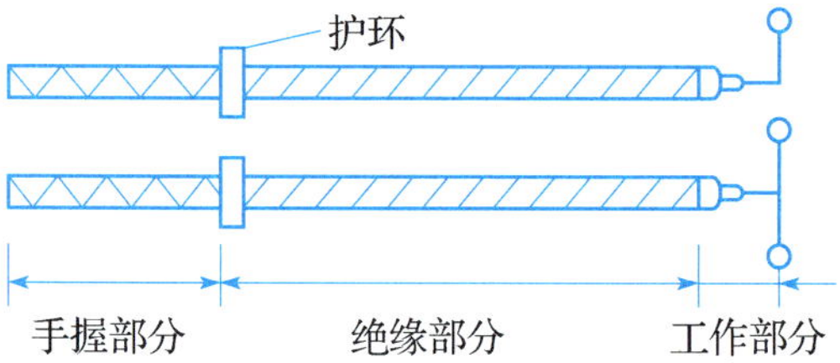

用途：闭合或断开高压隔离开关、跌落保险；安装和拆除临时接地线；进行测量和试验工作。绝缘棒如图 1-2-5 所示。

图 1-2-5　绝缘棒

安全操作要点如下：

（1）不用时应垂直放置，最好放在支架上；不应使其与墙壁或地面接触，以免受潮。

（2）绝缘棒的型号、规格必须符合规定，切不可任意取用。

（3）操作者的手握部位不得越过护环，如图 1-2-6 所示。

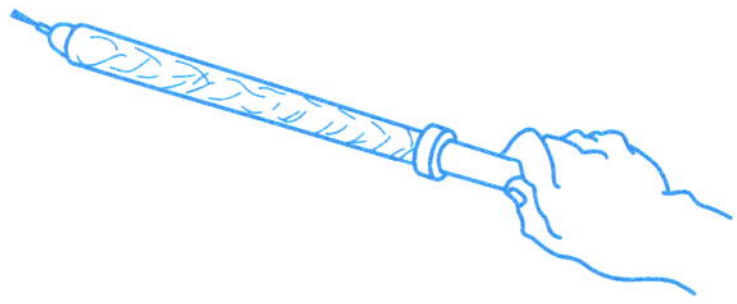

图 1-2-6　手握部位

（4）操作前，应用清洁的干布擦净，使绝缘棒表面干燥、清洁。

（5）操作时，应戴绝缘手套、穿绝缘靴或站在绝缘站台（垫）上。

（6）下雨、下雪或潮湿的天气，在室外使用绝缘棒时，棒上应装有防雨的伞形罩，使绝缘棒的伞下部分保持干燥。没有伞形罩的绝缘棒，不宜在上述天气使用。

（7）使用绝缘棒时要注意防止碰撞，以免损坏表面的绝缘层。

（8）应按规定对绝缘棒进行定期绝缘试验。

3. 临时接地线

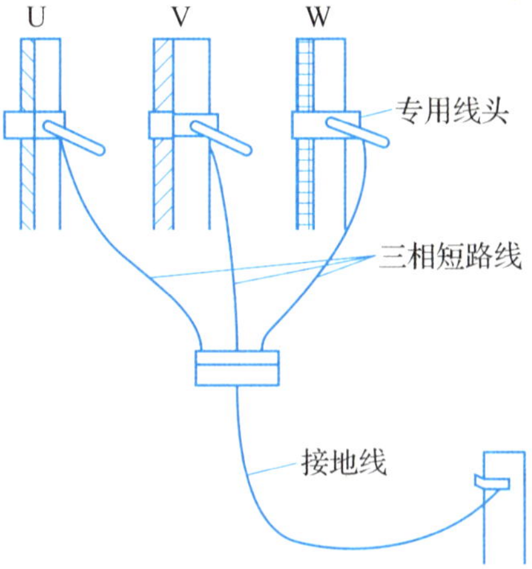

用途：防止突然来电的危险；防止感应电的危险；放尽残留电荷。如图 1－2－7 所示。

图 1－2－7　临时接地线

安全操作要点如下：

（1）挂临时接地线时要先将接地端接好，再将临时接地线挂在导线上；拆临时接地线的顺序与此相反。

（2）注意检查临时接地线和三根短接线的连接是否牢固，一般应用螺栓拧紧后，再加焊锡焊牢，以防因接触不良而熔断。

（3）装设临时接地线时必须两人作业；装拆临时接地线均应使用绝缘棒和戴绝缘手套。

（4）临时接地线必须是截面积 25mm^2 以上的多股软裸铜线。必须用专用线夹固定在导体上，严禁用缠绕的方法。

4. 绝缘手套

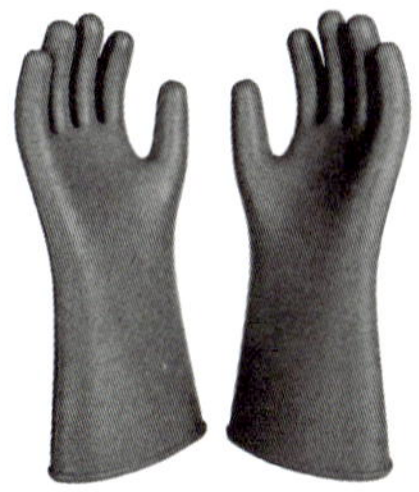

用途：在高压电气设备上进行操作。如图 1－2－8 所示。

图 1－2－8　绝缘手套

高压绝缘手套

安全操作要点如下：

（1）不得作其他用途。使用前，要认真检查是否破损、漏气，并进行人工充气试验。用后应单独存放，妥善保管。

（2）严禁用医疗或化学防护手套代替绝缘手套。

（3）绝缘手套的长度至少应超过手腕 10cm，并戴到外衣衣袖的外面。

5. 绝缘鞋（靴）

用途：进行高压操作时可与地保持绝缘。如图 1－2－9 所示。

图 1－2－9 绝缘鞋（靴）

安全操作要点如下：

（1）严禁作为普通鞋（靴）穿用，使用前应检查有无明显破损。用后妥善保管，不要与石油类油脂接触。

（2）不能用普通防雨胶靴代替绝缘鞋（靴）。

6. 安全帽

用途：保护使用者头部，免受外来伤害。如图 1－2－10 所示。

图 1－2－10 安全帽

安全操作要点如下：

（1）确保帽壳完整、无裂纹或损伤，无明显变形。

（2）确保帽衬组件（包括帽箍、顶衬、后箍、下颌带等）齐全、牢固。

（3）选用帽舌伸出长度为 10～50mm、倾斜度为 30°～40°的安全帽。

（4）确保永久性标志清楚。

7. 绝缘站台

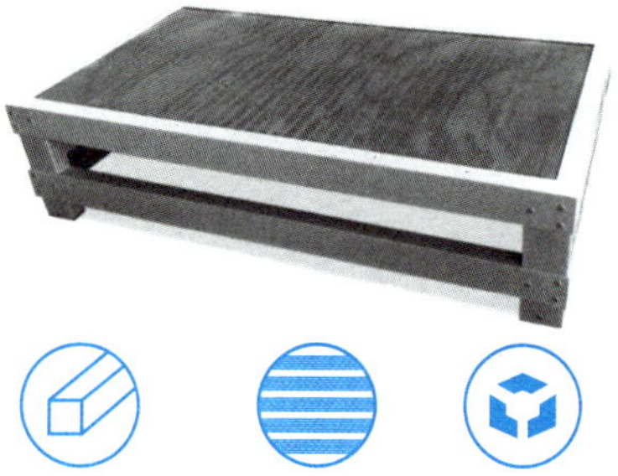

用途：操作具有任何电压等级的电力装置时使用，常放置于变电所、配电室等场所。如图 1－2－11 所示。

图 1－2－11 绝缘站台

安全操作要点如下：

（1）不应使台脚陷入泥土或使台面触及地面，以免其绝缘性能降低。

（2）要放在干燥的地方，保持清洁，若发现站台松脱或破裂，应立即停止使用。

8. 电工安全腰带

（a）围杆带　　（b）悬挂带

用途：在电杆上、户外架构上进行高空作业时，预防高空坠落。如图 1－2－12 所示。

图 1－2－12　电工安全腰带

安全操作要点如下：

不用时应挂在通风处，不要放在高温处或挂在热力管道上，以免损坏。

9. 防护遮栏、标志牌

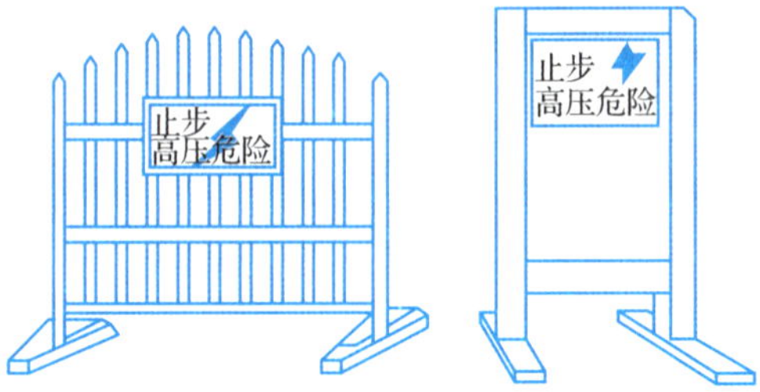

用途：提醒工作人员或非工作人员应注意的事项。如图 1－2－13 所示。

图 1－2－13　防护遮栏、标志牌

安全操作要点如下：

（1）确保标志牌内容正确、悬挂地点无误。

（2）遮栏应牢固可靠。

（3）严禁擅自移动遮拦或取下标志牌。

10. 梯子

用途：登高作业。如图 1－2－14 所示。

图 1－2－14　梯子

安全操作要点如下：

（1）在光滑坚硬的地面上使用梯子时，梯脚应加胶套或胶垫；在泥土地面上使用时，梯脚最好加铁尖。

（2）在梯子上作业时，梯顶一般不应低于作业人员的腰部，或作业人员应站在距梯顶不小于 1m 的横挡上作业，切忌站在梯子的最高处或上面一、二级横挡上作业，以防仰面摔下。

（3）在人字梯上操作时，切不可采取骑马方式站立，以防人字梯两脚自动滑开时造成事故。

（4）直梯靠在墙上作业时，其与地面的夹角应为 66°～75°，如图 1－2－15 所示。

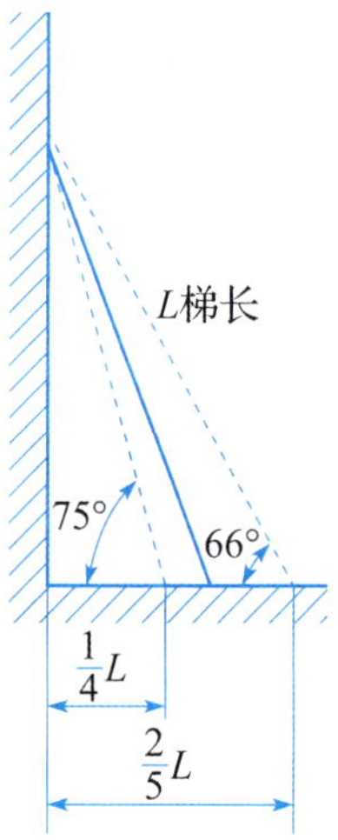

图 1－2－15　直梯与地面的夹角

三、安全标识

1. 安全色

安全色是表达安全信息含义的颜色，如禁止、警告、指令、指示等。提醒人们注意，预防事故。常用的安全色有红、蓝、黄、绿四种，其含义见表 1－2－1。

表 1－2－1　安全色的含义

颜色	含义	用途举例
红色	禁止 停止	禁止标志 停止信号：如机器、车辆上的紧急停止手柄或按钮，以及禁止人们触动的部位
		红色也表示防火
蓝色	指令 必须遵守的规定	指令标志：如必须佩带个人防护用具 道路上指引车辆和行人行驶方向的标志
黄色	警告 注意	警告标志 警戒标志：如厂内危险机器和坑池周围的警戒线 行车道中线 机械上齿轮箱的内部 安全帽
绿色	提示 安全状态 通行	提示标志 车间内的安全通道 行人和车辆通行标志 消防设备和其他安全防护装置的位置

与安全色对应的对比色是：红—白、蓝—白、黄—黑、绿—白。

黑色常用作安全标志的文字、图形符号和警告标志的几何图形。白色常用作安全标志红色、蓝色、绿色的背景色，也可用作安全标志的文字和图形符号。

电气上用黄、绿、红三色分别代表 L1、L2、L3 三个相序。电器外壳涂成红色表示外壳有电；电器外壳涂成灰色表示外壳接地或接零。线路上黑色代表工作零线；明敷接地扁钢或圆钢涂黑色。黄绿双色绝缘导线表示保护零线。直流电中红色代表正极，蓝色代表负极，信号和警告回路用白色。

2. 安全标志

安全标志由安全色、几何图形和图形符号构成，用于表达特定的安全信息。此外，还有补充标志，是安全标志的文字说明，必须与安全标志同时使用。

安全标志主要用于引起人们对不安全因素的注意，预防事故。但不能代替安全操作规程和防护措施。

3. 安全标志牌的使用

图 1-2-16 “止步 高压危险”标志牌

如图 1-2-16 所示的标志牌应悬挂在工作地点邻近带电设备的遮栏上；室外工作地点的围栏上；室外电气设备的架构上；工作地点邻近带电设备的横梁上；禁止通行的过道上；高压试验地点。

图 1-2-17 “严禁攀爬 高压危险”标志牌

如图 1-2-17 所示的标志牌应悬挂在工作人员用上下铁架邻近的其他铁架上；运行中的变压器的梯子上；输电线路的铁塔上；室外高压变压器台或支柱杆上。

图 1-2-18 “禁止合闸 线路有人工作”标志牌

如图 1-2-18 所示的标志牌应悬挂在一经合闸即可送电到施工线路的断路器设备和隔离开关的操作手柄上。检修线路时常挂此牌。

图 1-2-19 “已接地”标志牌

如图 1-2-19 所示的标志牌应悬挂在已接接地线的隔离开关操作手柄上。

图 1-2-20 “在此工作”标志牌

如图 1-2-20 所示的标志牌应悬挂在室内和室外允许工作的地点或施工设备上。

图 1-2-21 “从此上下”标志牌

如图 1-2-21 所示的标志牌应悬挂在允许工作人员上下的铁架、梯子上。

技能检测

(1) 用螺钉旋具拧紧木螺钉。

(2) 用钢丝钳、尖嘴钳进行剪切、弯绞导线练习。

实训三　防触电技术

知识点

- 防止直接接触电击的安全原理。
- 防止间接接触电击的安全原理。

技能点

- 直接接触电击防护技术在生产实际中的正确应用。
- 间接接触电击防护技术在生产实际中的正确应用。

安全要点

- 强化安全意识，生命安全大于一切。

素养提升

- 培养分析问题、解决问题的能力，勇于创新、敬业乐业的工作作风。
- 团结协作，合理分工，共同完成工作任务。

一、直接接触电击的防护技术

1. 安全电压

（1）安全电压的概念和分级。

安全电压是指人体较长时间接触而不致发生触电危险的电压。交流工频安全电压的上限值：在任何情况下，两导体间或任一导体与地之间都不得超过 50V。

国家标准将安全电压额定值的等级分为 42V、36V、24V、12V、6V 五个，并明确规定了当电气设备采用了超过 24V 的安全电压时，必须采取防直接接触带电体的保护措施。

（2）安全电压的选用。

在安全电压的额定值中，42V 和 36V 可在一般和较干燥的环境中使用；而 24V 以下是在较恶劣的环境中允许使用的电压等级。手提照明灯、危险环境的携带式电动工具，应采用 36V 安全电压；金属容器内、隧道内、矿井内等工作场合，狭窄、行动不便及周围有大面积接地导体的环境，应采用24V或12V安全电压。这样，触电时通过人体的电流可被限制在较小的范围内，可在一定程度上保障人身安全，防止因触电造成的人身伤害。

2. 绝缘防护与屏护

（1）绝缘防护。

1）作用。

绝缘是用绝缘物把带电体封闭起来。良好的绝缘是保证设备和线路正常运行的必要条件，也是防止触电事故发生的重要措施。电气设备的绝缘只有在遭到破坏时才可能被除去。

图1-3-1 电钻

绝缘物的质量应和设备采用的电压等级、运行环境、运行地点、运行条件符合。这对预防触电事故起着非常重要的作用。有些手动工具甚至采用双重绝缘，以保证足够的绝缘强度，如图1-3-1所示的电钻。

2）绝缘损坏的原因。

①设备缺陷。设备使用质量低劣或不合格的绝缘材料，存在先天性绝缘缺陷和事故隐患。

②机械损伤。设备在运输、安装调试、使用和维修过程中受到机械方面的损伤。

③热击穿。绝缘物在外加电压的作用下，因流过泄漏电流而引起温度过分升高所导致的击穿。

3）绝缘电阻。

绝缘电阻是最基本的绝缘性能指标，足够的绝缘电阻能把电气设备的泄漏电流限制在安全范围内。

运行中的低压电气设备和低压线路要求对地的绝缘电阻不低于1kΩ。即三相四线制线路，相间绝缘不低于0.38MΩ，对地绝缘不低于0.22MΩ。新装和大修后的低压线路和设备，要求绝缘电阻不低于0.5MΩ。在潮湿的环境中，对绝缘电阻的要求可降低到500Ω。36V的安全电压线路对地的绝缘电阻不低于0.22MΩ。配电盘的二次回路的绝缘电阻不低于1MΩ，在潮湿的环境中可以降低为0.5MΩ。携带式电气设备的绝缘电阻不低于2MΩ。高压线路和设备的绝缘电阻一般不应低于1000MΩ。电力变压器投入运行前，绝缘电阻不应低于出厂时的70%，运行中可适当降低。

（2）屏护。

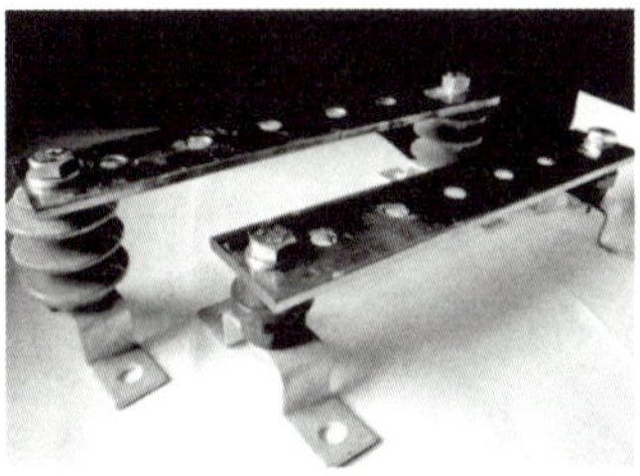

电气设备或电气线路，如不能包以绝缘物（如图1－3－2所示的汇流排），应设置专门的屏护，或放置在人不能触及的高处。

图1－3－2　汇流排

1）作用。

①防止人员意外接触或过分接近带电体。

②检修部位与带电体的距离小于安全距离时进行隔离。

③保护电气设备不受机械损伤。

2）规格。

①遮栏。

10kV及以下落地式变压器台的四周必须装遮栏，遮栏与变压器外壳的最小距离不应小于0.8m。金属遮栏必须妥善接地并加锁。如图1－3－3所示。

图1－3－3　金属遮栏

②保护网。

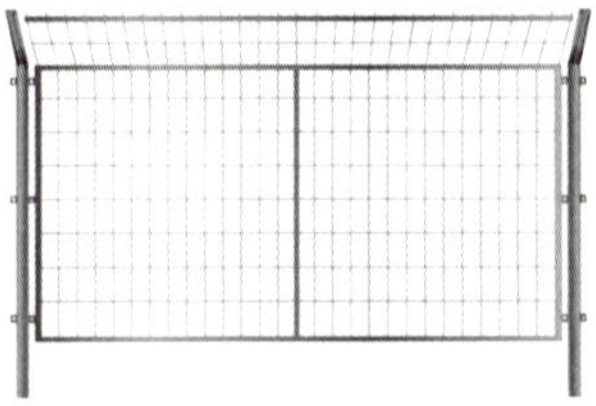

常用的保护网分为铁丝网和铁板网。当明装裸导线或母线跨越通道时，若对地的距离不足2.5m，应在其下方装设保护网。如图1－3－4所示。

图1－3－4　保护网

③栅栏。栅栏用于室外配电装置时，其高度不应低于1.5m。室内场地较开阔时可以装栅栏，其高度不应低于1.2m。栅条间距和栅栏最低栏杆到地面的距离不应大于0.2m，这是为了防止人员不小心将肢体穿过栅条而接触到危险部分，保证人员安全。金属制作的栅栏应妥善接地。

④围墙。室外落地安装的变配电设施可设围墙。围墙的实体部分的高度不应低于2.5m。

3. 安全距离

为了防止人体触及或接近带电体造成触电事故，避免车辆或其他器具碰撞或过分接近带电体造成事故，防止火灾、过电压放电和各种短路事故，且为了操作方便，带电体与地面之间、带电体与其他设施和设备之间、带电体与带电体之间均需保持一定的安全距离。安全距离取决于电压的高低、设备的类型、安装的方式等因素。

4. 漏电保护器

漏电保护器是一种当人体发生单相触电或线路漏电时能自动切断电源的装置。它既能起到防止直接接触触电的作用，又能起到防止间接接触触电的作用。目前广泛应用于临时用电场所、建筑工地和日常生活用电环境，对防止触电事故、保障人身安全起到了积极的作用。

（1）漏电保护器的相关使用规定。

1）触电、防火安全要求较高的场所，新建和扩建工程使用的低压电气设备、插座等均应安装漏电保护器。

2）对于新制造的低压配电箱、动力箱、操作台，以及机床、起重机械和各种传动机械等机电设备的动力箱，在考虑设备的过载、短路、失压、断相等保护的同时必须考虑漏电保护。用户应优先选用具有漏电保护的电气设备。

3）建筑施工场所、临时用电线路的用电设备必须安装漏电保护器。

4）手持式电动工具（除Ⅲ类外）、移动式生活日用电器（除Ⅲ类外）、其他移动式机电设备以及触电危险性大的用电设备必须安装漏电保护器。

5）在潮湿、高温、金属占有系数大的场所及其他导电良好的场所，如机械加工、冶金、化工、电子等行业的生产作业场所，以及锅炉房、食堂、浴室等场所，必须安装漏电保护器。

6）额定漏电动作电流不超过 30mA 的漏电保护器，在其他保护措施失效时，可作为直接接触触电的补充保护，但不能作为唯一的直接接触触电的保护。

（2）漏电保护器的接线方式与安装。

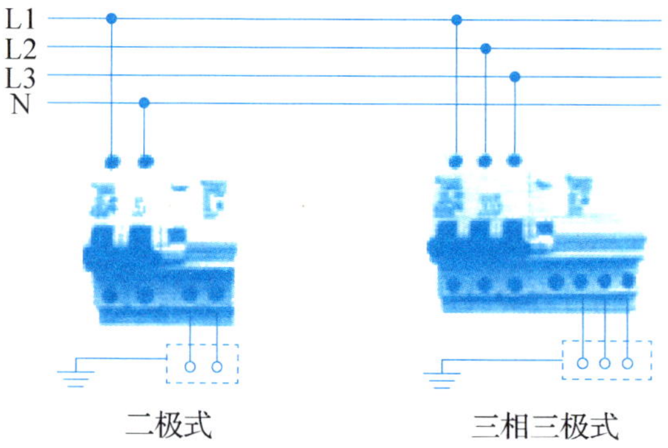

漏电保护器在 TT 系统中的接线如图 1-3-5 所示。

图 1-3-5　漏电保护器接线（TT）

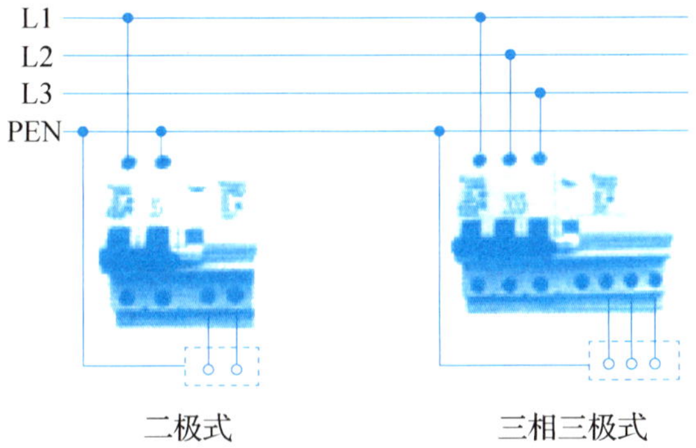

图 1-3-6 漏电保护器接线（TN-C）

漏电保护器在 TN-C 系统中的接线如图 1-3-6 所示。

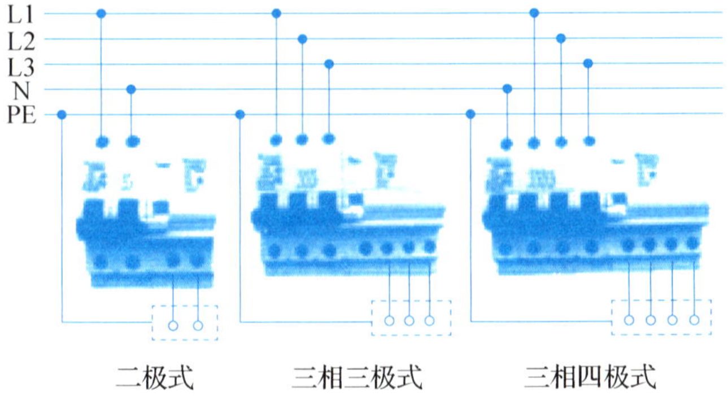

图 1-3-7 漏电保护器接线（TN-S）

漏电保护器在 TN-S 系统中的接线如图 1-3-7 所示。

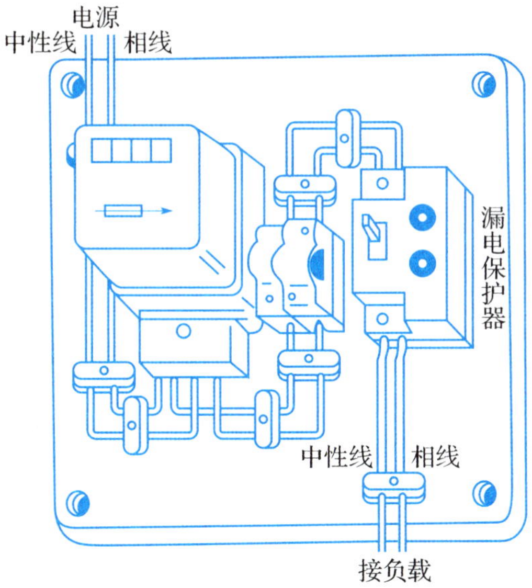

图 1-3-8 家庭总保护装置

家庭总保护装置安装示意图如图 1-3-8 所示。

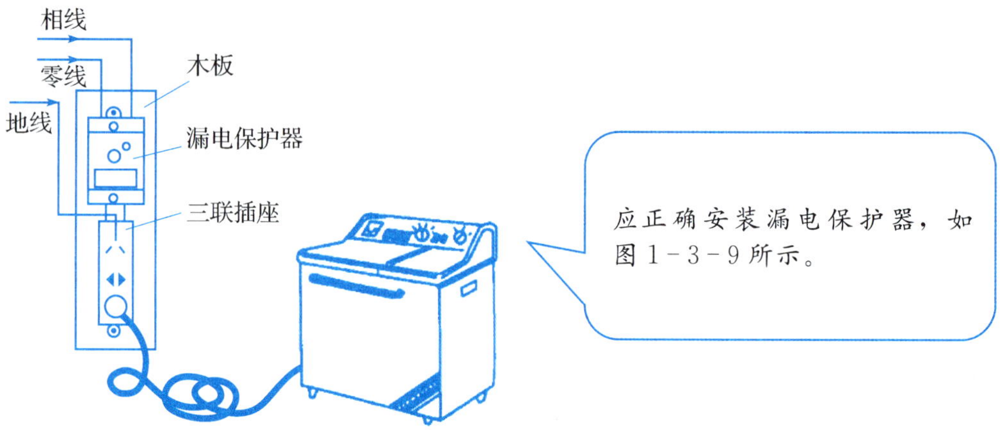

图 1－3－9　正确安装漏电保护器

（3）使用注意事项。

1）对于漏电保护器后边的线路，零线不能借用，否则送不上电。

2）三相四线制电源应当选用 4P 漏电保护器；三相五线制电源也应当选用 4P 漏电保护器，但 PE 线必须接在漏电保护器外边。

3）设备安装漏电保护器后，原有的保护接地或保护接零不能撤掉。

4）单极漏电保护器安装接线时，相线、零线必须接正确，否则不能起到触电保护作用。如图 1－3－10 所示。

5）漏电保护器不得重复接地，否则送不上电。如图 1－3－11 所示。

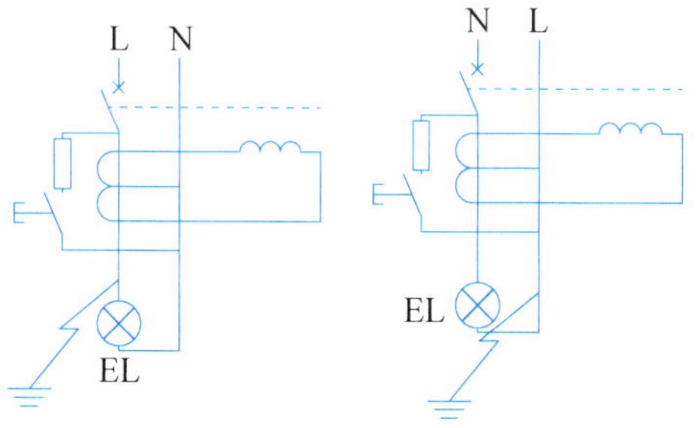

（a）正确　（b）错误

图 1－3－10　单极漏电保护器接线

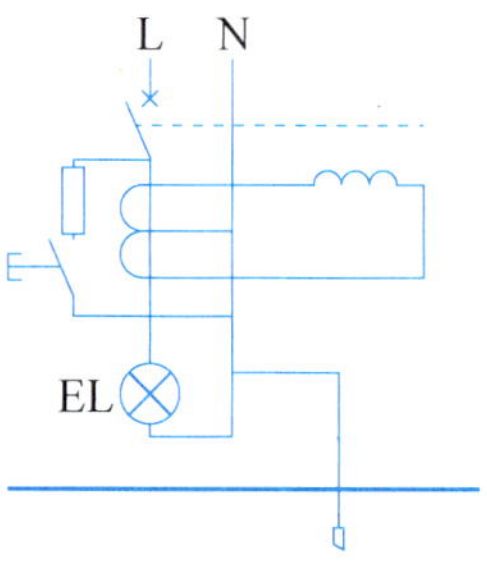

图 1－3－11　重复接地

6）漏电保护器投入运行后要严格管理，每月至少检验一次，并做好记录。检验保护功能时应使用试验按钮，不能采用相线直接接地的方法检验漏电保护器是否动作。如图 1－3－12 所示。

二、间接接触电击的防护技术

1. 接地

接地是将电气设备的某一点（接地端）与大地之间进行符合技术要求的电气连接。目

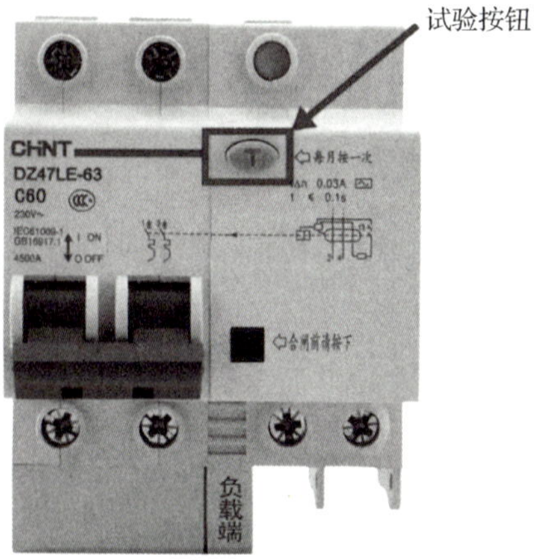

图 1-3-12　检验保护功能

的是利用大地为正常运行、绝缘损坏或遭受雷击等情况下的电气设备提供对地电流流通回路，保证电气设备和人身的安全。

2. 电气设备接地的种类

（1）工作接地。

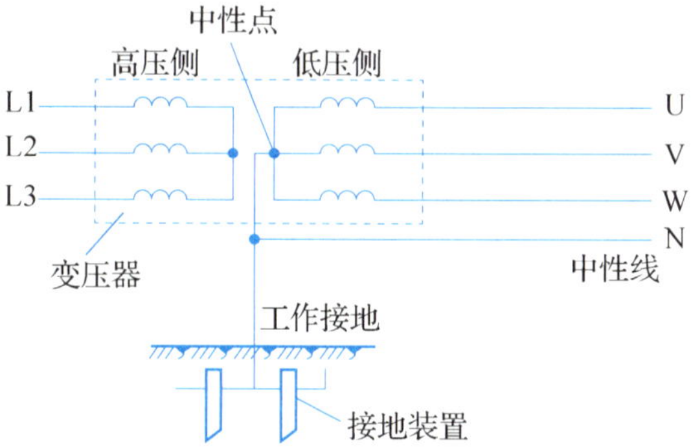

图 1-3-13　工作接地

为确保电气设备安全运行，将电力系统中的变压器低压侧中性点接地，称为工作接地。如图 1-3-13 所示。

（2）保护接地。

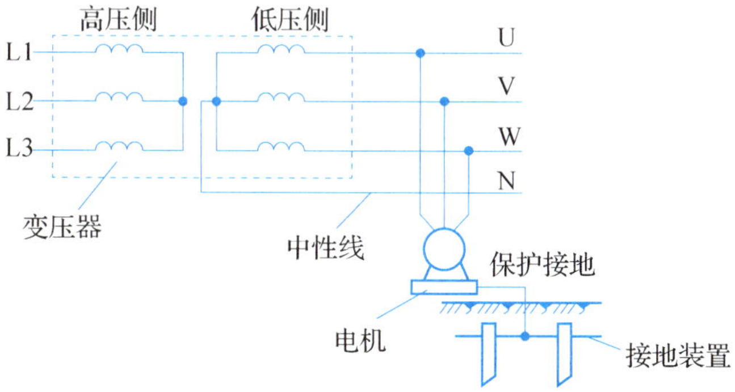

图 1-3-14　保护接地

将电动机、变压器等电气设备的金属外壳及与外壳相连的金属构架，通过接地装置与大地连接起来，称为保护接地。保护接地适用于中性点不接地的低压电网。如图 1-3-14 所示。

（3）重复接地。

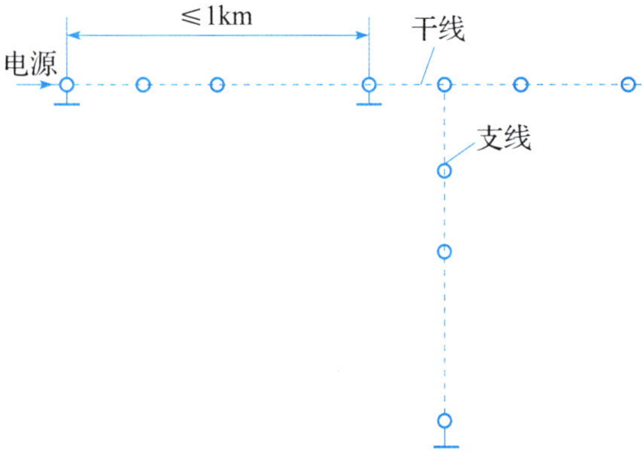

图 1-3-15　重复接地

三相四线制的零线，多于 1 处经接地装置与大地再次连接的情况称为重复接地。对 1kV 以下的接零系统，重复接地的接地电阻应不大于 10Ω。如图 1-3-15 所示。

（4）防雷接地。

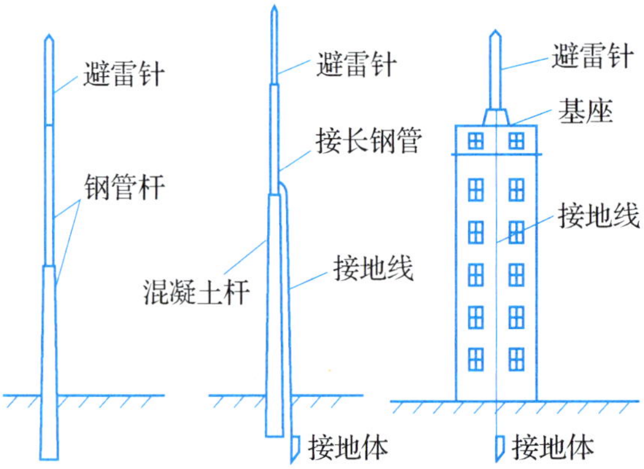

图 1-3-16　防雷接地

为了防止电气设备和建筑物因遭受雷击而受损，将避雷针、避雷线、避雷器等防雷设备接地，称为防雷接地。如图 1-3-16 所示。

（5）共同接地。

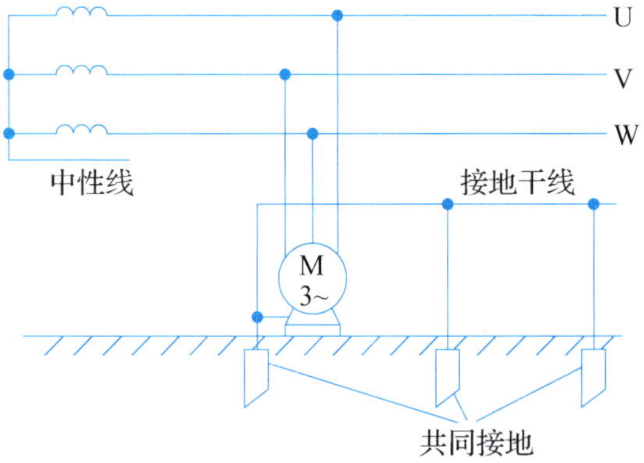

图 1-3-17　共同接地

在保护接地系统中，将接地干线或分支线多点与接地装置连接，称为共同接地。如图 1-3-17 所示。

3. IT 配电系统

（1）IT 配电系统安全原理。

IT 配电系统是指电源系统的带电部分不接地或通过阻抗接地，电气设备的外露导电部分接地的系统。

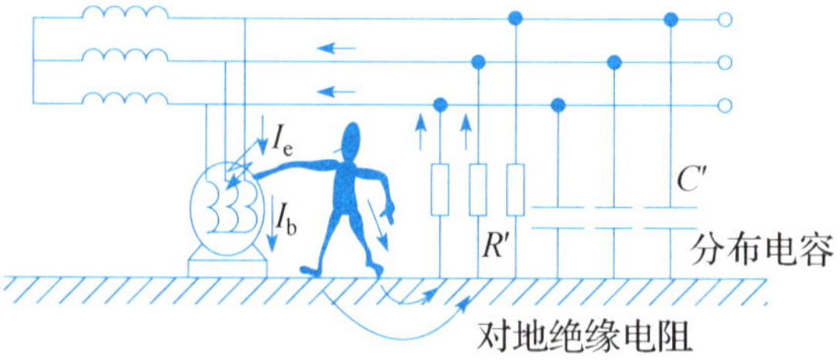

不接地配电网电击的危险性：电气设备金属外壳未采取任何安全措施，则当外壳故障带电时，通过人体的电流经线路对地绝缘阻抗构成回路，电击的危险性很大。如图 1－3－18 所示。

图 1－3－18　不接地配电网电击的危险性

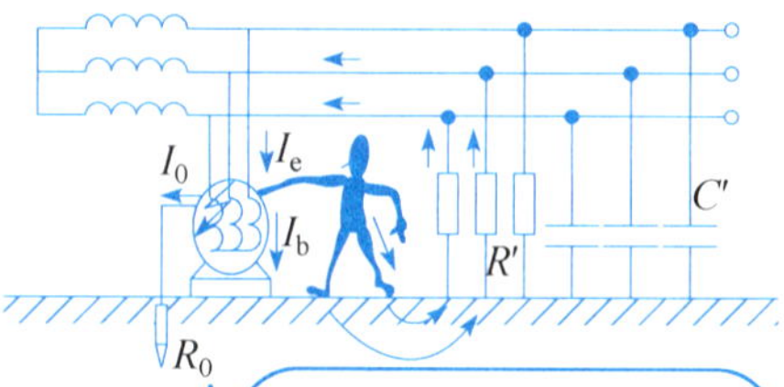

利用接地装置的分流作用减少通过人体的电流

保护接地的作用：当设备金属外壳意外带电时，将其对地电压限制在规定的安全范围内，消除或减小电击的危险，如图 1－3－19 所示。保护接地可以等化导体间的电位，防止导体间产生危险的电位差；保护接地还可以消除感应电的危险。

图 1－3－19　保护接地的作用

（2）保护接地的应用范围。

保护接地适用于各种不接地配电网，包括低压不接地配电网（如井下配电网）和高压不接地配电网，以及不接地直流配电网。在这些电网中，凡由于绝缘损坏或其他原因可能带危险电压的正常不带电金属部分，均应接地。

（3）IT 配电系统应用实例。

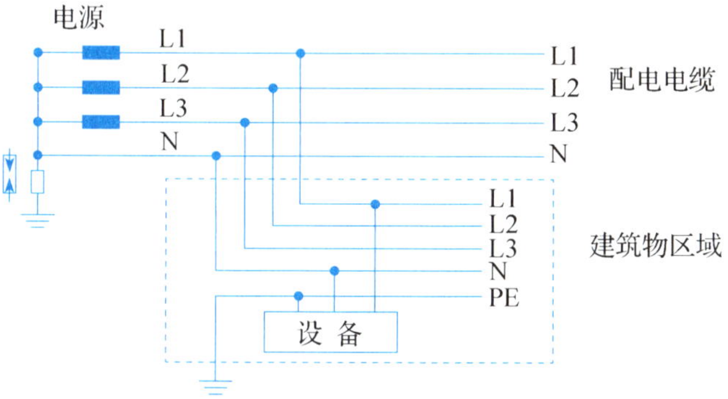

中性线通过阻抗或限压装置连接到地，或与地隔离

三相线（加中性线）的 IT 配电系统如图 1－3－20 所示。

图 1－3－20　三相线的 IT 配电系统

4. TT 配电系统

TT 配电系统是指电源系统有一点直接接地，设备外露导电部分的接地与电源系统的接地在电气上无关的系统。

（1）TT 配电系统的限压原理。

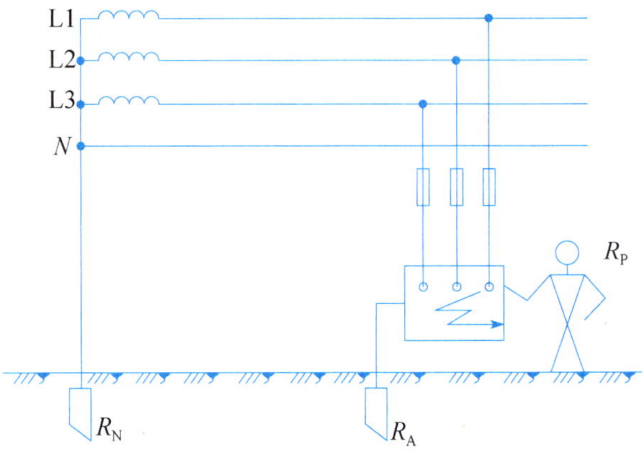

当某一相线直接连接设备金属外壳时，其对地电压不可能被限制在安全范围内。对于一般的过电流保护，实现速断是不可能的，如图 1－3－21 所示。因此，一般情况下不能采用 TT 配电系统。

图 1－3－21　TT 配电系统的限压原理

（2）TT 配电系统的应用范围。

TT 配电系统主要用于低压共用用户，即用于未装备配电变压器，从外面引进低压电源的小型用户。

（3）TT 配电系统的应用实例。

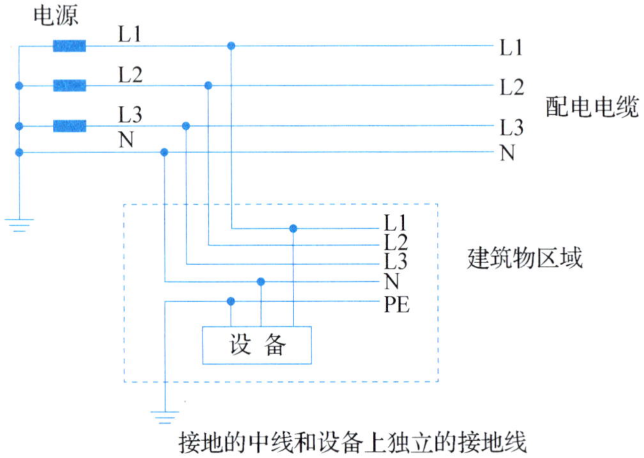

三相线（加中线）的 TT 配电系统如图 1－3－22 所示。

图 1－3－22　三相线的 TT 配电系统

5. TN 配电系统

目前，我国地面上低压配电网绝大多数采用中性点直接接地的三相四线制配电网。在这种配电网中，TN 配电系统是应用较多的配电及防护方式。

（1）TN 配电系统的安全原理。

TN 配电系统是指电源系统有一点直接接地，负载设备的外露导电部分通过保护导体连接到此接地点的系统，即采取接零措施的系统。保护接零可以起到保护人身和设备安全的作用，当某一相线直接连接设备金属外壳时，即形成单相短路。短路电流促使线路上的短路保护装置迅速动作，在规定时间内将故障设备断开电源，消除电击危险。

故障时迅速切断电源是保护接零的首要安全作用，而降低漏电设备对地电压是第二安全作用。

（2）TN 配电系统的基本安全条件。

1）对于Ⅰ类手持电动工具、移动式电气设备和 63A 以下的插座，故障持续时间不得超过表 1－3－1 所列数值。

表 1－3－1　TN 配电系统允许故障持续时间

额定对地电压/V	120	230	277	400	580
允许持续时间/s	0.8	0.4	0.4	0.2	0.1

2）对于配电干线和接向固定设备的配电线路（该配电线路的配电盘不接Ⅰ类手持电动工具、移动式电气设备、63A 以下的插座，或配电盘与保护零干线有电气连接），故障持续时间不得超过 5s。

（3）TN 配电系统的种类。

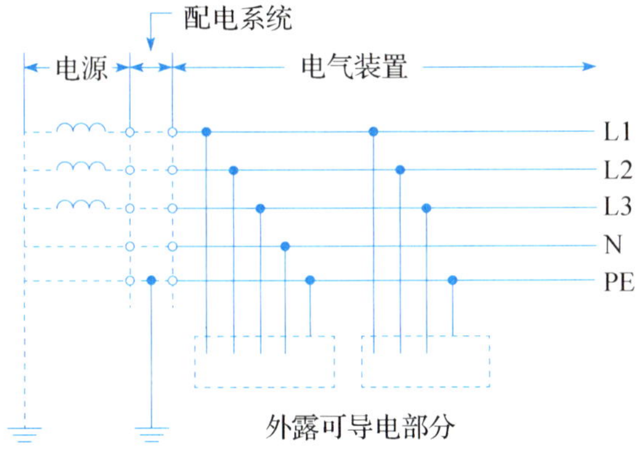

图 1－3－23　TN-S 配电系统

TN-S 配电系统是有专用保护零线（PE 线），即保护零线与工作零线（N 线）完全分开的系统，如图 1－3－23 所示。爆炸危险性较大或安全要求较高的场所应采用 TN-S 配电系统；有独立附设变电站的车间宜采用 TN-S 配电系统。

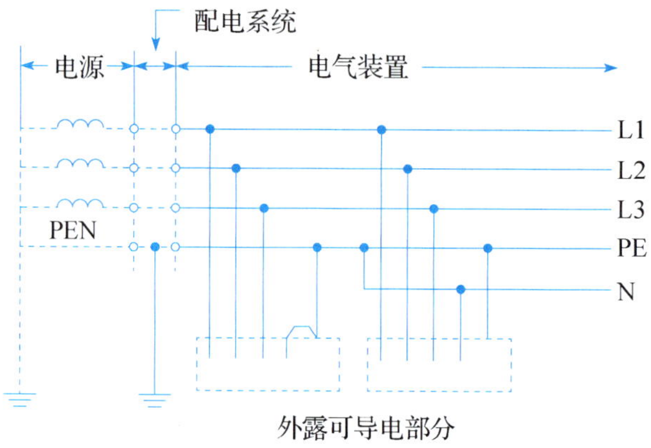

图 1-3-24　TN-C-S 配电系统

TN-C-S 配电系统是干线部分保护零线与工作零线前部共用（构成 PEN 线）、后部分开的系统，如图 1-3-24 所示。厂区设置的变电站、低电进线的车间以及民用楼房可采用 TN-C-S 配电系统。

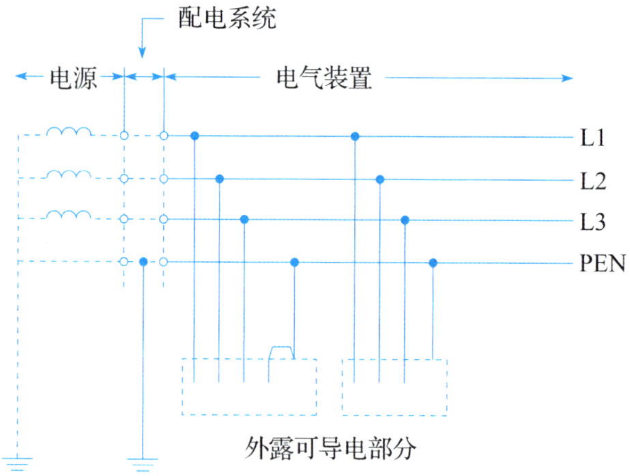

图 1-3-25　TN-C 配电系统

TN-C 配电系统是干线部分保护零线与工作零线完全共用的系统，如图 1-3-25 所示。用于无爆炸危险和安全条件较好的场所。

（4）保护接零注意事项。

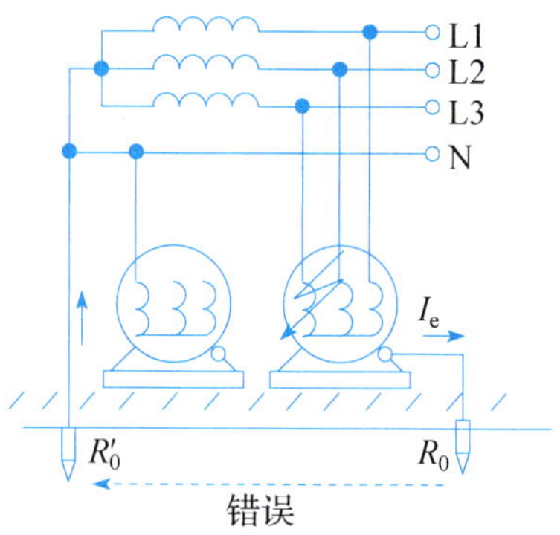

图 1-3-26　保护接零注意事项（一）

由同一台变压器供电的配电网中，不允许一部分电气设备采用保护接地而另一部分电气设备采用保护接零。如图 1-3-26 所示。

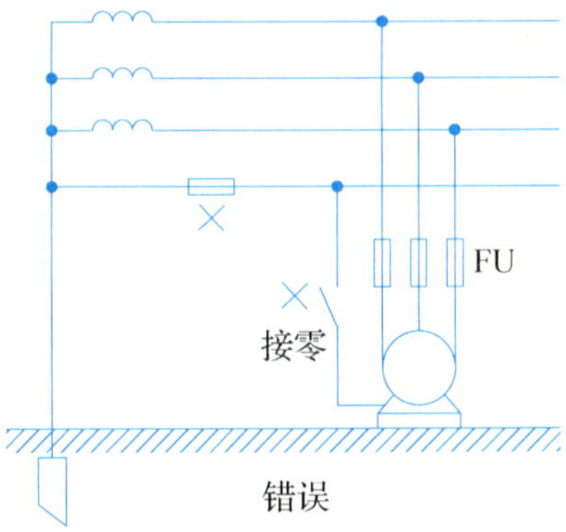

严格防止零线断线。零线不允许单独装设开关和熔断器。如图 1－3－27 所示。

图 1－3－27　保护接零注意事项（二）

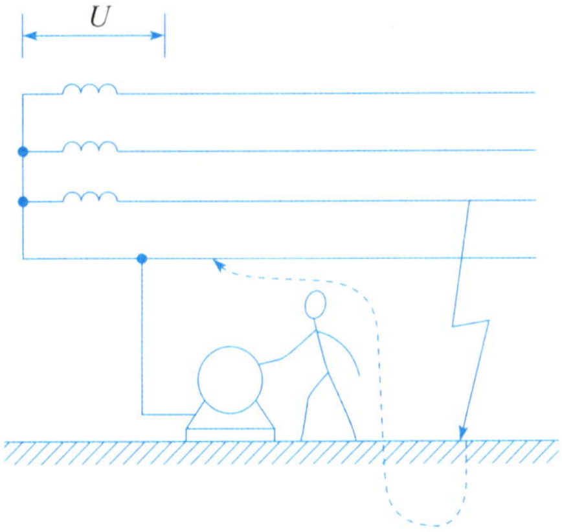

当发生故障时，如果系统未能迅速切断电源，人体触及带电的设备外壳时将面临极大的危险。保护接零的有效性在于线路的短路保护装置能快速切断电源，而在中性点不接地的系统中，这一条件难以满足，危险依然存在，如图 1－3－28 所示。

图 1－3－28　保护接零注意事项（三）

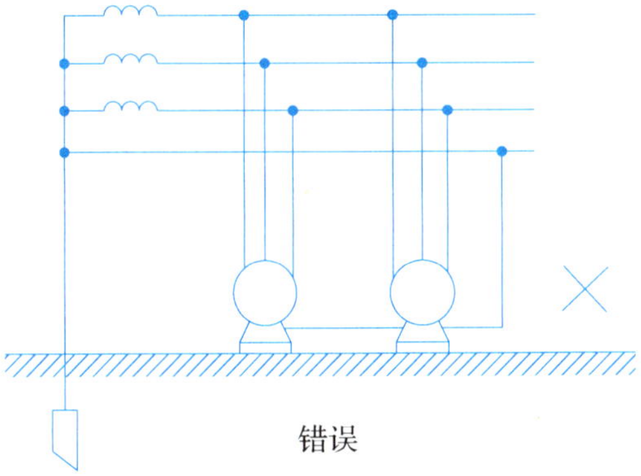

严禁将电气设备外壳的保护零线串联，应分别接零线。如图 1－3－29 所示。

图 1－3－29　保护接零注意事项（四）

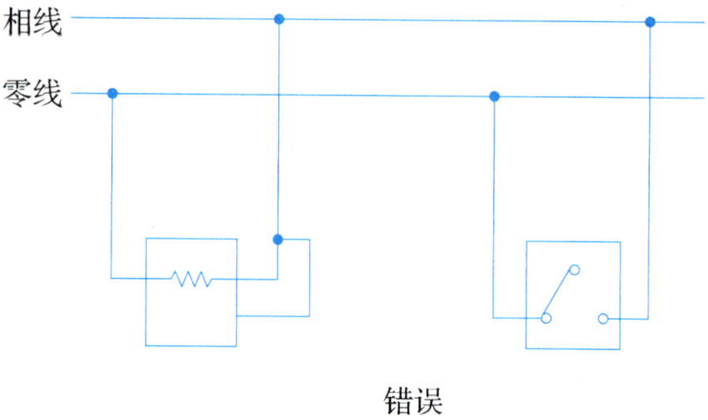

单相用电设备的工作零线和保护零线必须分开设置，不准共用一根零线。如图 1－3－30 所示。

图 1－3－30　保护接零注意事项（五）

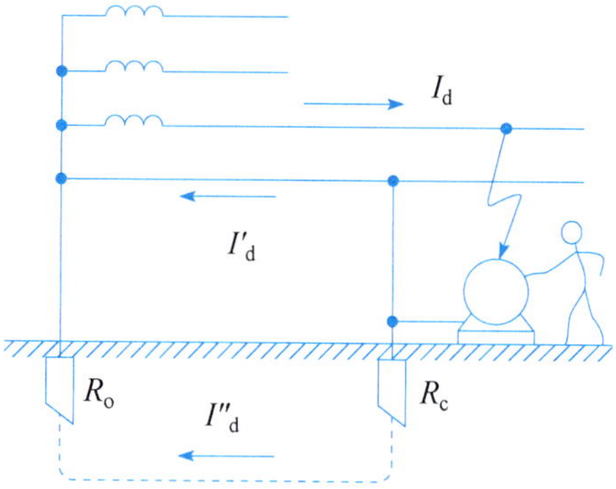

系统中的零线应重复接地，确保安全。如图 1－3－31 所示。

图 1－3－31　保护接零注意事项（六）

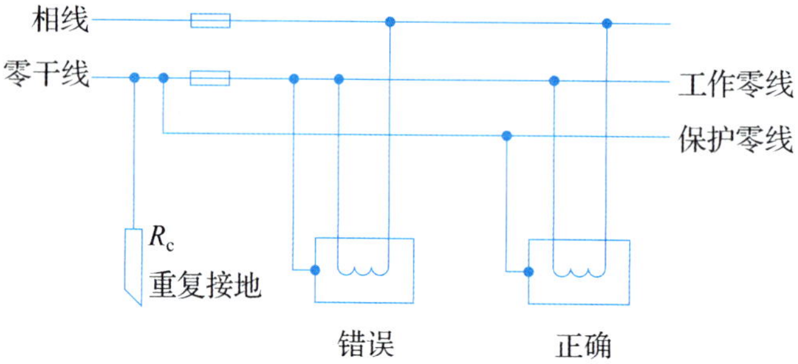

单相零线上安装熔断器时，保护接零的正、误示意图如图 1－3－32 所示。

图 1－3－32　保护接零注意事项（七）

技能检测

在线路板上完成漏电保护器的正确安装。

实训四　电气火灾的扑灭与预防

知识点

- 引起电气火灾的原因。

技能点

- 能够在生产实际中及时发现、排除导致电气火灾及爆炸的隐患。
- 能够在危险环境中采取正确的防火防爆安全措施。
- 会使用灭火器材。

安全要点

- 防患于未然。

素养提升

- 向身边的工匠学习吃苦耐劳、精益求精的优秀品质，激发爱国热情，努力使自己成为新时期具有匠心精神的优秀技术人才。

一、电气火灾和爆炸的原因

1. 电气设备或线路过热

（1）短路。短路电流可达正常工作电流的几十倍甚至上百倍，产生的热量（正比于电流的平方）使温度上升，超过自身和周围可燃物的燃点引起燃烧，从而导致火灾。

（2）过载。

图 1-4-1　过载

线路的负载电流量超过了导线额定的安全载流量，电气设备长期超载（超过额定负载能力），造成热量长时间积累进而使电气设备或线路温度升高，最终导致火灾。如图 1-4-1 所示。

（3）接触不良。导线连接不好，铜铝金属的电解作用，活动触头压力不够，接线螺钉松动，导电接合面锈蚀等都会导致接触电阻增加、接触部分过热，使温度很快升高。

（4）铁芯发热。铁芯截面不够，硅钢片绝缘破坏，长时间过电压会使磁滞和涡流损耗增加，铁芯热量不断积累最终导致温度升高。

（5）散热不良。

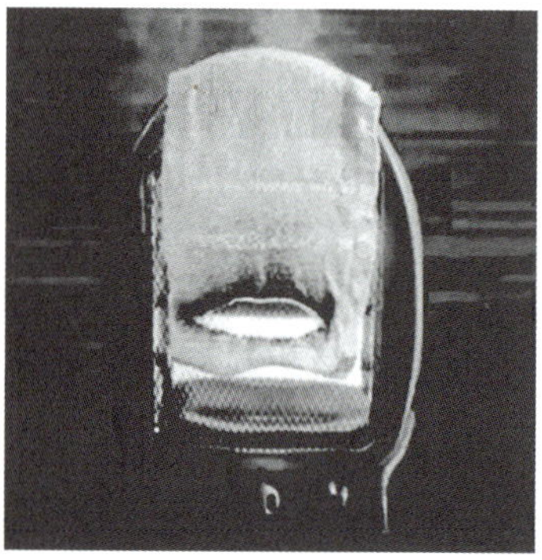

图 1-4-2　散热不良

电机、电器等设备在工作时必须确保空气对流，以达到散热的目的，电机的风扇、电器的散热孔、晶体管的散热片等都能起到散热功能，一旦对流不畅或散热件损坏，均会导致温升过高。如图 1-4-2 所示。

（6）电器使用不当。电饭锅、电炉、电熨斗、电烙铁等未按要求使用，或用后忘记断开电源，均会导致温升过高。

2. 电火花和电弧

电火花是击穿放电现象，大量的电火花汇集可形成电弧。电火花和电弧的温度很高，在易燃易爆场所是极大的隐患，应特别注意。

二、爆炸危险物质

爆炸危险物质是指能与空气混合形成爆炸性混合物的气体、蒸气、薄雾、粉尘和纤维。

爆炸危险物质：
- Ⅰ类：矿井甲烷
- Ⅱ类：爆炸性气体、蒸气、薄雾
- Ⅲ类：爆炸性粉尘、纤维

三、电气防火防爆措施

1. 正确选用保护装置

（1）对正常运行条件下可能产生电热效应的设备设置隔热、散热、强迫冷却等结构，并重视耐热、防火材料的使用。

（2）按规定设置短路、过载、漏电等情况下的保护装置。对电气设备和线路正确设置接地、接零保护；安装避雷器及接地装置以防雷电。

（3）根据使用环境和条件正确设计和选择电气设备。恶劣的自然环境和有导电尘埃的场所应选择具有抗绝缘老化功能的产品，或增加防护措施；易燃易爆场所必须使用防爆电气产品。

2. 正确安装电气设备

（1）合理选择安装位置。

对于爆炸危险场所，应将电气设备安装在场所以外或爆炸危险性较小的地方。

开关、插座、熔断器、电热器具、电焊设备和电动机等应根据需要，尽量避开易燃物或易燃建筑构件。起重机滑触线下方不应堆放易燃品。露天变/配电装置不应设置在易于沉积可燃性粉尘或纤维的地方。

（2）保持必要的防火距离。

对于在正常工作时能够产生电弧或电火花的电气设备，应使用灭弧材料将其全部隔围起来；或将其与可能被引燃的物料用耐弧材料隔开；或与可能引起火灾的物料之间保持足够的距离，以便安全灭弧。

安装和使用有局部热聚焦或热集中的电气设备时，在局部热聚焦或热集中的方向，必须使其与易燃物料保持足够的距离，以防引燃。

电气设备周围的防护屏障材料，必须能承受电气设备产生的高温（包括故障情况下）。应根据具体情况选择不可燃、阻燃材料，或在可燃性材料表面喷涂防火涂料。

3. 保持电气设备的正常运行

（1）规范操作是保证电气设备正常运行的前提。

（2）保持电气设备的电压、电流、温升等不超过允许值。保持各导电部分连接可靠，接地良好。

（3）保持电气设备清洁、绝缘良好，保持设备和场所通风。

四、电气火灾扑救

1. 切断电源

发现火灾时应首先切断电源。切断电源时要注意以下几点：

（1）火灾发生后，由于受潮或受到烟熏，开关设备的绝缘能力会降低，因此拉闸时应使用绝缘工具操作。

（2）对于高压设备，应先操作油断路器，而不应该先拉隔离刀闸，防止引起弧光短路。

（3）切断电源的地点要适当，防止影响灭火工作。此外，剪断电线时，不同相线应在不同部位剪断，以免造成相间短路。剪断空中电线时，剪断位置应选择在电源方向支持物附近，防止电线切断后，断头落地发生触电事故。

（4）对于带负载线路，应先停掉负载，再切断着火现场电线。

2. 断电灭火安全要求

（1）灭火人员应尽可能站在上风侧进行灭火。

（2）灭火时若发现有毒烟气（如电缆燃烧时），应戴防毒面具。

（3）灭火过程中，若灭火人员身上着火，应就地打滚或撕脱衣服，也可用湿麻袋或湿棉被覆盖在灭火人员身上。不得用灭火器直接向灭火人员身上喷射。

（4）灭火过程中，应防止上部空间可燃物着火掉落而危害人身和设备安全；在屋顶灭火时，要防止坠落。

（5）室内着火时，切勿急于打开门窗，以防空气对流而加重火势。

3. 科学使用灭火器

（1）灭火器使用要牢记四字口诀——“提拔握压”，具体动作如图 1－4－3 至图 1－4－6 所示。

灭火器

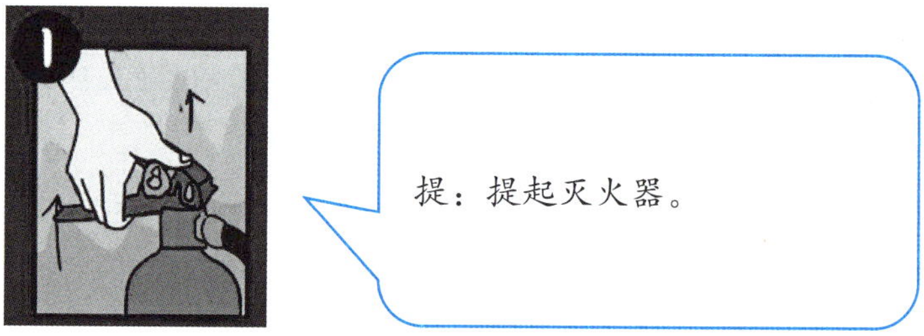

图 1－4－3　提

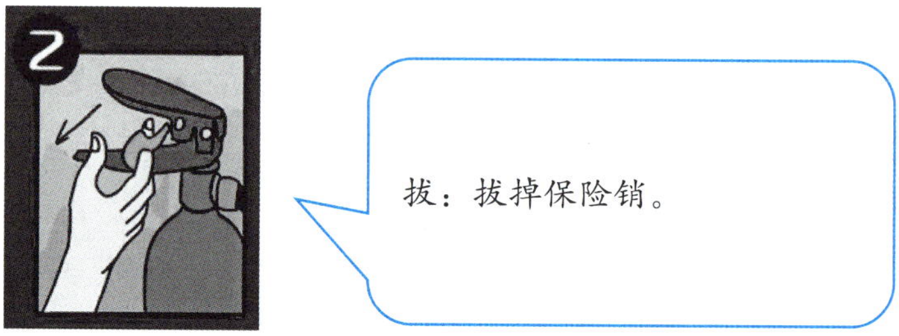

图 1－4－4　拔

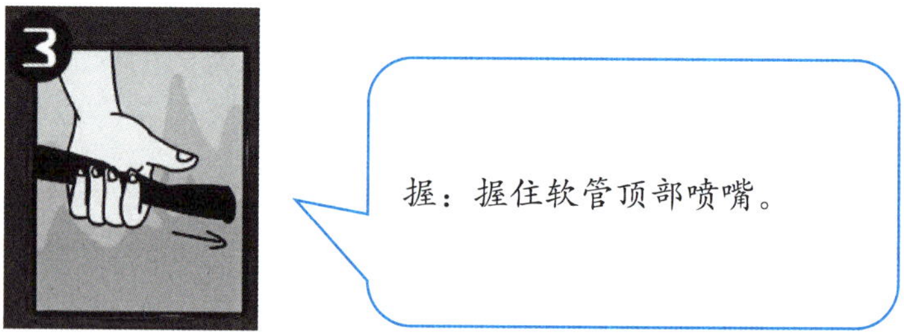

图 1－4－5　握

压：对准火源根部压下把手。

图 1-4-6 压

（2）灭火器要定期检查，确保可以正常使用。

应该定时检查、维护灭火器和消防栓，日晒雨淋会导致灭火器漏气减压，急用时可能出故障而影响扑救。此外，还应注意灭火器压力表是否显示异常、设备是否损坏、放置位置和方式是否恰当。

（3）关注灭火器使用年限。

灭火器也有有效期，二氧化碳灭火器的报废期限为 12 年；干粉灭火器的报废期限为 10 年；水基型灭火器的报废期限为 6 年。瓶内气体过期后要及时到有相关资质的充气单位更新气体。

（4）常用灭火器使用注意事项。

水基型灭火器使用完毕不得再次充装。水基型灭火器出厂期满 3 年，经首次维检以后每满 1 年需要进行维检。

使用二氧化碳灭火器扑救电器火灾时，如果电压超过 600V，应先断电、后灭火。在室外使用时，应站在上风方向喷射。在室内窄小空间使用时，灭火后应迅速离开，以防窒息。

技能检测

正确操作和使用灭火器。

练习与提高

班级：________________　　姓名：________________

实训一

一、单选题

1. 对地电压就是带电体与（　　）之间的电压。

A. 某一相线　　B. 中性线　　C. 接地体　　D. 零电位大地

2. 数十毫安的电流通过人体并在短时间致命的主要原因是（　　）。

A. 电弧烧伤　　B. 呼吸中止

C. 昏迷　　D. 引起心室纤维性颤动

3. 发生心室纤维性颤动时，血液循环（　　）。

A. 变化不大　　B. 中止

C. 加快　　D. 减缓

4. 工频条件下，人的摆脱电流约为（　　）。

A. 1mA　　B. 10mA

C. 100mA　　D. 10A

5. 工频条件下，人的平均感知电流约为（　　）。

A. 1mA　　B. 10mA

C. 100mA　　D. 10A

6. 就电击危险性而言，工频电流与高频电流比较，（　　）。

A. 工频危险性大　　B. 高频危险性大

C. 危险性一样大　　D. 不能比较

7. 下列选项中，最危险的电流途径是（　　）。

A. 左手至脚　　B. 右手至脚

C. 左手至右手　　D. 左手至胸部

二、判断题

（　　）1. 虽然发生跨步电压电击时大部分电流不通过心脏，但跨步电压电击也有致命的危险。

（　　）2. 发生跨步电压电击时，大部分电流不通过心脏，只能使人感到痛苦而没有致命的危险。

（　　）3. 高压电既会造成严重电击，也会造成严重电弧烧伤；低压电只会造成严重电击，不会造成严重电弧烧伤。

（　　）4. 摆脱电流是指人能自主摆脱带电体的最大电流，人的工频摆脱电流约为 10A。

三、简答题

1. 电气事故可以分为几类？分别是什么形式的电造成的？

2. 为什么说电气连接部位引发的触电事故多？

实训二

一、单选题

1. 下列选项中，（　　）是在低压操作时使用的基本安全用具。

A. 绝缘手套、验电笔、带绝缘柄的工具

B. 绝缘鞋、验电笔、带绝缘柄的工具

C. 验电笔、绝缘鞋、绝缘垫

D. 绝缘手套、验电笔、绝缘鞋

2. 下列选项中，（　　）是在高压操作时使用的基本安全用具。

A. 绝缘杆、绝缘夹钳、绝缘垫　　B. 高压验电器、绝缘杆、绝缘夹钳

C. 绝缘杆、高压验电器、绝缘站台　　D. 高压验电器、绝缘杆、绝缘手套

3. 临时接地线必须是带透明护套的多股软裸铜线，其截面积不得小于（　　）。

A. $6mm^2$　　B. $10mm^2$

C. $15mm^2$　　D. $25mm^2$

4. 临时接地线应当采用（　　）。

A. 多股铜绞线　　B. 钢芯铝绞线

C. 多股软裸铜线　　D. 多股软绝缘铜线

5. 标志牌应当用（　　）制成。

A. 绝缘材料　　B. 铜材

C. 铝材　　D. 钢材

6. 一经合闸即可送电到施工线路的线路开关和刀闸操作手柄上，应当装设的标志牌是（　　）。

A. 禁止合闸 有人工作　　B. 禁止合闸 线路有人工作

C. 止步 高压危险　　D. 已接地

7. 确定停电的依据是（　　）。

A. 电流表和电压表指示为零　　B. 电源指示灯熄灭

C. 电源开关已拉开　　D. 经合格的验电器验试无指示

8. 装设临时接地线的顺序是（　　）。

A. 先接接地端，后接相线端　　B. 先接相线端，后接接地端

C. 同时接接地端和相线端　　D. 没有要求

9. 带电检修至少应由（　　）人进行。

A. 一　　B. 二

C. 三　　D. 四

二、填空题

1. 工作人员上下的铁架、梯子上应当装设（　　）标志牌。

2. 每次使用绝缘手套、绝缘鞋前，应仔细检查，并做（　　）试验。

3. 使用验电器前，应在（　　）上检测验电器是否良好；验电时，应将验电器（　　）带电体。

4. 验电的正确顺序是先验（　　）压，后验（　　）压；先验（　　）层，后验（　　）层。

5. 工作地点邻近带电设备时，遮栏上应当悬挂（　　）标志牌。

三、判断题

（　　）1. 辅助安全用具的绝缘强度不足以承受电气设备的工作电压，只能起到强化基本安全用具的作用。

（　　）2. 绝缘鞋和绝缘靴都属于低压基本安全用具。

（　　）3. 在高压和低压操作中，绝缘手套均可作为基本安全用具。

（　　）4. 低压基本安全用具包括带绝缘柄的工具、绝缘手套、验电笔。

（　　）5. 绝缘靴一般用作辅助安全用具，也可用作防护跨步电压的基本安全用具。

（　　）6. 绝缘良好的绝缘垫属于基本安全用具。

实训三

一、选择题

1. IT 配电系统属于（　　）系统。

A. PE 线与 N 线全部分开的保护接零

B. PE 线与 N 线共用的保护接零

C. PE 线与 N 线前段共用、后段分开的保护接零

D. 保护接地

2. 保护接地系统属于（　　）。

A. TN-S 配电系统　　B. TN-C 配电系统

C. TT 配电系统　　D. IT 配电系统

3. TN-S 配电系统属于（　　）系统。

A. PE 线与 N 线全部分开的保护接零

B. PE 线与 N 线共用的保护接零

C. PE 线与 N 线前段共用、后段分开的保护接零

D. 保护接地

4. TN-C-S 配电系统属于（　　）系统。

A. PE 线与 N 线全部分开的保护接零

B. PE 线与 N 线共用的保护接零

C. PE 线与 N 线前段共用、后段分开的保护接零

D. 保护接地

5. TN-C 配电系统属于（　　）系统。

A. PE 线与 N 线全部分开的保护接零

B. 干线部分 PE 线与 N 线共用的保护接零

C. PE 线与 N 线前段共用、后段分开的保护接零

D. 保护接地

6. 在配电系统中，（　　）是不允许出现的。

A. TN-S-C 配电系统　　B. TN-C 配电系统

C. TT 配电系统　　D. IT 配电系统

7. 在三相四线制配电网中，N 线表示（　　）。

A. 相线　　B. 中性线

C. 保护零线　　D. 地线

8. 在三相四线制配电网中，PE 线表示（　　）。

A. 相线　　B. 中性线

C. 工作零线　　D. 保护地线

9. 在三相四线制配电网中，PEN 线表示（　　）。

A. 工作与保护共用的零线　　B. 中性线

C. 保护零线　　D. 保护地线

10. TN 系统分为（　　）种方式。

A. 一　　B. 二

C. 三　　D. 四

二、填空题

1. IT 配电系统的字母“I”表示（　　），字母“T”表示（　　）。

2. 保护接地的目的是将设备外壳意外带电时的对地电压（　　）。

3. TT 配电系统的第一个字母“T”表示（　　），第二个字母“T”表示（　　）。

4. 为了防止电气设备漏电和感应电的危险，低压用户的用电设备除应采取（　　）保护外，还应采取补充的安全措施。

5. TN 配电系统的字母“T”表示（　　），字母“N”表示（　　）。

6. 保护接零适用于电源中性点（　　）的低压配电网。

7. 保护接零是将设备金属外壳与配电网的（　　）紧密连接起来。

8. 保护接零的主要目的是将漏电设备（　　）。

9. 在 TN-S 配电系统中，工作零线用字母（　　）表示；保护零线用字母（　　）表示。

10. 在三相四线制配电网中，PEN 表示（　　）零线。

三、简答题

1. 电气设备的绝缘有哪几种破坏方式？

2. 什么是保护接零？适用于哪种配电网？电气设备的哪些部位应当采取接零措施？

3. 有几种类型的 TN 系统？分别适用于什么场合？

实训四

一、判断题

（　　）1. 电火花和电气设备的危险温度都可能引起电气火灾。

（　　）2. 在存放易燃液体的库房装设排风扇时，应选用防爆型三相异步电动机。

（　　）3. 爆炸危险场所的工作零线应当与保护零线合用。

（　　）4. 电压过高会产生危险温度，电压过低不会产生危险温度。

（　　）5. 电气设备漏电或接地都可能产生电火花。

（　　）6. 10kV 及以下架空线路不得跨越火灾和爆炸危险环境。

（　　）7. 泡沫灭火器不能用于带电灭火。

二、简答题

1. 电气设备和电气线路在哪些情况下可能产生危险温度？

2. 在切断电源和防止触电方面，扑灭电气火灾时应注意什么问题？

评价表

1. 教师评价

项目	配分	扣分标准	教师评价
学习态度	10 分	（1）玩手机，每次扣 10 分； （2）上课睡觉，每次扣 10 分； （3）不遵守实训规章制度，扣 10 分	
提问	10 分	不能正确回答教师提问，扣 10 分	
出勤	10 分	（1）旷课，扣 10 分； （2）事假，扣 4 分	
作业	30 分	按评分标准扣分	
单元测验	40 分	按评分标准扣分	
总分			
班级：		组别：	姓名：

2. 小组互评

组别：		姓名：			
序号	考核标准	配分	得分	得分	得分
1	喜欢合作学习，积极参加小组活动	10			
2	敢于发表自己的见解，并尊重同学的意见	10			
3	积极帮助小组其他成员，友好相处	10			
4	学习目的明确，组织有序	10			
5	协作推动小组的工作	10			
6	表现积极，主动完成各项学习任务	10			
7	会通过网络检索资料，并做好摘录	10			
8	口头表达准确流畅，图表表达简单明了	10			
9	具有自我学习的能力	10			
10	具有自我认知和自我评估的能力	10			
总分					

模块二

电工基本操作技术

实训一　常用电工工具的应用

知识点

- 常用电工工具的外形及结构。
- 常用电工工具的使用方法。

技能点

- 常用电工工具的维护。

安全要点

- 遵循正确的操作程序。
- 保持工具干燥和清洁，定期检查和维护。

素养提升

- 培养认真负责的工作态度和求真务实的科学精神。

能够熟练使用各种常见的电工工具及仪表进行工作是电工的一项基本技能。常见的电工工具箱如图 2-1-1 所示。

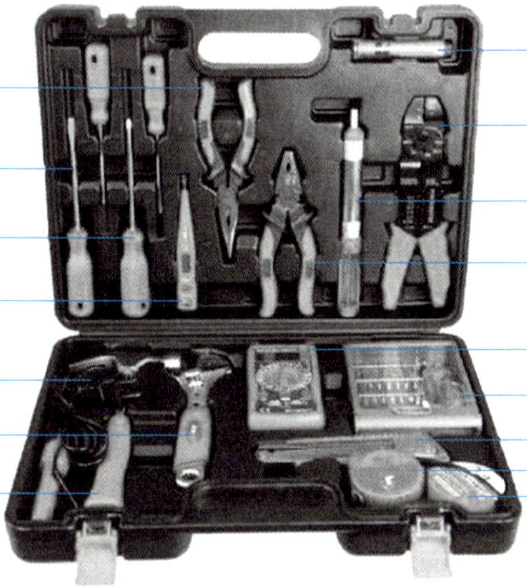

图 2-1-1　电工工具箱

一、验电器（笔）

详见模块一中实训二的相关内容。

二、钢丝钳

钢丝钳的钳柄分为铁柄和绝缘柄两种。带有绝缘柄的为电工用钢丝钳，常用的规格有150mm、175mm 和 200mm 三种。

（1）构造和用途。

钢丝钳由钳头（钳口、齿口、刀口、铡口）和钳柄组成。

- 钳口：弯绞或夹住导线线头。
- 齿口：紧固或起松螺母。
- 刀口：剪切导线或剖削软导线绝缘层。
- 铡口：铡切电线线芯、钢丝或铅丝等较硬金属。

（2）握法。钢丝钳的结构和用途如图 2-1-2 所示。

（3）安全操作要点。

1）使用钢丝钳之前必须检查绝缘柄的绝缘是否完好。绝缘如果损坏，进行带电作业时会发生触电事故。

2）剪切带电导线时，不得用刀口同时剪切相线和零线，或同时剪切两根相线，以免发生短路故障。

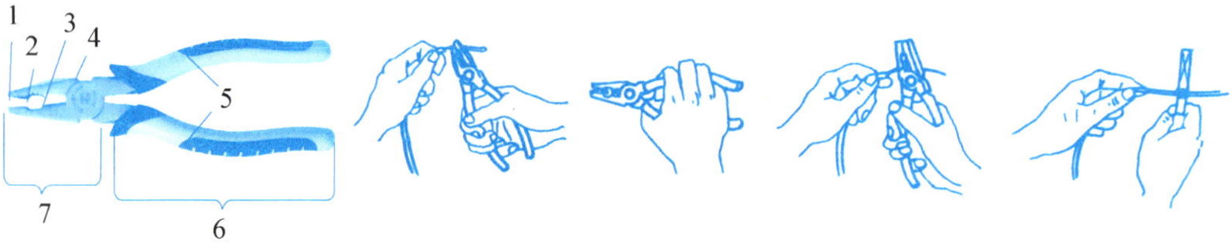

（a）结构图　（b）弯绞导线　（c）扳旋螺母　（d）剪切导线　（b）铡切导线

图 2－1－2　钢丝钳的结构和用途

1—钳口；2—齿口；3—刀口；4—铡口；5—绝缘管；6—钳柄；7—钳头

钢丝钳

（4）使用钢丝钳剖削塑料绝缘线的方法。

1）用左手握住电线，根据所需线头长短用钢丝钳口切割绝缘层，但不可切入芯线。

2）右手握住钢丝钳头部，用力向外勒去塑料绝缘层。

3）确保剖削出的芯线完整无损，如损伤较大，应重新剖削。

三、尖嘴钳

尖嘴钳

尖嘴钳的头部尖细，适合在狭小的工作空间操作，如图 2－1－3 所示。尖嘴钳的钳柄也分为铁柄和绝缘柄两种，绝缘柄的耐压为 500V。

图 2－1－3　尖嘴钳

尖嘴钳的用途如下：

（1）带有刃口的尖嘴钳能剪断细小的金属丝。

（2）尖嘴钳能夹持较小螺钉、垫圈、导线等元件，辅助安装和拆卸。

（3）在装接控制线路板时，尖嘴钳能将单股导线弯成一定圆弧的接线鼻子（接线端子）。

四、斜口钳（断线钳）

斜口钳（见图 2－1－4）的钳柄分为铁柄、管柄、绝缘柄三种，其中电工用的绝缘柄斜口钳耐压为 1000V。斜口钳主要用于剪断较粗的金属丝、线材及电线电缆等。

五、剥线钳

剥线钳是用于剥削小直径导线绝缘层的专用工具（见图 2－1－5），它的手柄是绝缘的，耐压为 500V。

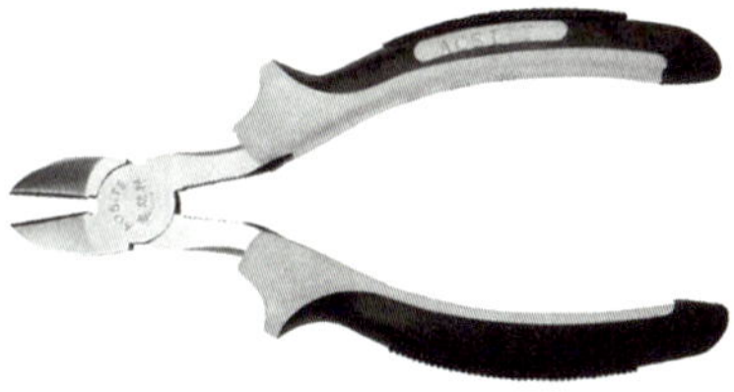

图 2-1-4　斜口钳

斜口钳

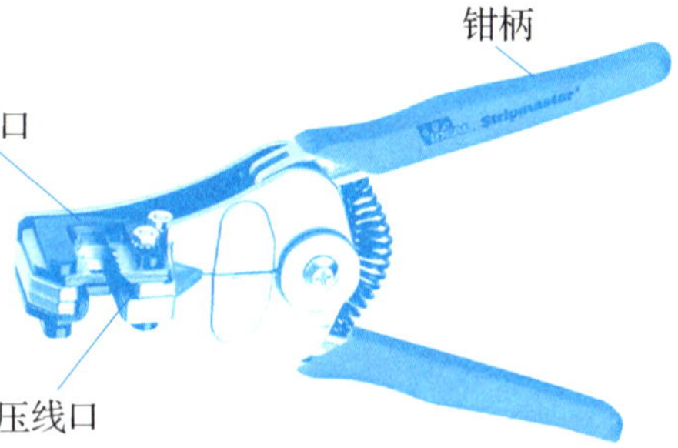

图 2-1-5　剥线钳

剥线钳的使用方法如下：

将要剥削的绝缘长度用标尺定好以后，即可把导线放入相应的刃口中（比导线直径稍大），然后握一下钳柄，导线的绝缘层即被割破并自动弹出。

六、螺钉旋具

螺钉旋具是一种用于紧固或拆卸螺钉的工具。

（1）式样和规格。

螺钉旋具分为一字型和十字型两种（见图 2-1-6），其握柄有木柄和塑料柄之分。

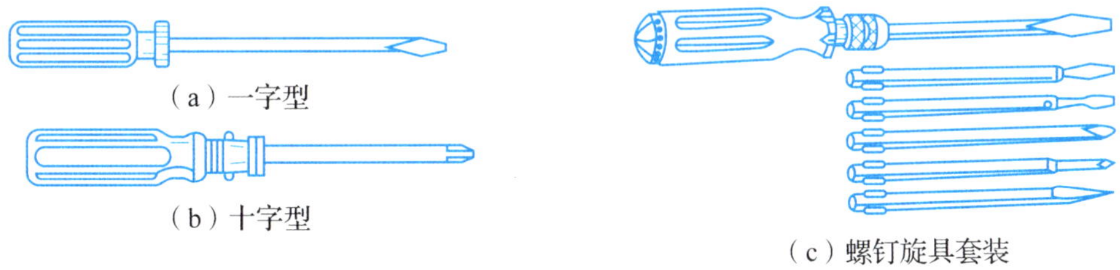

（a）一字型

（b）十字型

（c）螺钉旋具套装

图 2-1-6　螺钉旋具

一字型螺钉旋具常用的规格有 50mm、100mm、150mm、200mm 等。电工必备的是 50mm 和 150mm 两种。

十字型螺钉旋具专用于紧固或拆卸十字槽螺钉，常用的规格有四种：Ⅰ号适用于直径为 2～2.5mm 的螺钉，Ⅱ号适用于直径为 3～5mm 的螺钉，Ⅲ号适用于直径为 6～8mm 的螺钉，Ⅳ号适用于直径为 10～12mm 的螺钉。

（2）安全操作要点。

1）电工不可使用金属杆直通柄顶的螺钉旋具，否则容易触电。

2）使用螺钉旋具紧固或拆卸带电的螺钉时，手不得触及螺钉旋具的金属杆，以免触电。

3）为了避免螺钉旋具的金属杆触及皮肤或邻近带电体，应在金属杆上套绝缘管。

七、电工刀

电工刀是剖削电线线头、切削木台缺口、削制木榫的专用工具，如图 2－1－7 所示。

（1）安全操作要点。

1）注意避免割伤。

2）用毕及时将刀身折进刀柄。

3）电工刀刀柄若无绝缘保护，则不能在带电导线或器材上剖削，以免触电。

（2）用电工刀剖削塑料绝缘线的基本方法。

1）在绝缘线上量取需要切割的长度，用电工刀以 45°角倾斜切入绝缘层。

2）刀面与芯线保持 25°角左右，用力向线端推削，不可切入芯线，削去上面一层塑料绝缘即可。

3）将下面的塑料绝缘层向后扳翻，然后齐根切去。

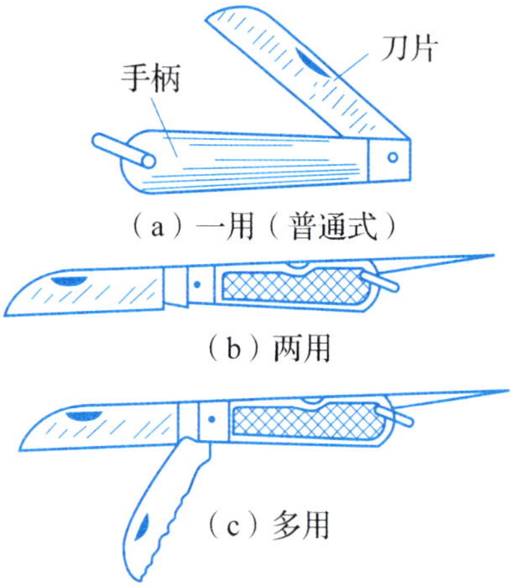

图 2－1－7　电工刀

八、活扳手（活络扳手）

活扳手是紧固和起松螺母的专用工具。

（1）构造和规格。

活扳手由头部和柄部组成，头部由活扳唇、呆扳唇、调节螺杆等组成，可通过调节螺杆调节钳口的大小。活扳手的规格是以长度×最大开口宽度（mm）来表示，电工常用的活扳手有 150mm×19mm（6 英寸）、200mm×24mm（8 英寸）、250mm×30mm（10 英寸）、300mm×36mm（12 英寸）四种。

（2）活扳手的使用方法如图 2－1－8 所示。

1）扳动较大螺母时，需要较大力矩，手应握在近柄尾处。

2）扳动较小螺母时，需要较小力矩，且螺母过小易打滑，手应握在接近扳手头部的地方，这样也方便随时调节调节螺杆，收紧活扳唇，防止打滑。

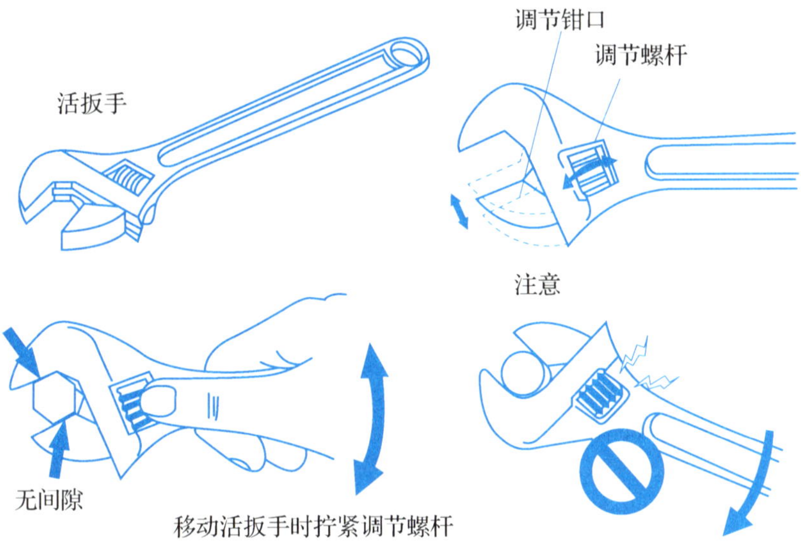

活扳手

图 2-1-8　活扳手的使用方法

3）活扳手不可反用，以免损坏活扳唇；也不可用钢管接长手柄来施加较大的扳拧力矩。

4）不得将活扳手当作撬棒和手锤使用。

九、电烙铁

电烙铁是烙铁钎焊的热源（见图 2-1-9），通常以电热丝作为热元件，分为内热式和外热式。

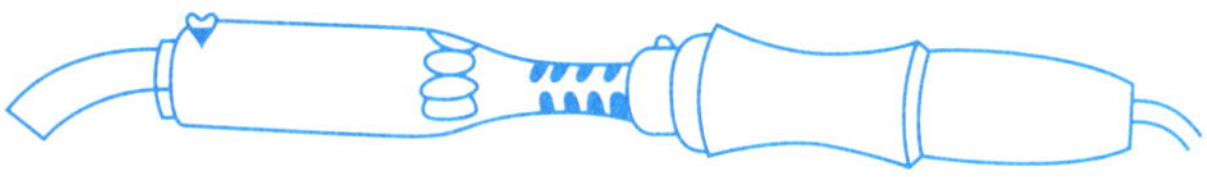

（a）大功率电烙铁

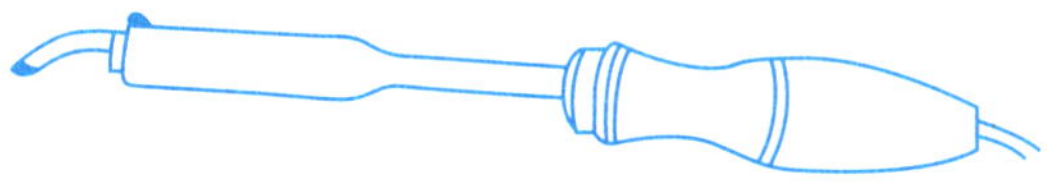

（b）小功率电烙铁

图 2-1-9　电烙铁

常用的规格有 25W、45W、75W、100W、300W 等。焊接小功率电器元件时，宜采用 25W 和 45W 的电烙铁。焊接大功率电器元件时，需用 45W 以上的电烙铁。电烙铁的功率选用应适当：过大，既浪费电，又会烧毁元器件；过小，会因热量不够而影响焊接质量。

电烙铁用毕，要随时拔掉电源插头，节约用电，确保安全，并能延长其使用寿命。在导电地面（如混凝土和泥土地面）使用时，电烙铁的金属外壳必须妥善接地，以防漏电。

十、脚扣（铁脚）

脚扣是用于攀登电杆的工具（见图 2－1－10），分为两种：一种在扣环上制有铁齿，供登木杆用；另一种在扣环上裹有橡胶，供登混凝土杆用。

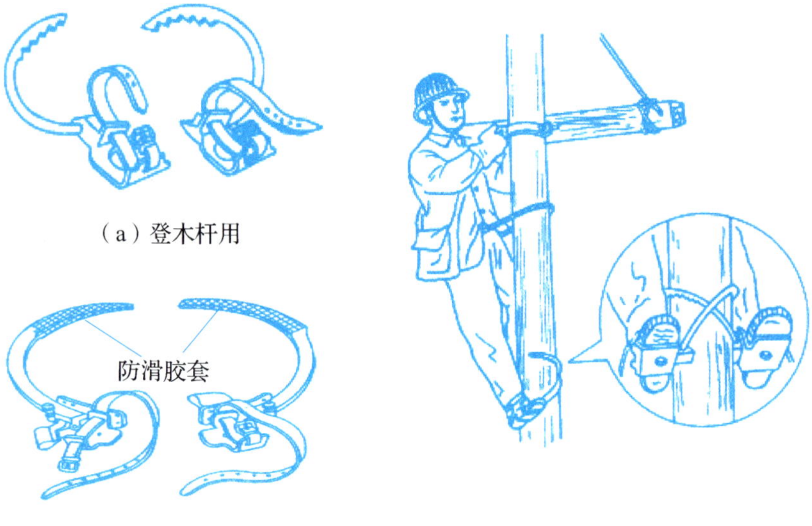

（a）登木杆用

（b）登混凝土杆用

（c）杆上作业时两脚扣的定位方法

图 2－1－10　脚扣

脚扣可大幅提高登杆作业人员的攀登速度，且登杆方法容易掌握，但在杆上作业时易于疲劳，所以适用于杆上短时间作业。为了保证杆上作业时人体平衡，两只脚扣应按图 2－1－10（c）所示的方法定位。在登杆前，应对脚扣做人体冲击试验，同时检查扎扣是否牢固可靠。

十一、电工安全腰带

详见模块一中实训二的相关内容。

十二、电工工具夹

电工工具夹是户内外登高操作时必备的用品，通过皮带系在腰间，用来插装活扳手、钢丝钳、螺钉旋具和电工刀等工具，如图 2－1－11 所示。有插装一件、三件、五件工具等规格。

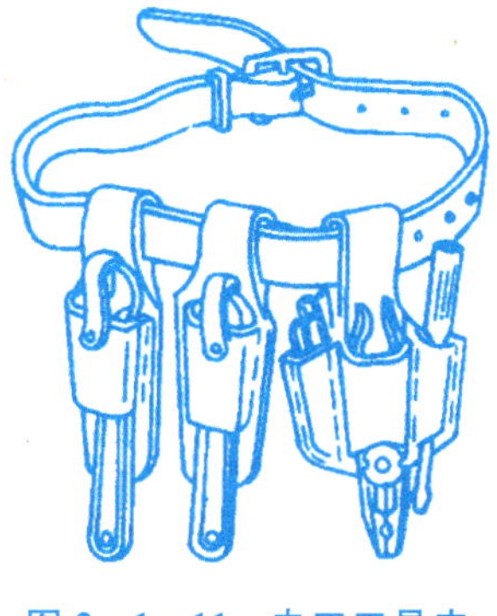

图 2－1－11　电工工具夹

技能检测

（1）利用低压验电器（笔）完成以下实训内容。

1）判别电压的高低。

可根据氖管发光的强弱判别电压的高低。

2）判别相线与零线。

在交流电路中，氖管发光说明所测为相线，不发光为零线。

3）判别直流电与交流电。

交流电，两个极同时发光；直流电，只有一个极发光。

4）判别直流电的正负极。

发光的一极为直流电的负极。

5）识别相线碰壳。

低压验电器（笔）触及电气设备外壳，氖管发光，说明相线有碰壳现象；如果壳体有良好的接地装置，氖管不发光

6）识别相线接地。

用低压验电器（笔）触及正常供电的星形联结的三相三线制交流电时，有两根比较亮，而另一根亮度较暗，说明较暗的相线与地有短路现象，但不严重。如果两根比较亮，而另一根不亮，说明这一根相线肯定与地短路。

（2）用钢丝钳弯绞导线、剪切导线、铡切钢丝。

（3）用尖嘴钳将直径为 1～2mm 的单股导线弯成 ϕ 4～5mm 的圆弧接线鼻子。

（4）用剥线钳剥削电线。

（5）练习使用螺钉旋具。

1）大螺钉旋具的使用。

大螺钉旋具一般用来紧固较大的螺钉。使用时，除大拇指、食指和中指要夹住握柄外，手掌还要顶住柄的末端，可防止旋转时滑脱。

2）小螺钉旋具的使用。

小螺钉旋具一般用来紧固电气装置接线桩头上的小螺钉。使用时，可用大拇指和中指夹着握柄，用食指顶住柄的末端捻旋。

3）用 50mm 螺钉旋具在木配电板上练习旋紧木螺钉。

（6）用电工刀剖削塑料单芯硬线，尽量做到不剖伤芯线。

实训二　导线绝缘层的剥削

知识点

- 导线绝缘层剥削工艺要求。

技能点

- 能够熟练剥削各种导线的绝缘层。

安全要点

- 操作过程规范，防止电工刀伤手。
- 不能损伤线芯，以免降低导线安全载流量。

素养提升

- 培养谦虚、好学的品质，勤于思考，精益求精。

一、塑料硬线绝缘层的剥削

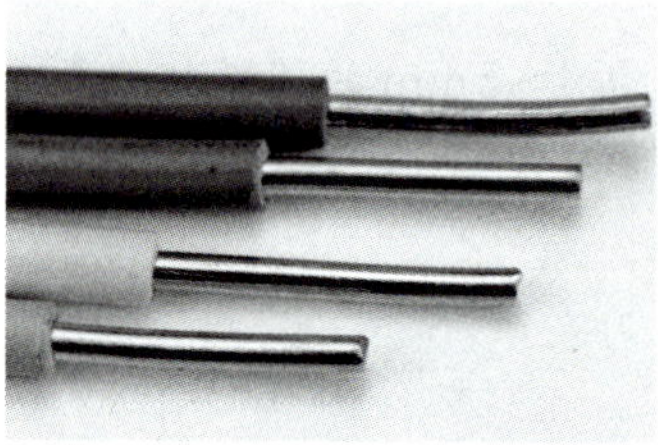

图 2-2-1　BV 铜芯塑料硬线

BV 铜芯塑料硬线如图 2-2-1 所示。

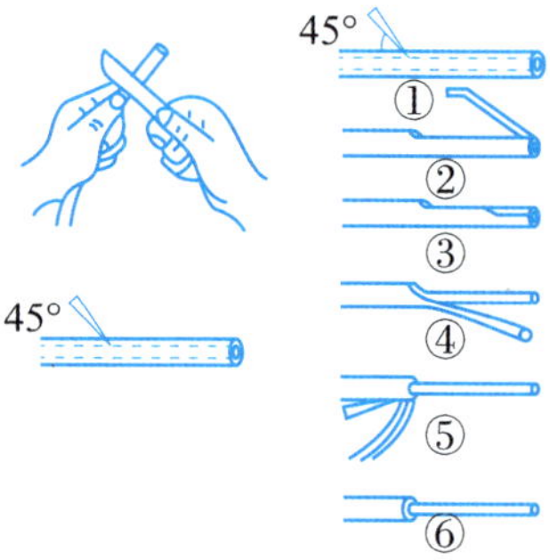

图 2-2-2　塑料硬线绝缘层的剥削

芯线截面积 $4mm^2$ 及以下的塑料绝缘线，可用钢丝钳剥离绝缘层。芯线截面积大于 $4mm^2$ 的塑料绝缘线，可用电工刀剖削绝缘层，如图 2-2-2 所示。

二、塑料软线绝缘层的剥削

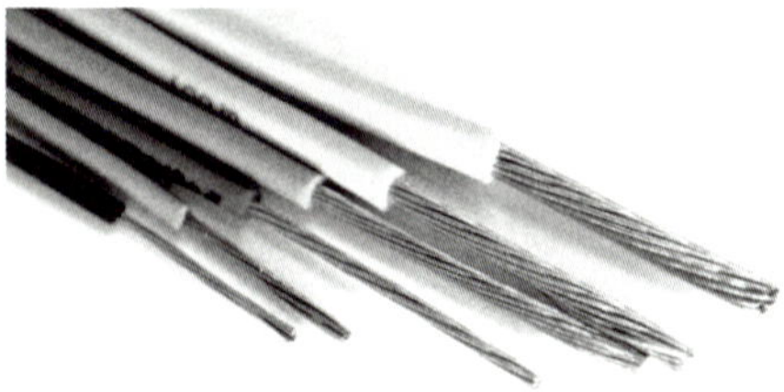

图 2-2-3　BVR 铜芯塑料软线

BVR 铜芯塑料软线如图 2-2-3 所示。

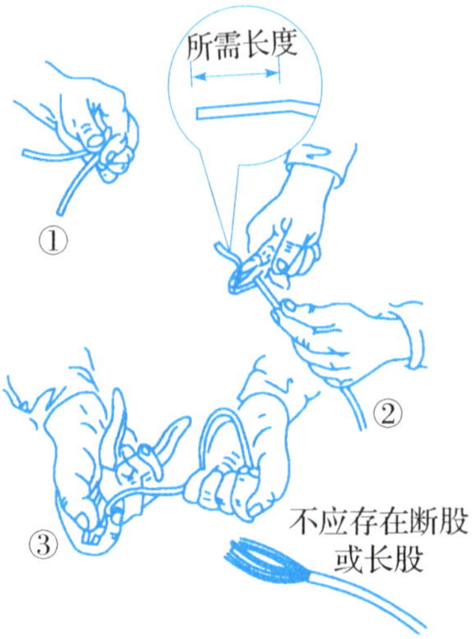

图 2-2-4　塑料软线绝缘层的剥削

塑料软线的绝缘层除可用剥线钳剥离外，也可用钢丝钳剥离，如图 2-2-4 所示。

三、塑料护套线绝缘层的剥削

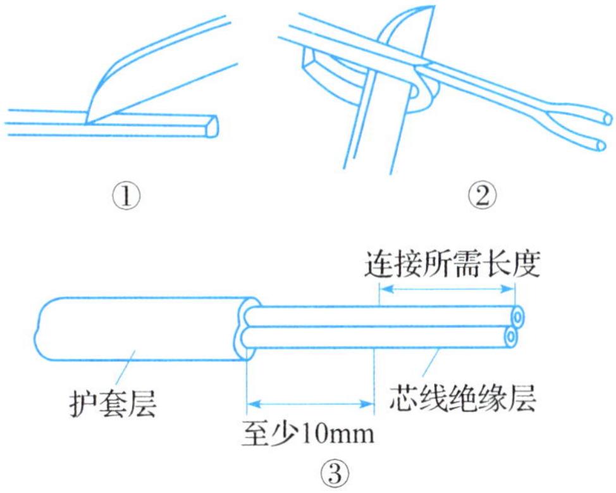

图 2-2-5　塑料护套线绝缘层的剥削

①根据所需线头长度对准芯线缝隙划开护套层。②向外扳翻，齐根切去。③分别将每根芯线的绝缘层剥除。如图 2-2-5 所示。

四、橡皮线绝缘层的剥削

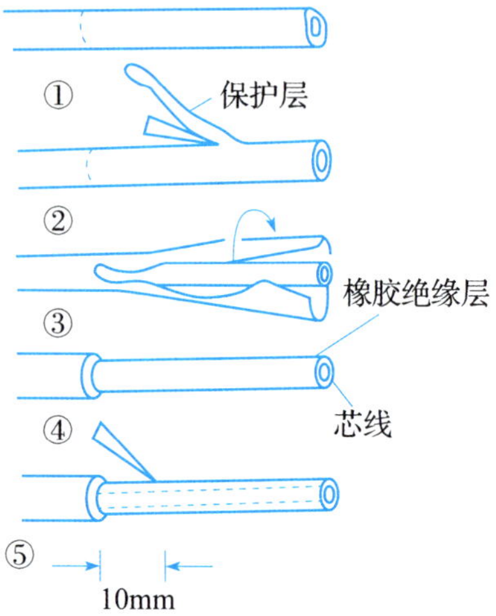

图 2-2-6　橡皮线绝缘层的剥削

①用电工刀将最外层割破一圈。②削去一条保护层。③将剩下的保护层剥去。④露出橡胶绝缘层。⑤在距保护层约10mm处，斜切入橡胶绝缘层，将其剥去。如图2-2-6所示。

五、花线绝缘层的剥削

图 2-2-7　花线绝缘层的剥削

①在棉纱织物保护层四周切割一圈，将棉纱织物除去，在距保护层约10mm处切割橡胶绝缘层。②将露出的棉纱层松开，用电工刀割断。如图2-2-7所示。

六、橡套软电缆绝缘层的剥削

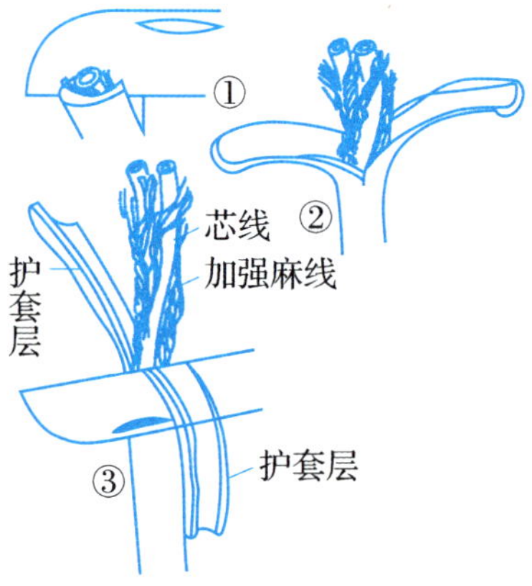

图 2-2-8　橡套软电缆绝缘层的剥削

①割破部分护套层。②把割破的可分成两片的护套层连同芯线一起反向分拉，撕破护套层。③扳翻已被分割的护套层，在根部分别切断。如图2-2-8所示。

七、铅包线绝缘层的剥削

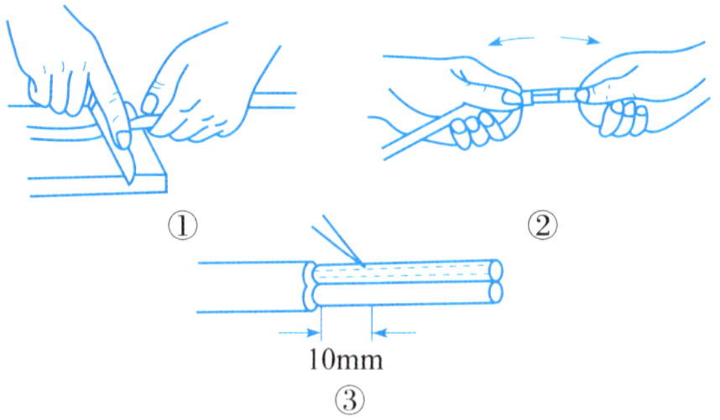

图 2-2-9　铅包线绝缘层的剥削

①在铅包层切割一下。②双手来回扳动切口处，把铅包层拉出来。③内部绝缘层的剥削方法与塑料硬线绝缘层的剥削方法相同。如图 2-2-9 所示。

八、漆包线绝缘层的剥削

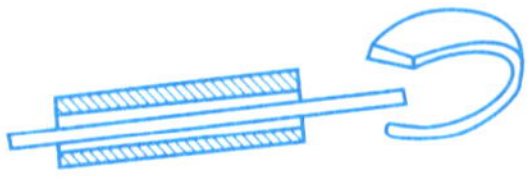

图 2-2-10　漆包线绝缘层的剥削

漆包线直径在 1.0mm 以上的，可用细砂纸或细砂布擦除；直径为 0.6～1.0mm 的，可用专用刮线刀刮去；直径在 0.6mm 以下的，也可用细砂纸或细砂布擦除。如图 2-2-10 所示。

技能训练

分别用电工刀和剥线钳剥削导线的绝缘层。

实训三　导线的连接

知识点

- 导线的连接方法。

技能点

- 能够正确连接各种导线。

安全要点

- 严格按照工艺要求操作，确保连接后的导线的安全载流量和连接强度不小于导线原有的安全载流量和强度。

素养提升

- 在学习和工作的过程中，注重践行社会主义核心价值观。

一、导线与导线的连接

1. 单股铜芯导线的直线连接

导线直线连接

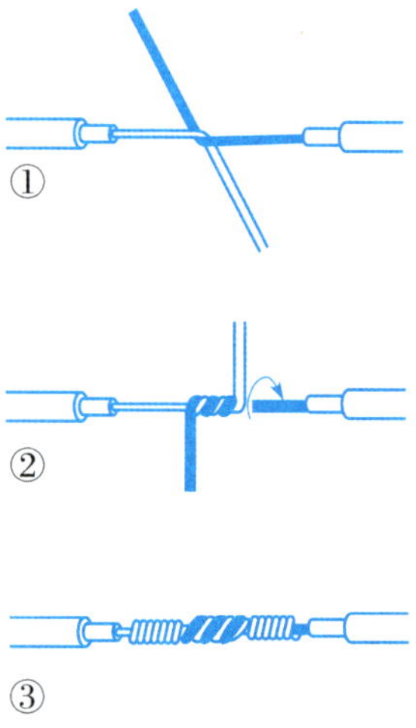

①将两导线芯线线头 X 形相交。②绞合 2～3 圈后扳直两线头。③将每个线头在另一芯线上贴紧并绕 5～6 圈，用钢丝钳切掉余下的芯线，并钳平芯线末端。如图 2-3-1 所示。

图 2-3-1　单股铜芯导线的直线连接

2. 单股铜芯导线的T字分支连接

导线T字分支连接

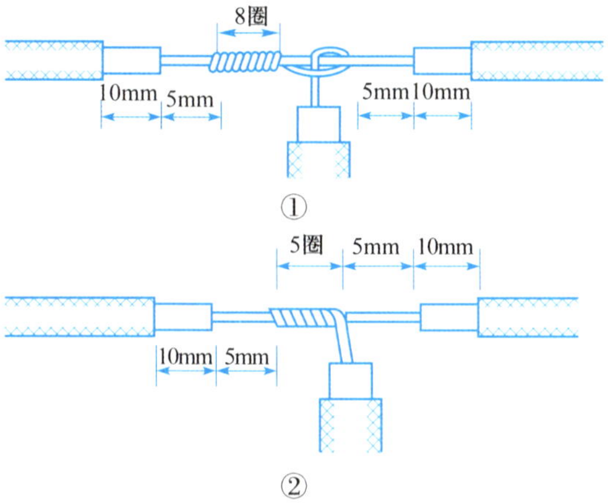

图 2-3-2　单股铜芯导线的T字分支连接

①将支路芯线的线头与干线芯线十字相交，在支路芯线根部留出5mm，然后顺时针方向缠绕支路芯线，缠绕6～8圈后，用钢丝钳切掉余下的芯线，并钳平芯线末端。②小截面的芯线可以不打结。如图2-3-2所示。

3. 双股线的对接

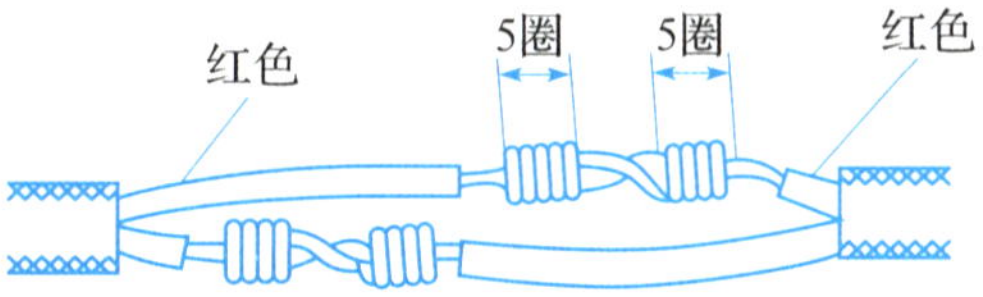

图 2-3-3　双股线的对接

将两根双芯线线头剥削成图示形式。连接时，将两根待连接的线头中颜色一致的芯线按小截面芯线连接方式连接。用相同的方法将另一颜色的芯线连接在一起。如图2-3-3所示。

4. 多股铜芯导线的直线连接

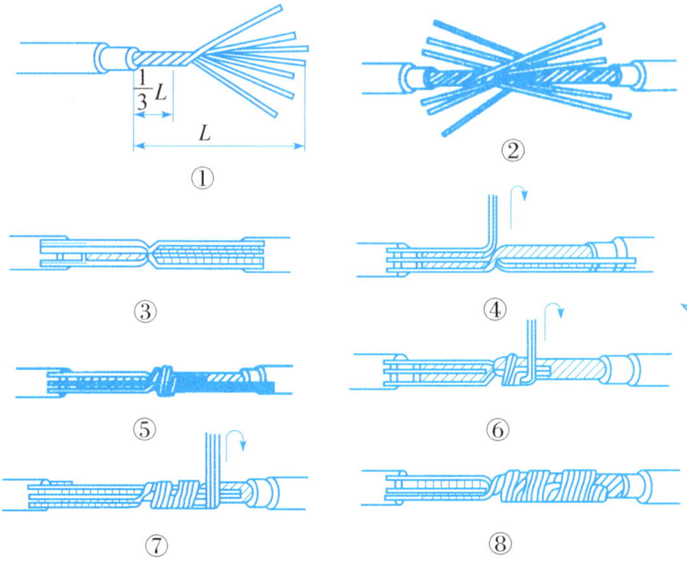

图 2-3-4　多股铜芯导线的直线连接

7股铜芯导线的直线连接方法如图2-3-4所示。

5. 多股铜芯导线的 T 字分支连接

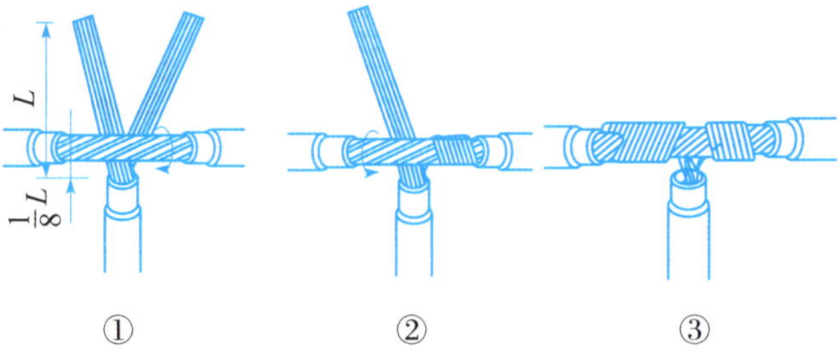

图 2-3-5 多股铜芯导线的 T 字分支连接

7 股铜芯导线的 T 字分支连接方法如图 2-3-5 所示。

6. 不等径铜导线的对接

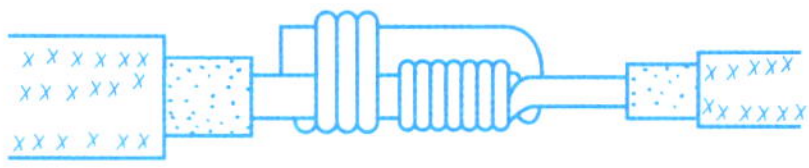

图 2-3-6 不等径铜导线的对接

把细导线芯线线头在粗导线芯线线头上紧密缠绕 5～6 圈，弯折粗线头端部，将其压在缠绕层上，再把细线头缠绕 3～4 圈，剪去余端，钳平切口。如图 2-3-6 所示。

7. 单股线与多股线的 T 字分支连接

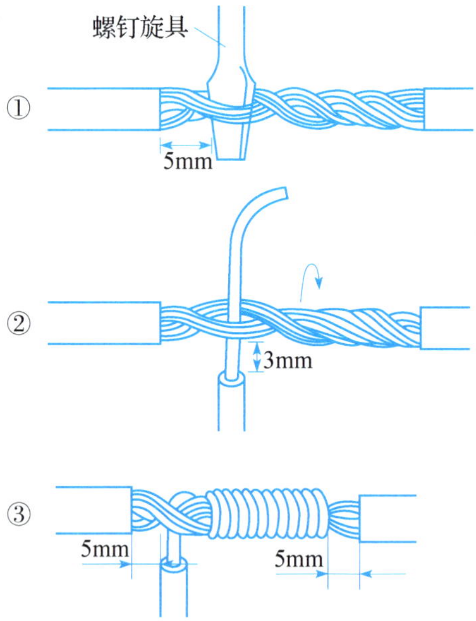

图 2-3-7 单股线与多股线的 T 字分支连接

①在距离多股线的左端绝缘层切口 3～5mm 处的芯线上，把多股芯线分成两组。②将单股芯线插入多股芯线的两组芯线中间。③将单股芯线顺时针方向紧缠在多股芯线上，绕约 10 圈；切断余端，钳平切口毛刺。如图 2-3-7 所示。

8. 软线与单股硬导线的连接

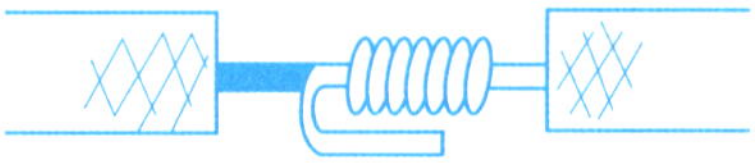

图 2-3-8 软线与单股硬导线的连接

先将软线拧成单股导线，再在单股硬导线上缠绕 7～8 圈，最后将单股硬导线向后弯曲，防止绑线脱落。如图 2-3-8 所示。

9. 铜芯导线通过压接管压接

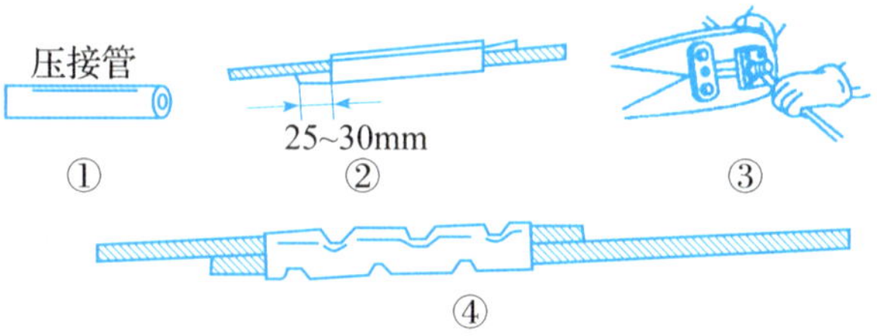

图 2-3-9 铜芯导线通过压接管压接

①清除氧化层和污物，涂上中性凡士林。②将两根线头相对插入并穿出压接管，使两线端各自伸出压接管 25～30mm。③用压接钳压接。④压接钢芯铝绞线时，应在两根芯线之间垫上一层铝质垫片。如图 2-3-9 所示。

10. 铜芯导线通过沟线夹螺栓压接

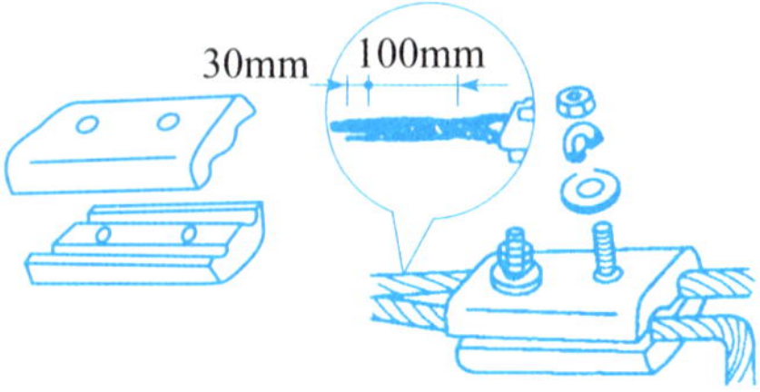

图 2-3-10 铜芯导线通过沟线夹螺栓压接

先清除氧化层和污物，涂上中性凡士林，然后将导线卡入线槽，旋紧螺栓，使沟线夹紧紧夹住线头即可完成连接。如图 2-3-10 所示。

二、导线与接线桩的连接

1. 单股芯线与针孔接线桩的连接

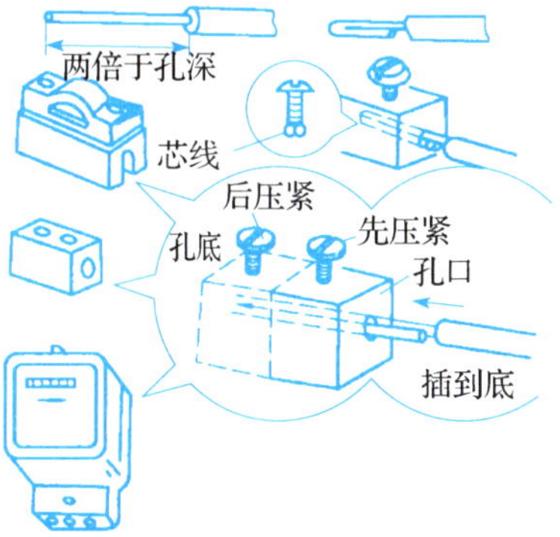

图 2-3-11 单股芯线与针孔接线桩的连接

将线头折成双股，并排插入针孔。如果线头较粗，可将单股芯线直接插入。插入针孔前，应向针孔上方稍微弯曲，以免线头脱出。如图 2-3-11 所示。

2. 单股芯线与平压式接线桩的连接

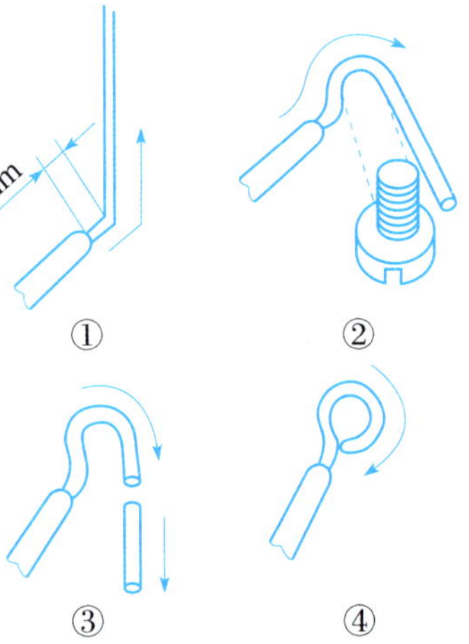

先将线头弯成压接圈，再用螺钉压紧。①距离绝缘层根部约 3mm 处向外侧折角。②按略大于螺钉直径弯曲圆弧。③剪去芯线余端。④将圆弧修成圆形。如图 2－3－12 所示。

图 2－3－12　单股芯线与平压式接线桩的连接

3. 多股芯线与针孔接线桩的连接

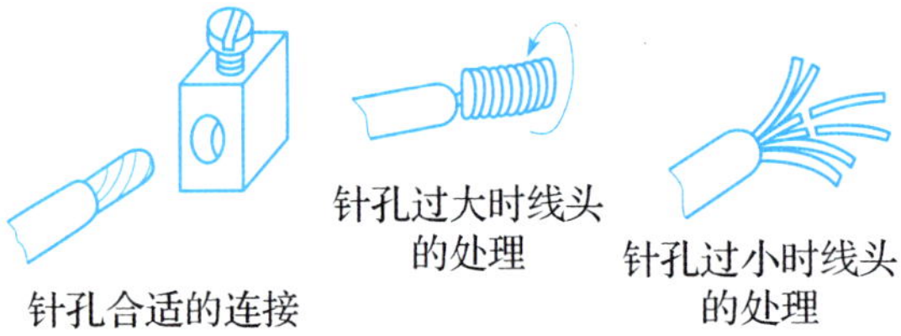

连接时，先用钢丝钳将多股芯线进一步绞紧，确保压接螺钉顶压时不会松散。如图 2－3－13 所示。

图 2－3－13　多股芯线与针孔接线桩的连接

4. 多股芯线与平压式接线桩的连接

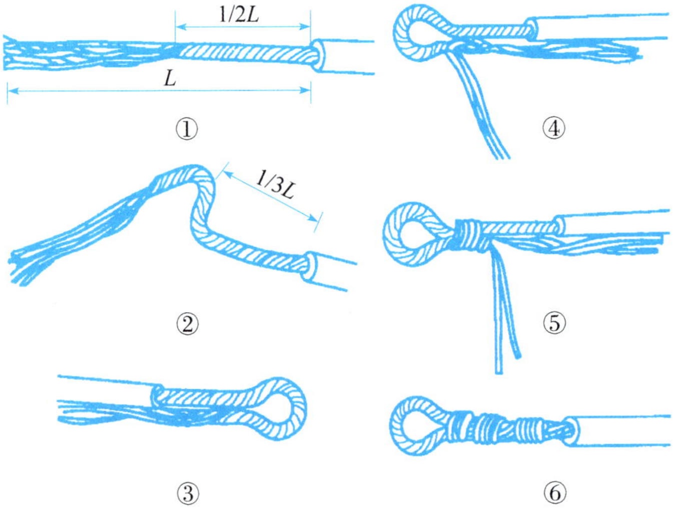

①把距离绝缘层根部约 1/2L 处的芯线重新绞紧。②在距离绝缘层根部 1/3L 处向左外折角，然后弯成圆弧。③快弯成圆圈时，将余下的芯线向右外折角，形成圆圈。④把散开的芯线分成三组，将第一组 2 根芯线扳起，使其垂直于芯线。⑤按 7 股芯线直线连接的自缠法加工。⑥最终样式如图 2－3－14 所示。

图 2－3－14　多股芯线与平压式接线桩的连接

5. 软线线头与针孔接线桩的连接

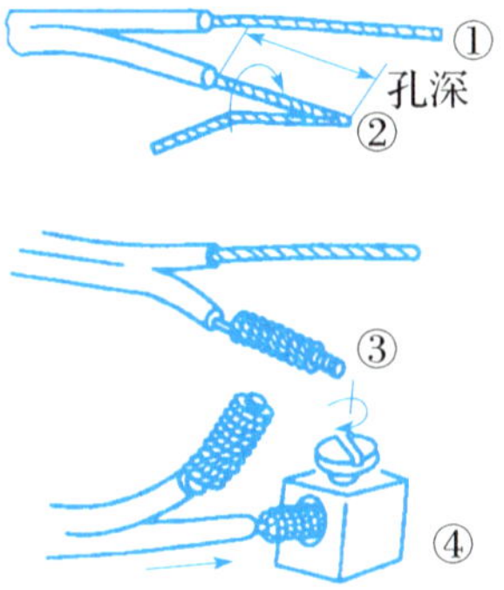

①将多股芯线进一步绞紧。②折弯芯线，使其呈双根并列状。③余下芯线按顺时针方向缠绕在双根并列的芯线上。④缠绕至芯线端头后剪去余端，然后插入接线桩针孔内，拧紧螺钉。如图 2-3-15 所示。

图 2-3-15　软线线头与针孔接线桩的连接

6. 软线线头与平压式接线桩的连接

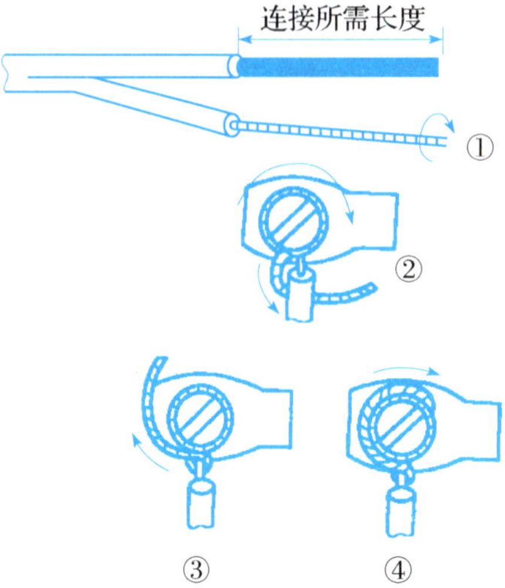

①将芯线进一步绞紧。②把芯线按顺时针方向缠绕在接线桩的螺钉上。③芯线余端也按顺时针方向缠绕在螺钉上。④拧紧螺钉后扳起余端在根部切断。如图 2-3-16 所示。

图 2-3-16　软线线头与平压式接线桩的连接

7. U 形连接头在针孔接线桩上的连接

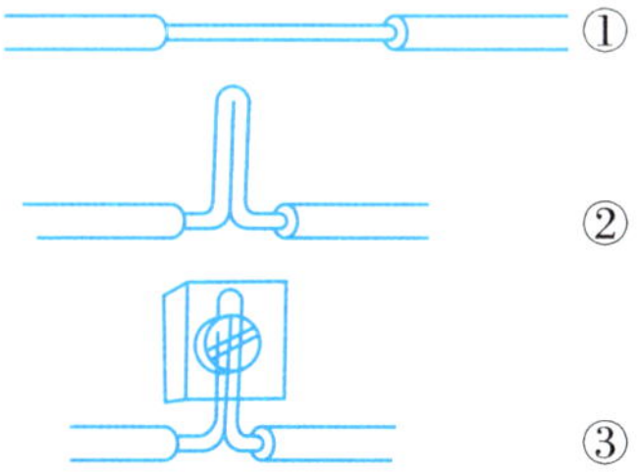

①剥离导线连接点的绝缘层。②折成双根并列状态，再反向折成 90°角。③把芯线端头插入针孔，拧紧螺钉。如图 2-3-17 所示。

图 2-3-17　U 形连接头在针孔接线桩上的连接

8. 圆形压接圈连接头在平压式接线桩上的连接

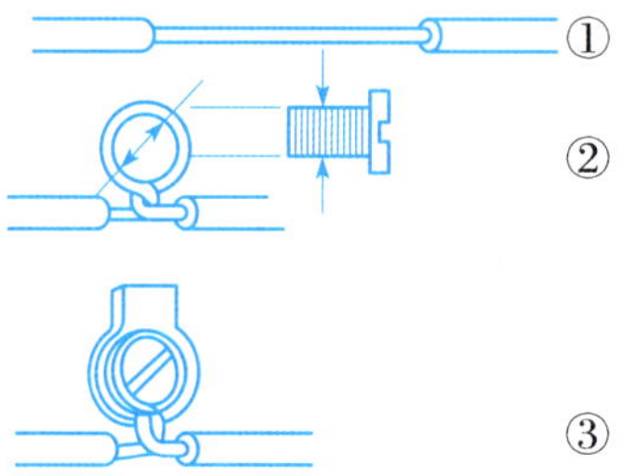

①剥离导线连接点的绝缘层。②将剥去绝缘层的芯线做成压接圈，压接圈直径为螺钉直径。③套入螺钉后拧紧。如图 2-3-18 所示。

图 2-3-18　圆形压接圈连接头在平压式接线桩上的连接

9. 线头与瓦形接线桩的连接

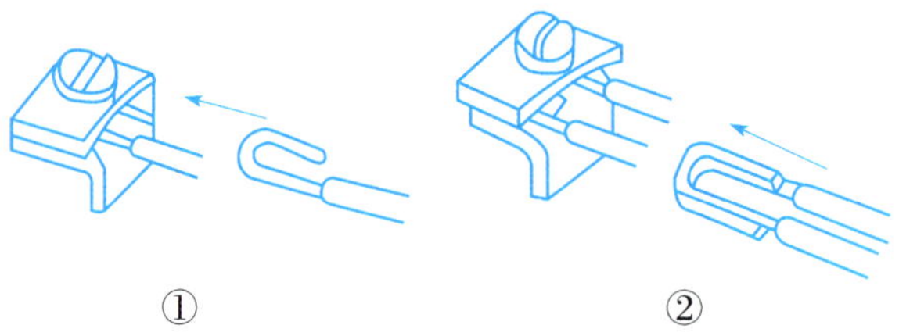

①将去除氧化层和污物的线头弯成 U 形。②卡入瓦形接线桩内压接。如图 2-3-19 所示。

图 2-3-19　线头与瓦形接线桩的连接

技能检测

（1）选用合适的工具完成单股导线的直线连接。

（2）选用合适的工具完成单股导线的分支连接

（3）选用合适的工具完成 7 股导线的直线连接

（4）选用合适的工具完成 7 股导线的分支连接

实训四　导线绝缘层的恢复

知识点

- 导线绝缘层的恢复方法。

技能点

- 能够熟练恢复不同连接形式的导线的绝缘层。

安全要点

- 恢复后，导线的绝缘强度不能小于原绝缘强度，保障线路安全运行。

素养提升

- 强化职业技能，大力弘扬工匠精神。

一、导线直线连接处绝缘层的恢复

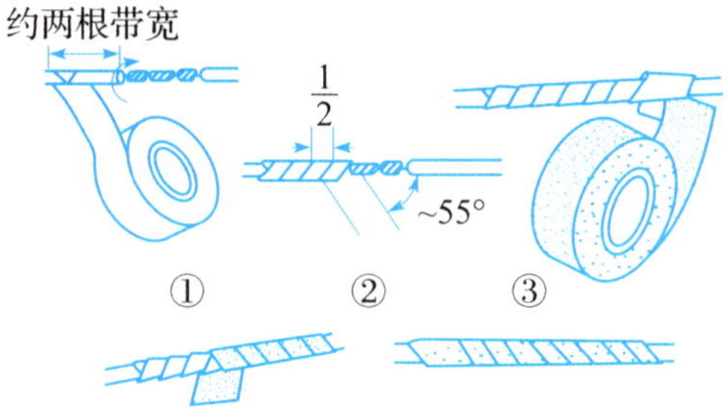

图 2-4-1　导线直线连接处绝缘层的恢复

①从导线左边完整的绝缘层开始包缠黄蜡带。②包缠时，黄蜡带与导线应保持 55°左右倾斜角，使每圈的重叠部分为带宽的 1/2。③包缠一层黄蜡带后，将黑胶带接在黄蜡带的尾端，由右向左按同样方式包缠一层。如图 2-4-1 所示。

二、导线 T 字形连接处绝缘层的恢复

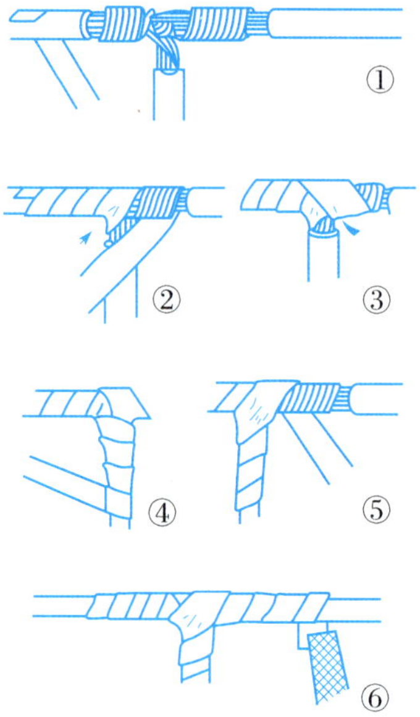

①从左端开始包缠黄蜡带。②包至分支线时，用左手拇指顶住左侧直角处包上的带面。③缠绕到右侧转角处时，用左手食指顶住右侧直角处带面。④黄蜡带边沿紧贴住支线连接处根端，开始包缠支线。⑤包缠过干线顶部后，紧贴干线右侧的支线连接处开始包缠右侧芯线。⑥包缠至干线另一端的完好绝缘层后，接上黑胶带，按上述方法反向包缠。如图 2-4-2 所示。

图 2-4-2 导线 T 字形连接处绝缘层的恢复

技能检测

正确恢复导线的绝缘层。

练习与提高

班级：________　　姓名：________

一、选择题

1. 使用验电笔验电时，手指应按在验电笔的（　　）。

A. 前部金属探头　　B. 笔杆中间

C. 后端部金属部分

2. 电工在工作前必须检查工具、测量仪器和绝缘用具是否灵敏可靠，应（　　）失灵的测量仪器和绝缘不良的工具。

A. 禁止使用　　B. 谨慎使用

C. 视工作需要，暂时使用

3. 在正常情况下，绝缘材料也会逐渐因（　　）而降低绝缘性能。

A. 磨损　　B. 老化

C. 腐蚀

4. 交流电压表、交流电流表指示的数值是（　　）。

A. 平均值　　B. 最大值

C. 有效值

二、填空题

1. 低压验电器由（　　）、（　　）、（　　）、（　　）、（　　）等组成。

2. 剥线钳是用于剥削（　　）直径导线绝缘层的专用工具，它的手柄是绝缘的，耐压为500V。

3. 电烙铁是烙铁钎焊的热源，通常以电热丝作为热元件，分为（　　）式和（　　）式。

4. 直梯靠在墙上的角度，即与地面的夹角应为（　　）。

5. 斜口钳是专供剪断（　　）的金属丝、线材及电线电缆等使用。

6. 使用高压验电器时，手握部分不得超过（　　）。高压验电器的发光电压不应高于额定电压的（　　）%。

7. 为了避免螺钉旋具的金属杆触及皮肤或邻近带电体，应在金属杆上穿套（　　）。

8. 活扳手（　　）是用来（　　）和（　　）螺母的一种专用工具。

9. 为了避免直梯翻倒，梯脚与墙之间的距离不得小于梯长的（　　）；为了避免滑落，其间距不得大于梯长的（　　）。

10. 使用电工刀时，应将刀口朝（　　）剖削，剖削导线绝缘层时，应使刀面与导线成较小的锐角，以免割伤导线。

三、判断题

(　　) 1. 验电笔能分辨出交流电和直流电。

(　　) 2. 电气设备中，铜、铝接头不能直接连接。

(　　) 3. 导线接头接触不良往往是导致电气事故的根本原因。

(　　) 4. 验电笔的探头多制成螺钉旋具，因此可以用作螺钉旋具。

评价表

1. 教师评价

项目	配分	扣分标准	教师评价
学习态度	10 分	(1) 玩手机，每次扣 10 分； (2) 上课睡觉，每次扣 10 分； (3) 不遵守实训规章制度，扣 10 分	
提问	10 分	不能正确回答教师提问，扣 10 分	
出勤	10 分	(1) 旷课，扣 10 分； (2) 事假，扣 4 分	
作业	30 分	按评分标准扣分	
单元测验	40 分	按评分标准扣分	
总分			
班级：	组别：		姓名：

2. 小组互评

组别：		姓名：			
序号	考核标准	配分	得分	得分	得分
1	喜欢合作学习，积极参加小组活动	10			
2	敢于发表自己的见解，并尊重同学的意见	10			
3	积极帮助小组其他成员，友好相处	10			
4	学习目的明确，组织有序	10			
5	协作推动小组的工作	10			
6	表现积极，主动完成各项学习任务	10			
7	会通过网络检索资料，并做好摘录	10			
8	口头表达准确流畅，图表表达简单明了	10			
9	具有自我学习的能力	10			
10	具有自我认知和自我评估的能力	10			
总分					

模块三

常用电工仪表的使用

知识点

- 使用万用表测量电流、电压、电阻的方法。
- 使用兆欧表测量电路、电机绕组、电缆及电气设备等的绝缘电阻的方法。
- 使用钳形电流表测量交、直流电流及电压的方法。

技能点

- 能够正确使用仪表测量电流、电压、电阻等。

安全要点

- 检查仪器仪表的完整性，确保无损坏。
- 选择合适的量程，避免因量程不匹配导致测量误差。
- 确定使用计划，保障操作的安全性和有效性。
- 进行安全检查，确保工作环境安全，避免火灾、漏电等危险。

素养提升

- 精益求精，至善至美，不断创新。

一、电工仪表概述

1. 用途

电工仪表是用于测量电压、电流、电能、电功率、电阻、电感、电容等电路参数的仪表，主要用于电气设备的运行监测与故障检修，确保电气设备安全、经济、合理运行。

2. 种类

（1）直读指示仪表，将电量直接转换成指针偏转角，如指针式万用表。

（2）比较仪表，将测量数据与标准器比较，并读取二者比值，如直流电桥。

（3）图示仪表，显示两个相关量的变化关系，如示波器。

（4）数字仪表，把模拟量转换成数字量直接显示，如数字式万用表。

常用电工仪表按结构特点及工作原理分类：磁电式、电磁式、电动式、感应式、整流式、静电式和数字式等。

3. 仪表的误差

仪表的误差是指仪表的指示值与被测量的真实值之间的差异，有以下 3 种表示形式：

（1）绝对误差，是仪表指示值与被测量的真实值之差。

（2）相对误差，是绝对误差对被测量的真实值的百分比。

（3）引用误差，是绝对误差对仪表量程的百分比。

仪表的误差分为基本误差和附加误差两部分。基本误差是仪表本身特性及制造、装配缺陷引起的，基本误差用仪表的引用误差表示。附加误差是外界因素引起的，如环境温度、外来电磁场、仪表工作位置等。

4. 仪表准确度等级

仪表准确度等级共有 7 级，具体见表 3－1。

表 3－1　仪表准确度等级

准确度等级	0.1	0.2	0.5	1.0	1.5	2.5	5.0
基本误差/%	±0.1	±0.2	±0.5	±1.0	±1.5	±2.5	±5.0

通常，0.1 级和 0.2 级仪表为标准表，0.5 级至 1.5 级仪表用于实验室，2.5 级和 5.0 级则用于电气工程测量。

二、电流的测量

1. 直流电流的测量

仪表类型和量程的选择：

（1）测量直流时，可使用磁电式、电磁式或电动式仪表。由于磁电式仪表的灵敏度和准确度最高，因此应用最为普遍。

（2）在测量之前，应估计被测电流的大小，然后根据估计值选择适当的仪表，如安培表、毫安表或微安表。

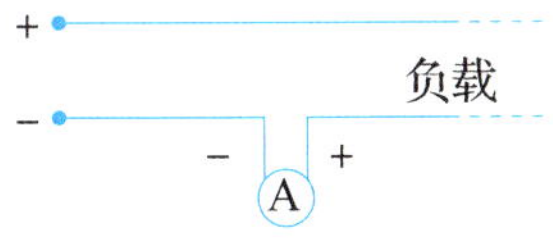

图 3－1　电流表直接接入（测直流）

接线方式：
电流表直接接入法如图 3－1 所示。

2. 交流电流的测量

仪表类型和量程的选择：

（1）测量交流时，可使用电磁式、电动式或感应式仪表，其中电磁式使用较广。

（2）在测量之前，应估计被测电流的大小，然后根据估计值选择适当的仪表，如安培表、毫安表或微安表。

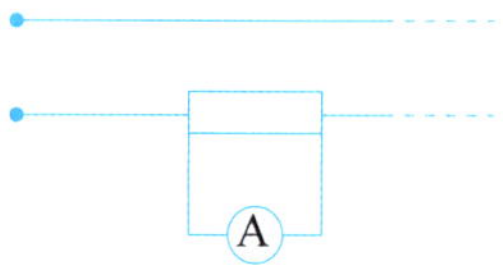

图 3-2　电流表直接接入（测交流）

接线方式：
电流表直接接入法如图 3-2 所示。

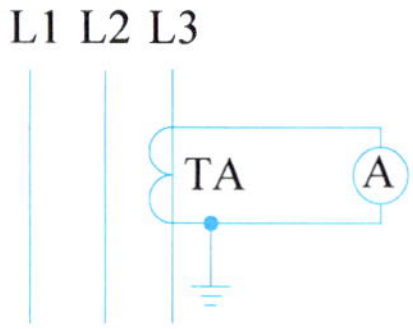

图 3-3　接入电流互感器

接线方式：
通过电流互感器测量交流电流的接线方式如图 3-3 所示。

三、电压的测量

仪表类型和量程的选择：

电压表的选择方法与电流表的选择方法相同，先估计被测电压的大小，然后根据估计值选择适当的仪表，如伏特表或毫伏表。

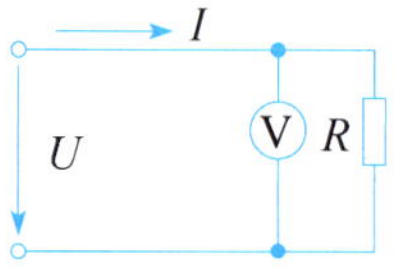

图 3-4　电压表的接线方式

接线方式：
电压表应当并联在线路上测量电压。为了不影响线路工作，电压表的内阻应尽量大。
电压表的接线方式如图 3-4 所示。

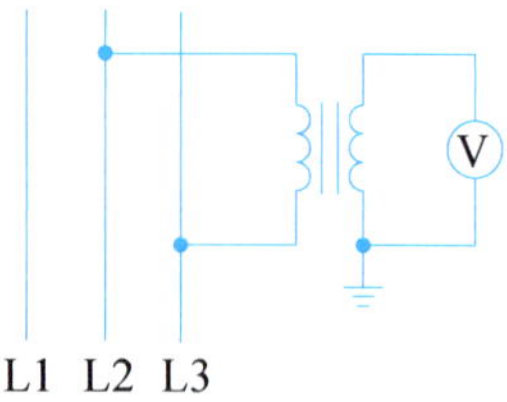

图 3-5　接入电压互感器

通过电压互感器测量单相交流电压的接线方式如图 3-5 所示。

四、绝缘电阻的测量

1. 兆欧表的作用和接线

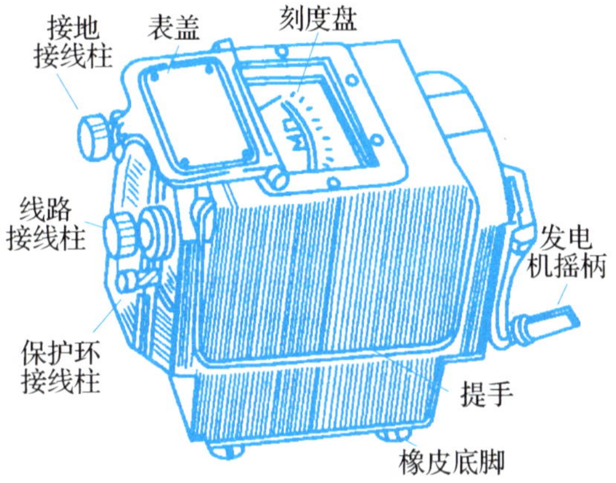

图 3-6　兆欧表的外形

作用：测量电气设备的绝缘电阻，如电动机、电器线路的绝缘电阻；判断设备或线路有无漏电现象、绝缘损坏或短路。兆欧表的外形如图 3-6 所示。

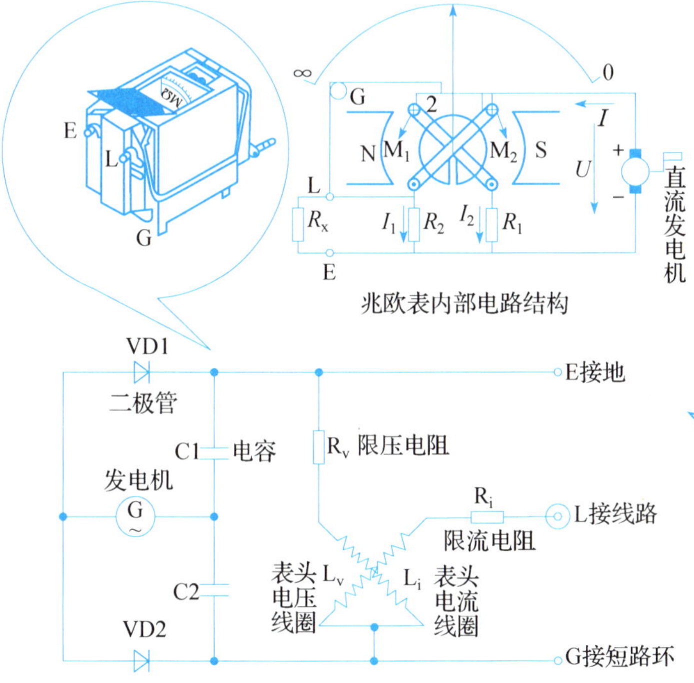

图 3-7　兆欧表的接线方式

用兆欧表测量对地绝缘电阻时，仪表 E 端应接外壳或接地，仪表 L 端应接被测导体，仪表 G 端应空着或接短路环（被测导体绝缘上的屏蔽环）。如图 3-7 所示。

2. 兆欧表的使用

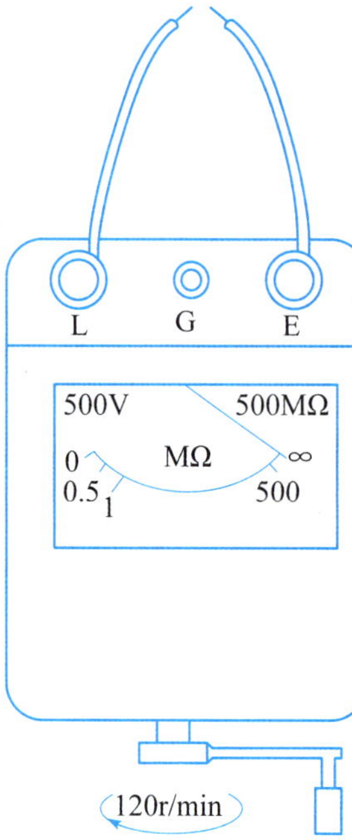

图 3-8　开路试验

使用兆欧表前，可将兆欧表的两接线端分开，再摇动手柄。正常时，兆欧表指针应指向“∞”值。如图 3-8 所示。

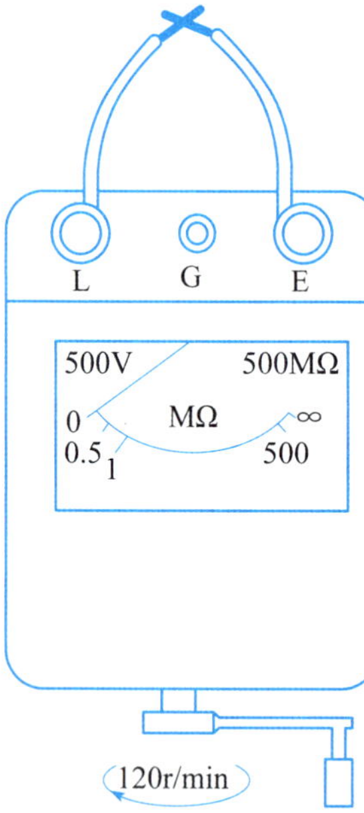

图 3-9　短路试验

使用兆欧表前，可将兆欧表的两接线端接触，再摇动手柄。正常时，兆欧表指针应指向“0”值。如图 3-9 所示。

兆欧表

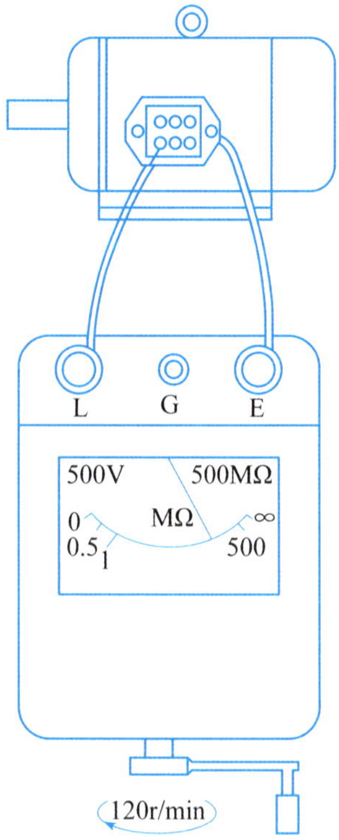

图 3-10　测量电动机定子绕组的对地绝缘

兆欧表测量电动机定子绕组的对地绝缘的方法如图 3-10 所示。

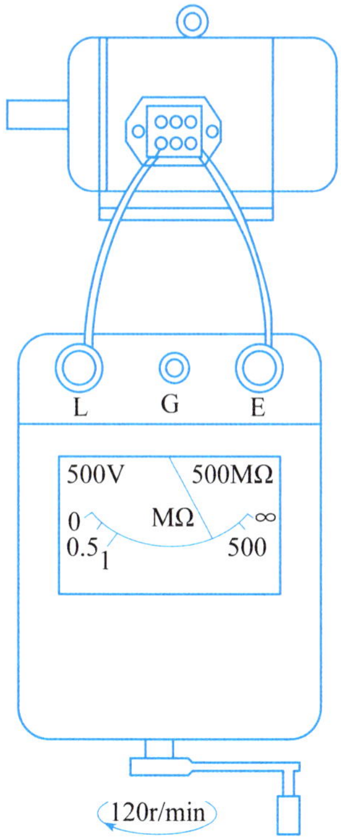

图 3-11　测量电动机定子绕组的相间绝缘

兆欧表测量电动机定子绕组的相间绝缘的方法如图 3-11 所示。

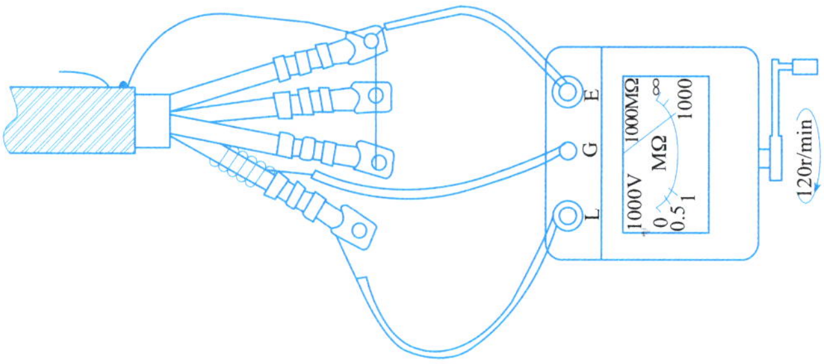

图 3-12　测量电缆绝缘电阻

兆欧表测量电缆绝缘电阻的方法如图 3-12 所示。

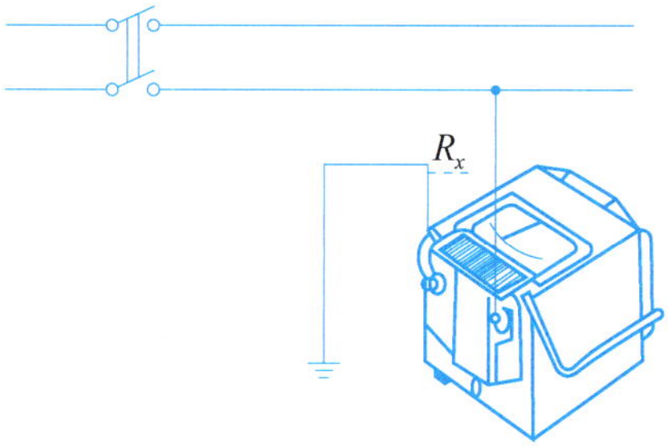

图 3-13　测量线路绝缘电阻

兆欧表测量线路绝缘电阻的方法如图 3-13 所示。

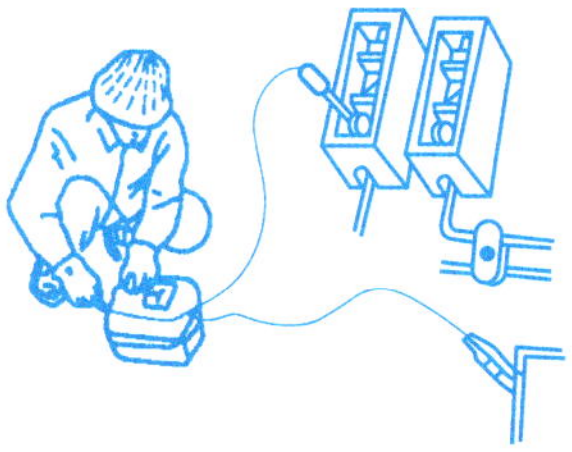

图 3-14　测量照明线路绝缘电阻

兆欧表测量照明线路绝缘电阻的方法如图 3-14 所示。

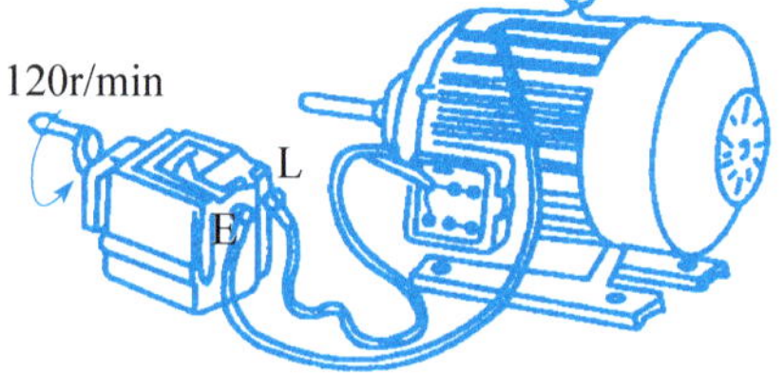

图 3-15　测试电动机线圈与地的绝缘性能

如图 3-15 所示为使用兆欧表测试电动机线圈与地的绝缘性能。

用导线将兆欧表 L 端与电动机接线盒内绕组的接线柱连接，兆欧表的 E 端接电动机外壳或设备外壳，然后进行摇测。兆欧表指针指向“0”时，说明电动机线圈或设备绝缘损坏；指针指向“∞”时，说明线圈或设备与外壳绝缘良好。

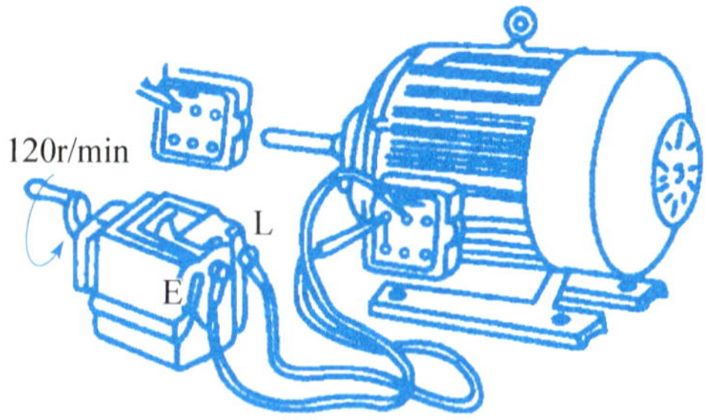

用导线将兆欧表 L 端和 E 端分别接在电动机两绕组的接线端上，然后进行摇测，如图 3－16 所示。兆欧表指针指向“0”时，说明电动机线圈通路；指针指向“∞”时，说明线圈已断线。

图 3－16　测试电动机线圈的通断

五、数字式万用表

数字式万用表的外观如图 3－17 所示。

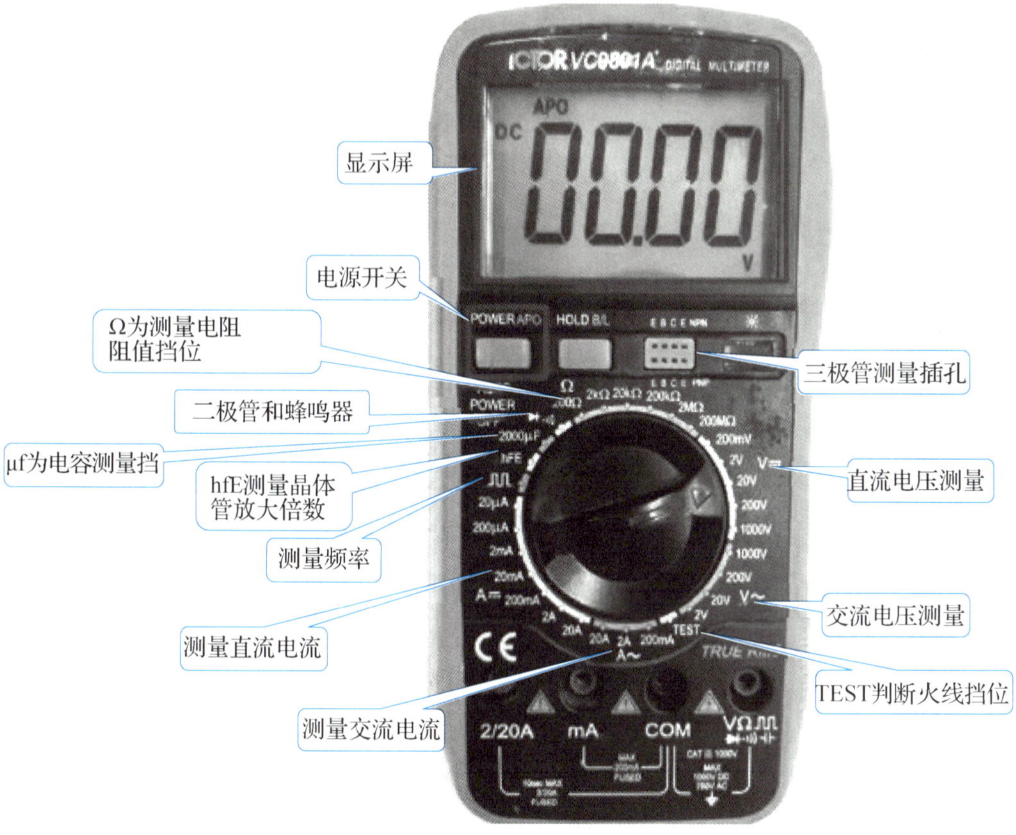

图 3－17　数字式万用表的外观

1. 使用方法

（1）准备。

按下电源开关，观察液晶显示是否正常，若出现电池缺电标志应及时更换电池。

（2）使用。

1）交、直流电流的测量。

根据测量电流的大小选择适当的电流测量量程和表笔的插入孔。测量直流时，红表笔接触电压高的一端，黑表笔接触电压低的一端，正向电流从红表笔流入万用表，再从黑表笔流出。不清楚被测电流大小时，先用最大量程测量，再逐渐减小量程精确测量。

2）交、直流电压的测量。

红表笔插入“V/Ω”插孔中，根据电压的大小选择适当的电压测量量程，黑表笔接触电路的“地”端，红表笔接触电路中的待测点。

3）电阻的测量。

红表笔插入“V/Ω”插孔中，根据电阻的大小选择适当的电阻测量量程，红、黑两表笔分别接触电阻两端，观察读数即可。

4）二极管导通电压检测。

在这一挡位，红表笔接触万用表内部正电源，黑表笔接触万用表内部负电源。

5）三极管 β 值测试。

首先确定待测三极管是 NPN 型还是 PNP 型，然后将其管脚正确地插入对应类型的测试插座中，功能量程开关转到 β 挡，即可直接从显示屏上读取 β 值，若显示“000”，则说明三极管已损坏。

6）短路检测。

将功能、量程开关转到“ •)))”位置，两表笔分别接触测试点，若短路，蜂鸣器会响。

2. 注意事项

（1）注意正确选择量程及红表笔插孔。对未知量进行测量时，应先把量程调到最大，然后从大向小调，直到合适为止。若显示“1”，表示过载，应加大量程。

（2）不测量时，应随手关断电源。

（3）改变量程时，表笔应与被测点断开。

（4）测量电流时，切忌过载。

（5）不允许用电阻挡和电流挡测量电压。

六、钳形电流表

钳形电流表的外观如图 3－18 所示。

1. 测量前的准备

（1）检查仪表的钳口是否有杂物或油污，清理干净后再测量。

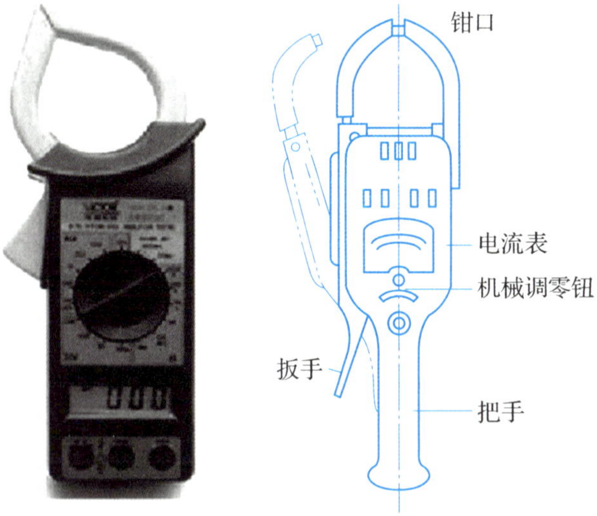

钳形电流表的结构

钳形电流表的操作

图 3-18　钳形电流表的外观

（2）进行仪表的机械调零。

2. 测量

估计被测电流的大小，将转换开关调至需要的测量挡。如无法估计被测电流的大小，应先用最高量程挡测量，然后根据测量情况调至合适的量程。

图 3-19　被测导线置于钳形口中央

握紧钳柄，使钳口张开，放置被测导线。为减少误差，被测导线应置于钳形口的中央，如图 3-19 所示。钳口要紧密接触，如有杂音可检查钳口是否脏污，或重新开口，再闭合。

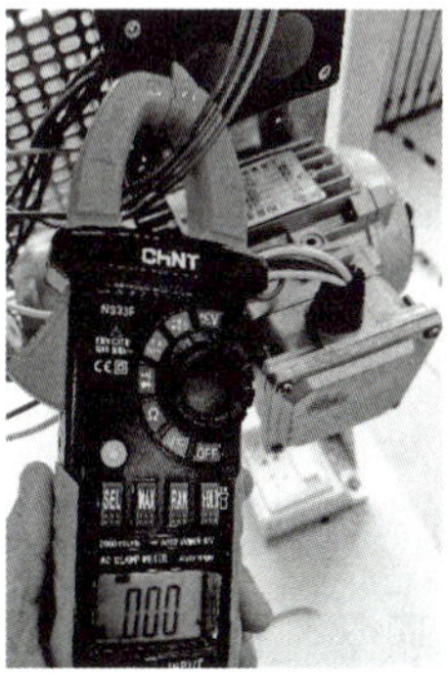

图 3-20　测量小电流

测量 5A 以下的小电流时，为提高测量精度，在条件允许的情况下，可将被测导线多绕几圈，再放入钳口进行测量，如图 3-20 所示。此时实际电流应是仪表读数除以放入钳口中的导线圈数。

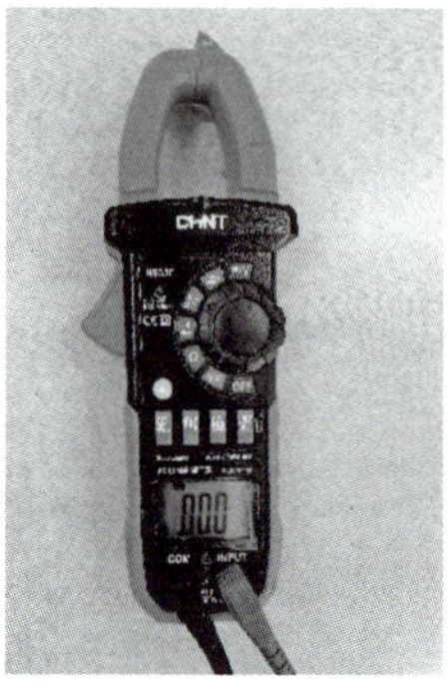

测量完毕，将转换开关拨到OFF挡，如图3-21所示。

图3-21　转换开关拨到OFF挡

3. 注意事项

（1）被测电路的电压不可超过钳形电流表的额定电压。

（2）钳形电流表不能测量高压电气设备。

（3）不能在测量过程中转动转换开关换挡。换挡前，应将载流导线退出钳口。

七、电能表

电能表是用于测量和记录电气设备所消耗的电能的仪表，如图3-22所示。电能表分为单相电能表和三相电能表。

图3-22　电能表

1. 单相电能表的规格

通常，选用的电能表负载应为实际用电量的1.25～4倍，具体见表3-2。

表3-2　电能表负载

电流/A	2.5	5	10	15	20
负载/W	550	1100	2200	3300	4400

2. 安装及接线

单相电能表共有4个接线柱，从左到右按1、2、3、4编号。通常，接线柱1、3接电源进线（1为相线进，3为中性线进），接线柱2、4接出线（2为相线出，4为中性线出）。

电能表的安装高度：明装电能表离地面高度为 1.8～2.2m，暗装的不应低于 1.4m。

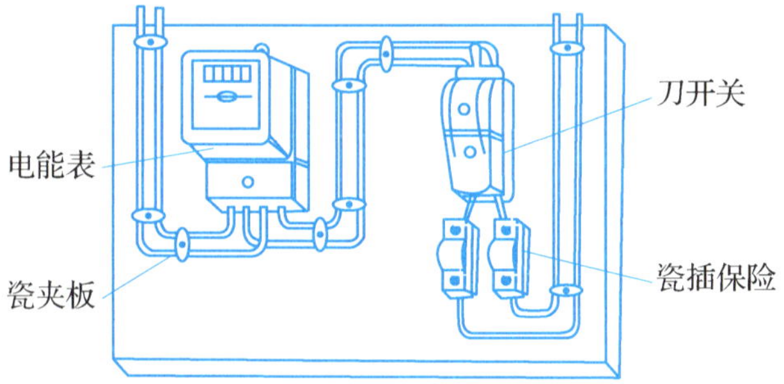

图 3－23　单相电能表板面的安装及布线

单相电能表板面的安装及布线如图 3－23 所示。

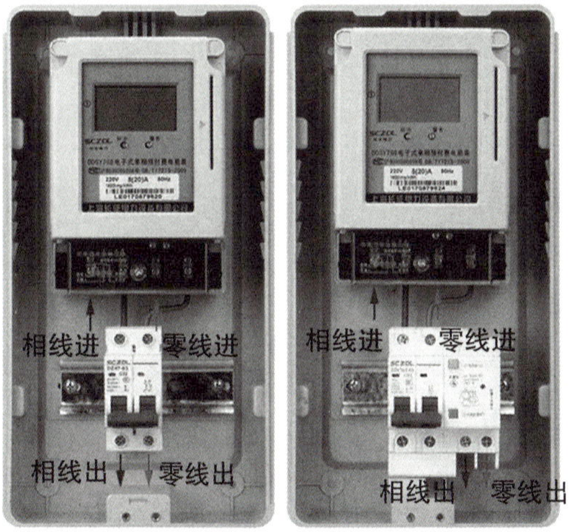

图 3－24　单相电能表与漏电保护器的安装及接线

单相电能表与漏电保护器的安装及接线如图 3－24 所示。

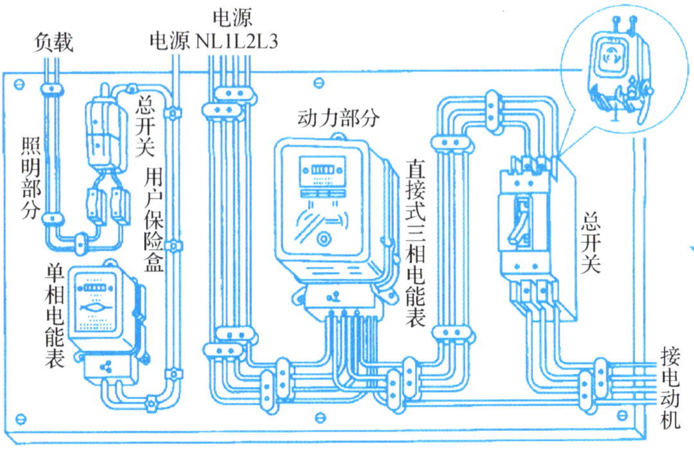

图 3－25　单相电能表和三相电能表的安装及接线

单相电能表和三相电能表的安装及接线如图 3－25 所示。

技能检测

（1）分别使用指针式万用表和数字式万用表测量电阻。

（2）检测三相异步电动机的绝缘电阻及电流。

1）工具、仪表及器材。

电工工具、500V 兆欧表一块、钳形电流表一块、三相异步电动机一台、三相电源线等。

2）检测步骤。

①将三相异步电动机接线盒拆开，取下所有接线桩之间的连片，使三相绕组 U1、U2、V1、V2、W1、W2 各自独立。用兆欧表测量三相绕组之间、各相绕组与机座之间的绝缘电阻。

②按电动机铭牌规定，恢复接线桩之间的连接片，然后接入三相交流电，通电运行，用钳形电流表测量启动瞬间电流和空载电流。

③在电动机空载运行时，人为断开一相电源，用钳形电流表测量缺相运行电流。

3）注意事项。

①正确使用兆欧表和钳形电流表。

②电动机运行时，要时刻注意人身安全。

练习与提高

班级：________________　　姓名：________________

一、选择题

1. 兆欧表有 3 个测量端，分别标有 L、E、G。若测量电缆的对地电阻，其屏蔽层应接（　　）。

A. L 端　　B. E 端　　C. G 端

2. 仪表准确度等级共分为（　　）级。

A. 4　　B. 5　　C. 6　　D. 7

3. 使用兆欧表前，可将兆欧表的两接线端分开，再摇动手柄。正常时，兆欧表指针应指向（　　）。

A. ∞　　B. 0　　C. 1000　　D. 500

4. 使用兆欧表前，可将兆欧表的两接线端接触，再摇动手柄。正常时，兆欧表指针应指向（　　）。

A. ∞　　B. 0　　C. 1000　　D. 500

5. 测量（　　）以下的小电流时，为提高测量精度，在条件允许的情况下，可将被测导线多绕几圈，再放入钳口进行测量。此时实际电流应是仪表读数除以放入钳口中的导线圈数。

A. 1A　　B. 5A　　C. 10A　　D. 20A

二、填空题

1. 仪表的误差是指仪表的（　　）与被测量的（　　）之间的差异，包括（　　）误差、（　　）误差、（　　）误差。

2. 关于仪表准确度等级，通常（　　）级和（　　）级仪表为标准表，0.5 级至 1.5 级仪表用于实验室，2.5 级和 5.0 级则用于电气工程测量。

3. 不能在测量过程中转动钳形电流表的转换开关换挡。换挡前，应将载流导线（　　）钳口。

4. 使用钳形电流表时，应握紧钳柄，使钳口张开，放置被测导线。为减少误差，被测导线应置于钳形口的（　　）。

5. 使用万用表测量直流电流时，根据测量电流的大小选择适当的电流测量量程。测量直流时，（　　）表笔接触电压高的一端，（　　）表笔接触电压低的一端。

三、判断题

（　　）1. 使用兆欧表检查电气设备的绝缘电阻时，必须在停电以后进行，否则可能引发事故。

（　　）2. 在选用电工仪表时，应尽可能选准确度高的仪表。

（　　）3. 兆欧表可以用来测量电气设备的绝缘电阻，如电动机、电器线路的绝缘电阻；判断设备或线路是否存在漏电、绝缘损坏或短路的情况。

（　　）4. 将万用表功能、量程开关转到“•)))”位置，两表笔分别接触测试点，若短路，蜂鸣器会响。

（　　）5. 使用钳形电流表测量前，应检查仪表的钳口是否有杂物或油污，清理干净后再测量。

评价表

1. 教师评价

项目	配分	扣分标准	教师评价
学习态度	10 分	（1）玩手机，每次扣 10 分； （2）上课睡觉，每次扣 10 分； （3）不遵守实训规章制度，扣 10 分	
提问	10 分	不能正确回答教师提问，扣 10 分	
出勤	10 分	（1）旷课，扣 10 分； （2）事假，扣 4 分	
作业	30 分	按评分标准扣分	
单元测验	40 分	按评分标准扣分	
总分			
班级：		组别：	姓名：

2. 小组互评

组别：		姓名：			
序号	考核标准	配分	得分	得分	得分
1	喜欢合作学习，积极参加小组活动	10			
2	敢于发表自己的见解，并尊重同学的意见	10			
3	积极帮助小组其他成员，友好相处	10			
4	学习目的明确，组织有序	10			
5	协作推动小组的工作	10			
6	表现积极，主动完成各项学习任务	10			
7	会通过网络检索资料，并做好摘录	10			
8	口头表达准确流畅，图表表达简单明了	10			
9	具有自我学习的能力	10			
10	具有自我认知和自我评估的能力	10			
总分					

模块四

常用低压电器与电动机

实训一　认识常用低压电器

知识点

- 常用低压电器的性能特点及保护作用。

技能点

- 能够正确选用和安装常用低压电器。

安全要点

- 低压带电作业安全要求。

素养提升

- 传工匠精神，做匠心青年。
- 以国家职业标准来指导学习，努力成为高素质技能型人才。

一、保护电器

1. 保护类型

短路保护：线路或设备短路时，能够迅速切断电源的一种保护措施。

过载保护：当线路或设备的载荷超过允许范围时，能延时切断电源的一种保护措施。

失压（欠压）保护：当电源电压消失或低于某一限度时，能自动断开线路的一种保护措施。

2. 电气设备外壳防护

电气设备外壳的第一种防护性能见表 4-1-1、第二种防护性能见表 4-1-2。

表 4-1-1 第一种防护性能

防护等级	简称	防护性能
0	无防护	没有专门的防护
1	防护大于50mm 的固体	能防止直径大于 50mm 的固体异物进入壳内；能防止人体的某一部分（如手）偶然或意外触及壳内带电或运动部分，但不能防止有意识地接近这些部分
2	防护大于12mm 的固体	能防止直径大于 12mm 的固体异物进入壳内；能防止手指触及壳内带电或运动部分
3	防护大于2.5mm 的固体	能防止直径大于 2.5mm 的固体异物进入壳内；能防止厚度（或直径）大于 2.5mm 的工具、金属线等触及壳内带电或运动部分
4	防护大于1mm 的固体	能防止直径大于 1mm 的固体异物进入壳内；能防止厚度（或直径）大于 1mm 的工具、金属线等触及壳内带电或运动部分
5	防尘	灰尘进入量不会影响设备正常运行；能完全防止人或物触及壳内带电或运动部分
6	尘密	能防止灰尘进入壳内；能完全防止人或物触及壳内带电或运动部分

表 4-1-2 第二种防护性能

防护等级	简称	防护性能
0	无防护	没有专门的防护
1	防滴	垂直的滴水不能直接进入产品内部
2	15°防滴	与垂线成 15°角范围内的滴水不能直接进入产品内部
3	防淋水	与垂线成 60°角范围内的淋水不能直接进入产品内部
4	防溅水	任何方向的溅水对产品应无有害的影响
5	防喷水	任何方向的喷水对产品应无有害的影响
6	防海浪或强力喷水	强烈的海浪或强力喷水对产品应无有害的影响
7	浸水	产品在规定的压力和时间下浸在水中，进水量应无有害的影响
8	潜水	产品在规定的压力下长时间浸在水中，进水量应无有害的影响

3. 熔断器

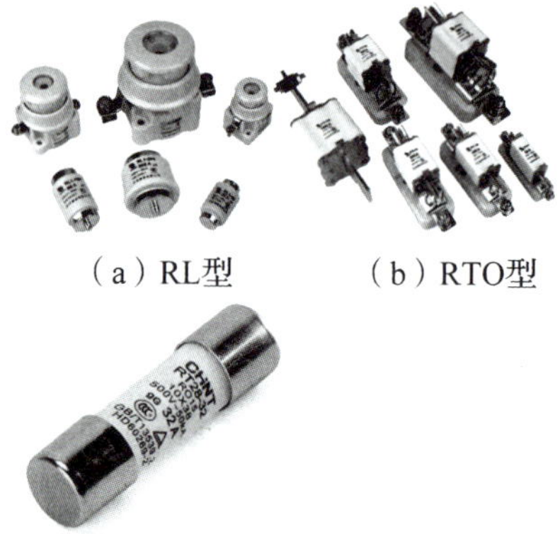

（a）RL型　（b）RTO型

（c）RT型

图 4-1-1　熔断器

熔断器（见图 4-1-1）在电路中主要起短路保护作用，用于保护线路。熔断器的熔体串接于被保护的电路中，以自身产生的热量实现熔断，从而自动切断电路，实现短路保护及过载保护。

热继电器的结构与使用

4. 热继电器

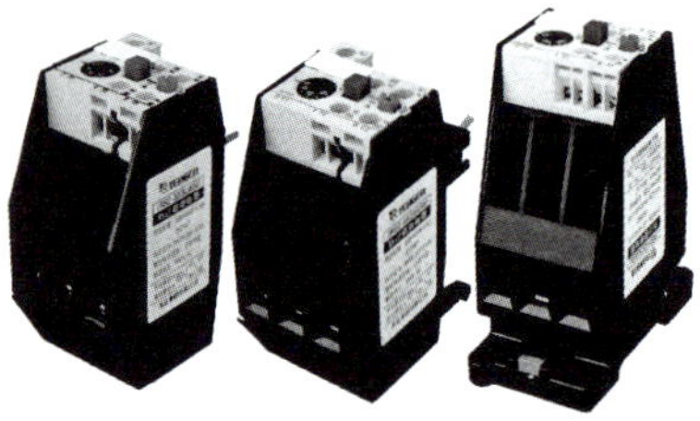

图 4-1-2　热继电器

热继电器（见图 4-1-2）主要用于电气设备（主要是电动机）的过负荷保护。是一种利用电流热效应原理工作的电器，常与接触器配合使用。

5. 电磁式继电器

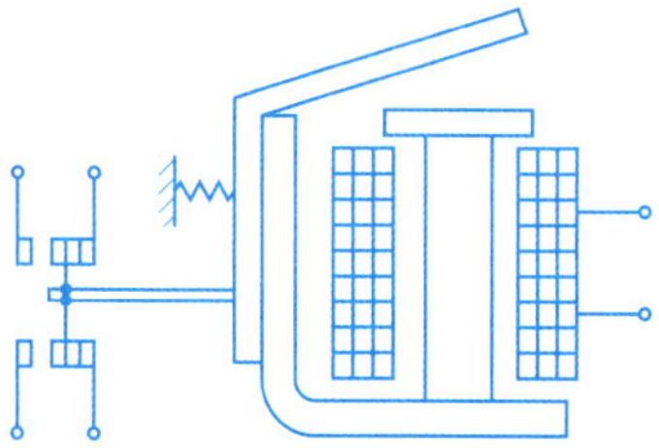

图 4-1-3　电磁式过电流继电器

电磁式过电流继电器依靠电磁力的作用工作，如图 4-1-3 所示。交流过电流继电器的动作电流可在其额定电流的 110%～350%范围内调节、直流的可在其额定电流的 70%～300%范围内调节。

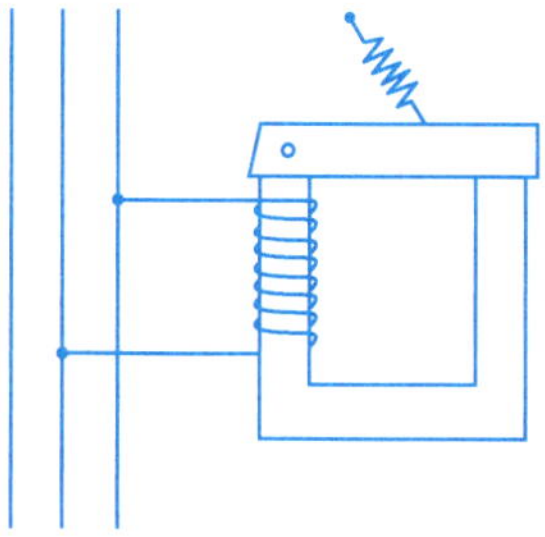

图 4-1-4　失压（欠压）脱扣器

失压（欠压）脱扣器也是依靠电磁力的作用工作，正常工作时衔铁处在闭合位置，如图 4-1-4 所示。当线路电压消失或降低至 40%～75%时，衔铁被弹簧拉开，并通过脱扣机构使减压启动器或自动空气开关动作从而断开线路。

二、开关电器

1. 刀开关

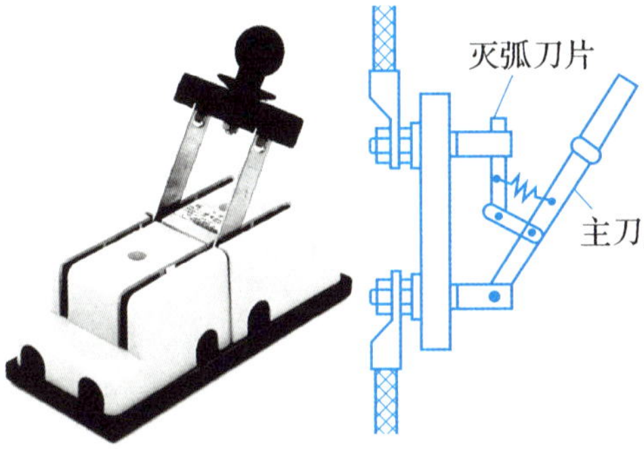

（a）外观　　（b）结构

刀开关是手动开关（见图 4－1－5），适用于不频繁启动的设备。用刀开关操作异步电动机时，开关额定电流应大于或等于电动机额定电流的 3 倍。
刀开关没有或只有极为简单的灭弧装置，无力切断短路电流。因此，下方应装有熔体或熔断器。

图 4－1－5　刀开关

2. 低压断路器（自动开关）

低压断路器的外观、结构及功能如图 4－1－6 所示。

低压断路器

（a）外观

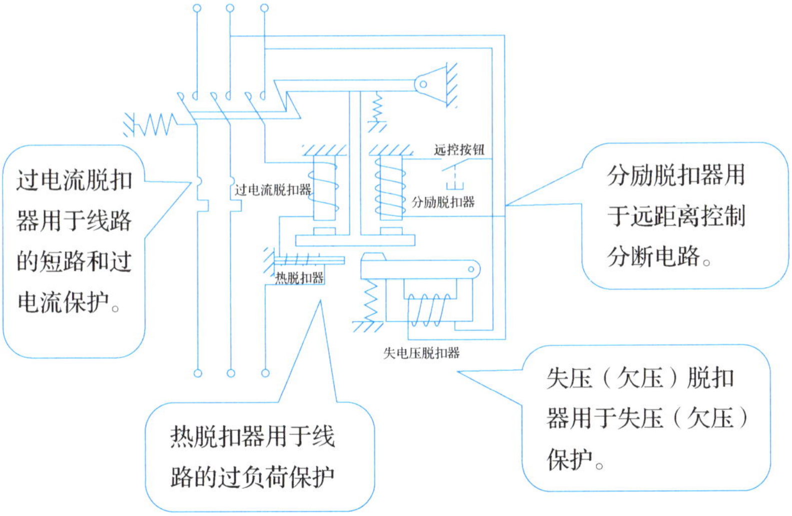

（b）结构及功能

图 4－1－6　低压断路器

交流接触器的结构

交流接触器的工作原理

3. 交流接触器

交流接触器的外观及结构如图 4－1－7 所示。

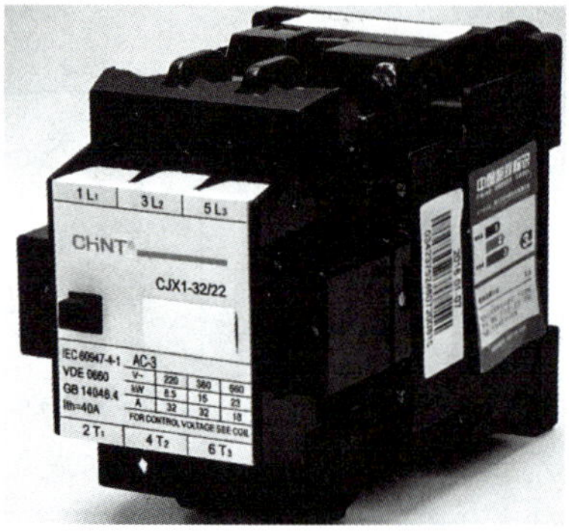

（a）外观

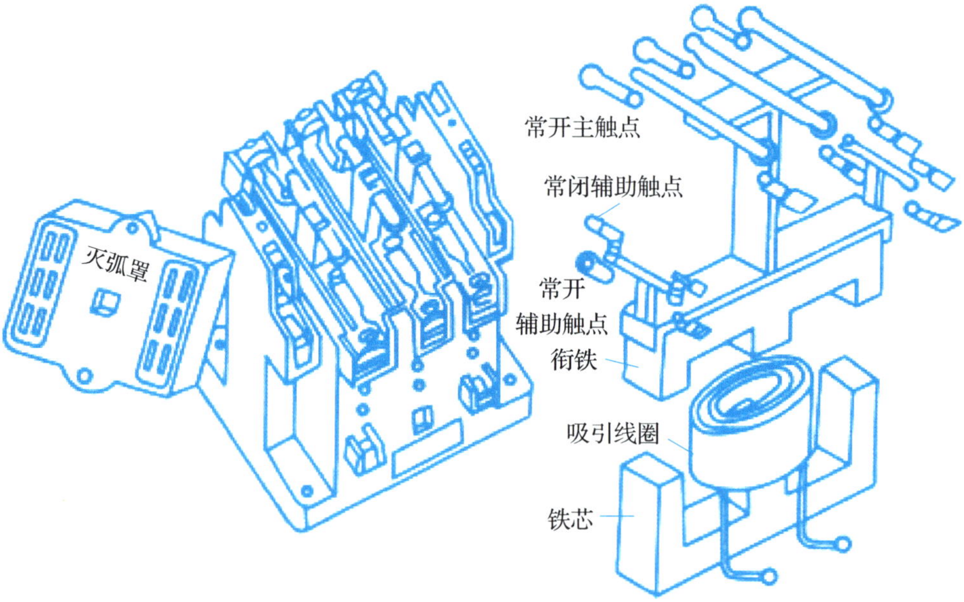

（b）结构

图 4－1－7 交流接触器

实训二　控制三相异步电动机

知识点

- 三相异步电动机的技术参数、控制、安全运行与维护。

技能点

- 能够正确控制三相异步电动机的运行并进行故障分析。

安全要点

- 低压带电作业的安全要求。

素养提升

- 既要树立远大的目标，又要严谨认真、脚踏实地。

一、三相异步电动机的启动及控制

三相异步电动机的外观及结构如图 4-2-1 所示。

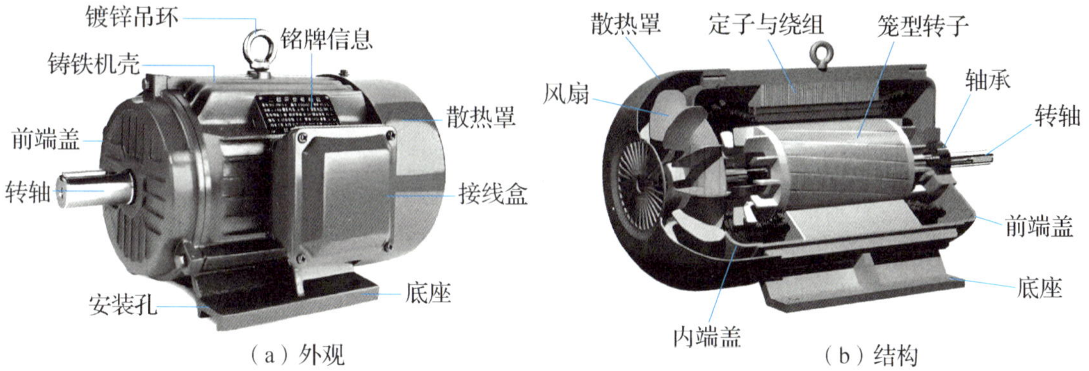

（a）外观　　（b）结构

图 4-2-1　三相异步电动机

电动机的基本结构　　电动机的转动原理

1. 三相异步电动机的技术参数

（1）额定电压 U_N：电动机定子绕组规定使用的线电压，单位是 V 或 kV。

（2）额定电流 I_N：电动机在额定电压及额定功率下运行时，电源输入电动机定子绕组中的线电流。

（3）额定功率 P_N：电动机在额定状态下运行时，轴上输出的机械功率。

（4）额定转速 n_N：电动机在额定电压、额定频率和额定功率下运行时，转轴的转速。

（5）定额。

1）连续工作制。

2）短时工作制。

3）断续周期工作制。

（6）接法。接线盒的实物图及线路图如图 4－2－2 所示，Y 联结方式如图 4－2－3 所示，△联结方式如图 4－2－4 所示。

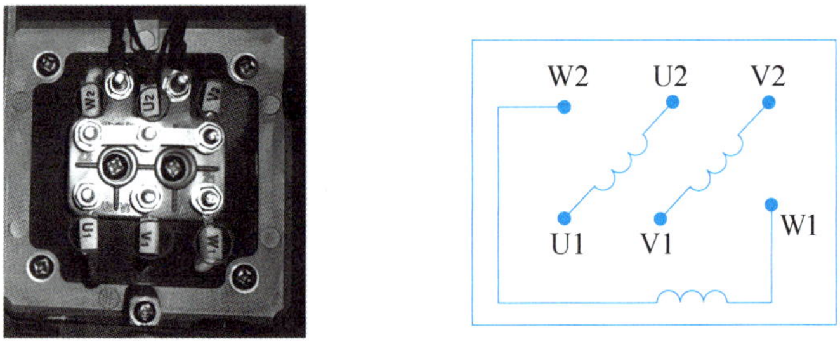

（a）实物图　　（b）线路图

图 4－2－2　接线盒

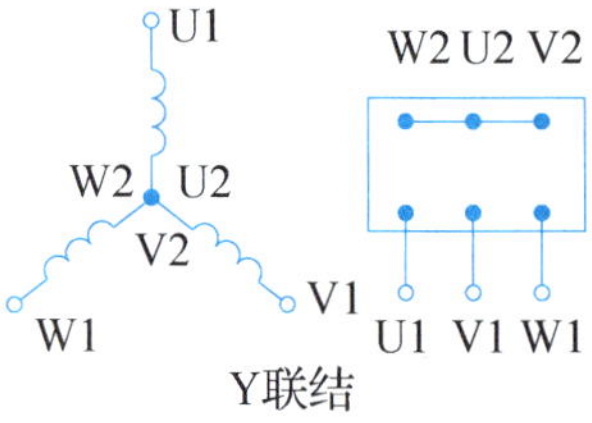

若铭牌标注电压为 380/220V，接法为 Y/△，表明电动机电源线电压为 380V 时应采用 Y 联结；电源线电压为 220V 时应采用△联结。

图 4－2－3　Y 联结

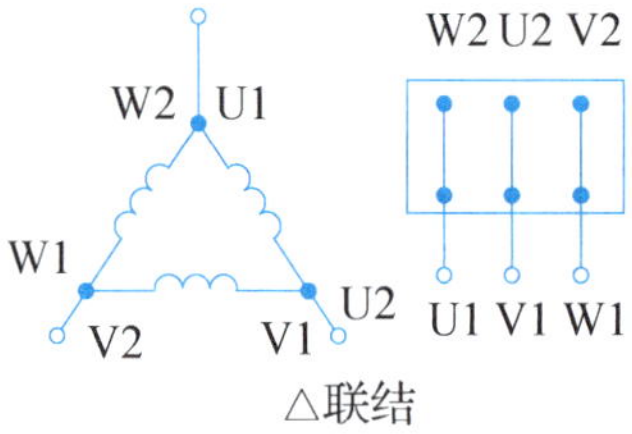

若铭牌标注接法为△，额定电压为 380V，表明电动机电源电压为 380V 时应采用△联结。

图 4－2－4　△联结

（7）额定频率：接入三相异步电动机的交流电源的频率。

（8）绝缘等级：电动机所用绝缘材料的耐热等级，具体见表 4-2-1。

表 4-2-1　绝缘材料的耐热等级和极限工作温度

耐热等级代号	极限工作温度	绝缘材料及制品
Y	90℃	棉纱、布带、纸
A	105℃	黄（黑）蜡布（绸）
E	120℃	玻璃布、聚酯薄膜
B	130℃	黑玻璃漆布、聚酯漆包线
F	155℃	云母带、玻璃漆布
H	180℃	有机硅云母制品、硅有机玻璃漆布
C	180℃以上	纯云母、陶瓷、聚四氟乙烯

（9）型号：三相异步电动机的产品型号由汉语拼音、字母和数字组成。

（10）启动转矩与启动性能：电动机加上额定电压启动（转速为零）时的电磁转矩称为启动转矩。启动转矩与额定转矩之比称为启动转矩倍数，它是衡量电动机启动性能的重要指标。

（11）最大转矩与过载能力：电动机启动后，随着转速 n 的变化，电磁转矩是不断变化的，其最大值称为最大转矩或临界转矩。最大转矩 M_{max} 与额定转矩 M_N 的比值称为电动机的过载能力。

（12）额定转矩：电动机在额定工作状态下，轴上允许输出的转矩。

（13）功率因数：三相异步电动机的功率因数较低，在额定负载时约为 0.7～0.9。空载时功率因数很低，只有 0.2～0.3。额定负载时，功率因数最高。功率因数曲线如图 4-2-5 所示。三相异步电动机提高功率因数的意义主要体现在减少线路中电能的损耗、提高设备的利用率、改善电压质量以及降低企业的电费支出等方面。

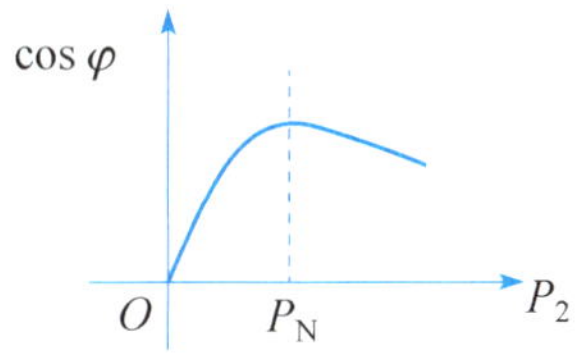

图 4-2-5　功率因数曲线

（14）效率：电动机输出功率 P_2 与输入功率 P_1 的比值称为效率，用 η 表示。

（15）启动电流：电动机转速为零（静止）时，加上额定电压而启动瞬间的线电流。

2. 三相异步电动机的启动

（1）启动要求。

1）有足够大的启动转矩。因为启动转矩必须大于启动时电动机的反抗转矩才能启动，所以启动转矩越大，加速越快，启动时间越短。

2）在具有足够启动转矩的前提下，启动电流应尽可能地小。启动电流过大，将使电网电压明显降低，可能影响其他电气设备的正常运行。大中型异步电动机启动时，要把启动电流限制在一定数值内，一般取额定电流的 2～2.5 倍。

3）启动设备应结构简单、经济可靠、操作方便。

4）启动过程中的能量损耗要小。

（2）启动方式。

1）全压启动。全压启动电路图如图 4－2－6 所示。

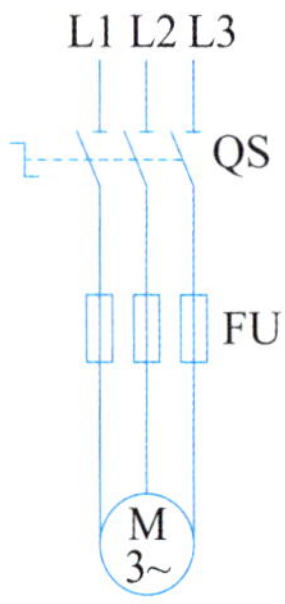

将额定电压通过开关（刀开关、组合开关、低压断路器等）或接触器直接加在定子绕组上，使电动机启动。优点是启动设备简单，启动迅速；缺点是启动电流大。当电源容量较大而电动机容量较小时，这种方法是可行的。
一般情况下，10kW 以上的电动机都不宜全压启动，应降压启动。

图 4－2－6　全压启动电路图

2）降压启动。

利用启动设备将电压适当降低后加到电动机的定子绕组上启动，以限制电动机的启动电流，等电动机转速升高后，再使电动机定子绕组上的电压恢复至额定值，这种方法称为降压启动。降压启动方法仅适用于空载或轻载启动。降压启动一般有下列三种方法：

①星形—三角形（Y—△）降压启动。星形—三角形（Y—△）降压启动电路图如图 4－2－7 所示。

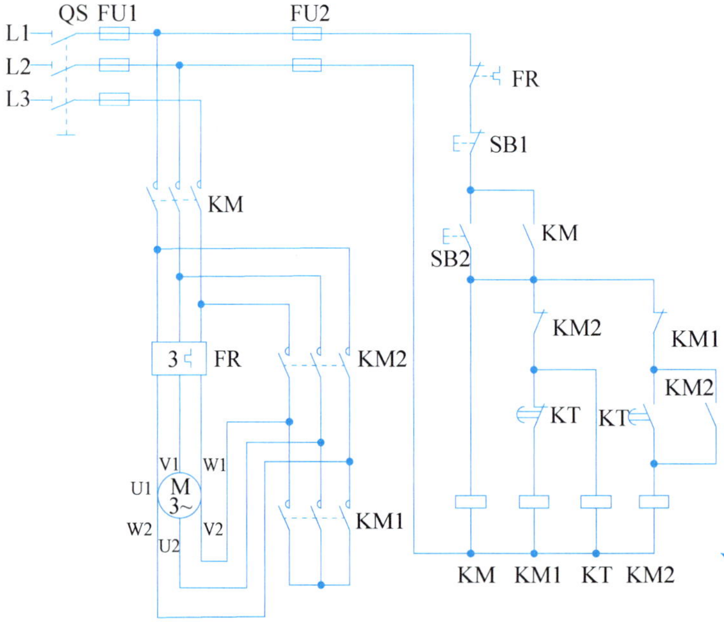

按下 SB2，接触器 KM 和 KM1 吸合，电动机绕组星形联结降压启动。同时，时间继电器 KT 接通电源，至电动机转速接近额定转速时，其常闭触头延时打开，常开触头延时闭合，接触器 KM1 释放，KM2 吸合，电动机绕组三角形联结全压运行。按下 SB1，接触器全部释放，电动机断开电源。KM1 与 KM2 是不能同时吸合的，否则将造成三相短路。为此，KM1 与 KM2 之间必须实现联锁。

图 4－2－7　星形—三角形（Y—△）降压启动电路图

②自耦变压器降压启动。自耦变压器降压启动电路图如图 4－2－8 所示，这种方法是利用自耦变压器来降低启动时加在电动机定子绕组上的电压，达到限制启动电流的目的。自耦变压器一般有几个分接头，分别等于初级电压的 40％、60％、80％等。可见，自耦变压器降压启动的启动电压是可以选择的。

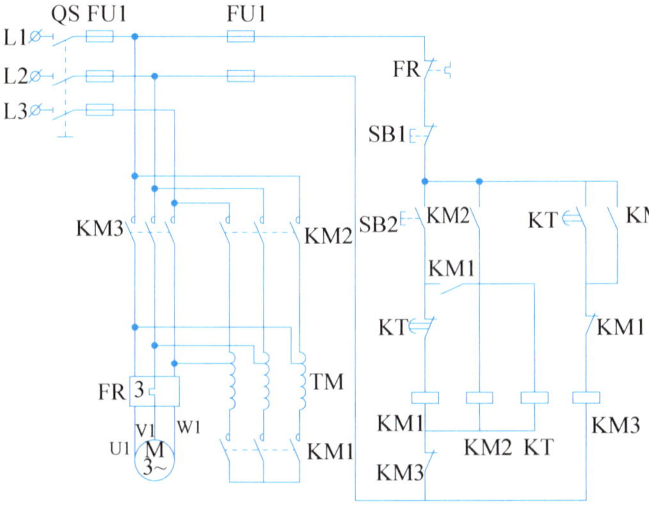

按下启动按钮 SB2 后，接触器 KM1、KM2 和时间继电器 KT 吸合，电动机经自耦变压器降压启动；经过整定时间后，接通接触器 KM3 的控制回路，KM1、KM2 释放，KM3 吸合，电动机全压运行。

图 4－2－8　自耦变压器降压启动电路图

③延边三角形降压启动。采用延边三角形降压启动的电动机，其定子绕组应是特别绕制的，具有 9 个接线头，如图 4－2－9 所示。

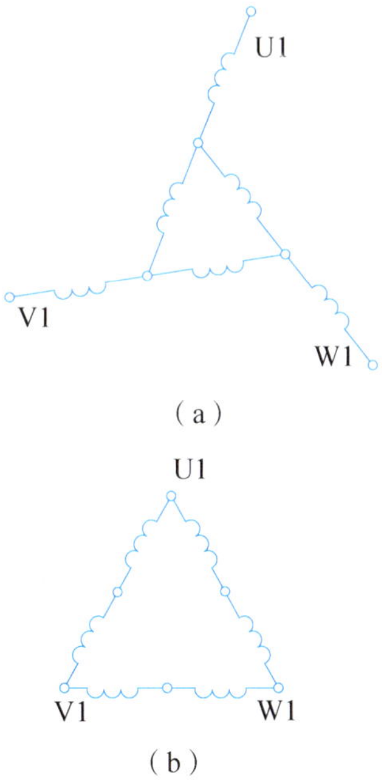

启动时，定子绕组的一部分采用△联结，另一部分采用 Y 联结，整个绕组接成图 4－2－9 (a) 所示的延边三角形，并将三相电源分别接入 3 个绕组的首端 U1、V1、W1。此时，每相绕组的相电压比△联结时有所降低，启动电流减小。

待电动机转速升高后，再接成图 4－2－9 (b) 所示的三角形，电动机投入正常运行。

图 4－2－9　延边三角形降压启动电路图

3. 三相异步电动机启动前的检查

（1）对于新安装的电动机，应认真核对铭牌上的容量、电压、极数和接法等。

（2）确保启动设备接线正确、牢靠，动作灵活，触头接触良好。

（3）确保油浸式启动设备的油量符合要求，油质合格。

（4）确保绕线型电动机的电刷与滑环良好，电刷提升机构灵活，电刷压力正常。

（5）确保传动装置正常，皮带松紧合适，皮带连接牢固，联轴器紧固。

（6）确保传动装置及电动机、生产机械周围无杂物。

（7）用手转动电动机轴，确保转动灵活，无卡阻现象。

（8）确保电动机及启动装置的接地或接零可靠。

（9）对于新安装的电动机或停用三个月以上的电动机，应摇测绝缘电阻。

4. 三相异步电动机启动时的注意事项

（1）电动机的启动与停机均应严格遵守操作规程，操作步骤不得颠倒。

（2）合闸启动后，如电动机不转或转速过低，应迅速切断电源，查找原因，排除故障。

（3）对于新安装或检修后初次投入运行的电动机，应检查电动机的转向是否正确。对要求固定转向的设备，应先确定电动机的转向，再安装设备。

（4）必须限制电动机的连续启动次数。

（5）电动机启动后，应检查电动机、传动装置及生产机械有无异常现象，电压表、电流表的读数是否正常。

（6）几台电动机由一台变压器供电时，不得同时启动，应按照“由大到小，逐台启动”的原则进行。

5. 三相异步电动机转向控制

电动机的旋转方向是和定子旋转磁场的方向始终一致的。而定子旋转磁场的方向又取决于电源的相序。所以，要使电动机反转，只要改变输入电动机三相电源的相序即可，也就是将三相电源的 L1、L2、L3 这三条导线中的任意两条对调。三相异步电动机正反转控制原理图如图 4－2－10 所示。

6. 三相异步电动机的调速

（1）变频调速。

改变电源的频率 f_1 就可以改变电动机转速。当 f_1 增加时，电动机转速升高；当 f_1 减小时，电动机转速降低。因此，调整电源频率 f_1，可得到平滑且较宽范围的调速性能。

（2）变极调速。

异步电动机的同步转速与磁极对数成反比，磁极对数增加 1 倍，同步转速下降 1/2，电动机的转速也下降约 1/2。所以改变磁极对数可以达到调速的目的，如图 4－2－11 所示。

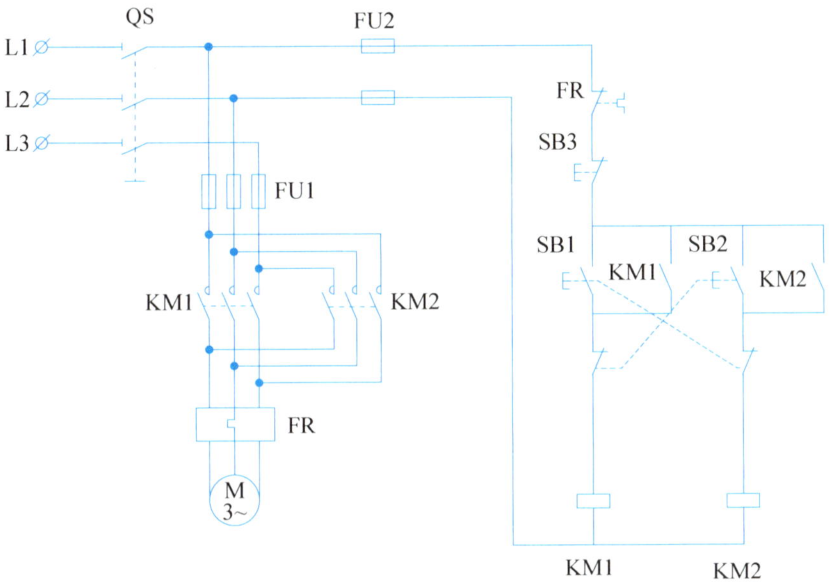

图 4-2-10　三相异步电动机正反转控制原理图

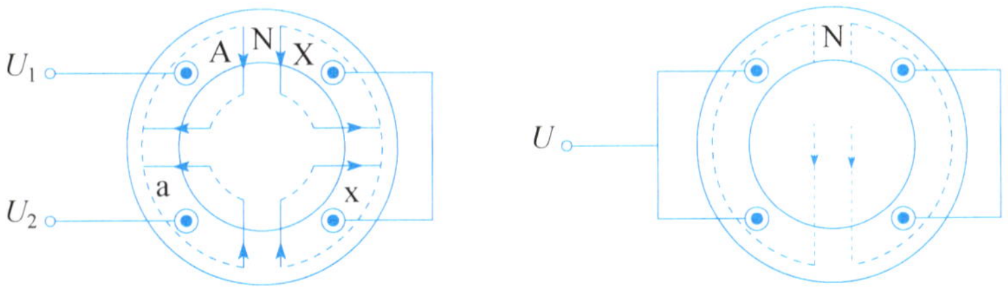

（a）两对磁极　　（b）一对磁极

图 4-2-11　通过改接绕组改变磁极对数

变极调速的优点是控制设备简单、损耗小；缺点是调速范围不大，而且不能平滑调速。在机床上常将这种调速方法与齿轮变速配合使用。

7. 三相异步电动机的制动

（1）机械制动。

机械制动是利用机械装置制动。在电动机电源切断后，将外加机械制动闸（一般采用电磁抱闸）作用于电动机轴上，使电动机迅速停止转动。电磁制动器的组成如图 4-2-12 所示。

（2）电力制动。

电力制动是指电动机的电磁转矩方向与电动机的实际旋转方向相反，从而使电动机迅速停止转动。

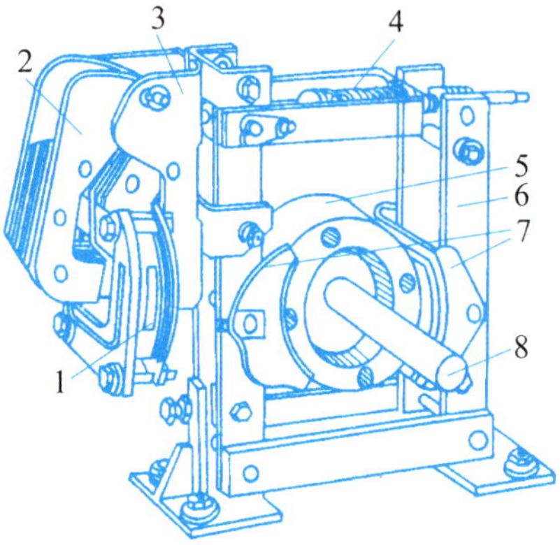

当电动机通电启动后，电磁抱闸的线圈同时通电吸引衔铁，使其与静铁芯闭合，克服弹簧弹力，使得制动杠杆上移，从而使闸瓦与闸轮松开（松闸），电动机正常转动。

当电动机电源切断后，线圈断电，衔铁释放，在弹簧的作用下，闸瓦与闸轮紧紧抱住（抱闸），电动机被迅速制动而停转。

1—线圈；2—衔铁；3—铁芯；4—弹簧；
5—闸轮；6—杠杆；7—闸瓦；8—轴

图 4-2-12　电磁制动器的组成

1）反接制动。反接制动原理图如图 4-2-13 所示。

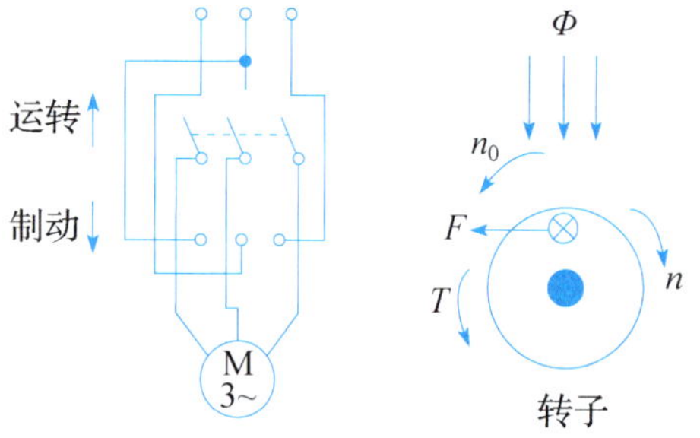

电动机有制动要求时，将电源的任意两相对调，就可以立即改变电动机的旋转方向，转子由于惯性仍保持原来的转动方向。此时，转子感应电动势和电流方向改变，因此电磁转矩的方向也随之改变，即与转子旋转方向相反，起到制动作用。

图 4-2-13　反接制动原理图

优点：制动转矩大，制动迅速。

缺点：转速接近零时应迅速切断电源，否则电动机会反转。当然，这可由速度继电器来控制。当速度接近零时，速度继电器动作，断开电路。这种方式适合经常需要改变正反转的设备。

2）能耗制动。能耗制动原理图如图 4-2-14 所示。

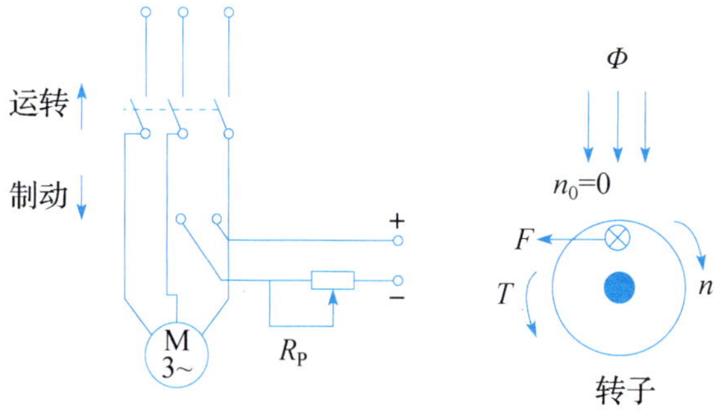

将异步电动机定子绕组三相交流电源断开的同时，向定子绕组通入一定的直流电流，如果是绕线型电动机，还可在转子电路中串入适当的电阻，以调节制动的强弱。

图 4-2-14　能耗制动原理图

优点：能耗小，可以准确停车。

缺点：需要另设直流电源。这种方式适合容量较大、制动频繁或要求准确停车的设备。

3）回馈制动（再生发电制动）。回馈制动原理图如图 4－2－15 所示。

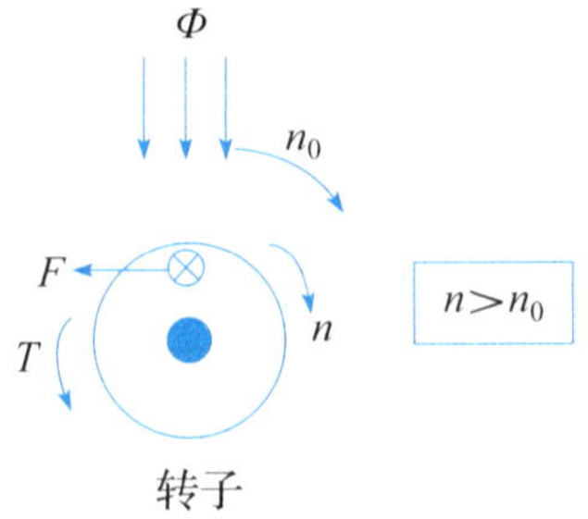

当电动机转子的转速大于旋转磁场的转速时，旋转磁场产生的电磁转矩作用方向发生变化，由驱动转矩变为制动转矩。电动机进入制动状态，同时将外力作用于转子的能量转换成电能回送给电网。仅适用于电动机转子转速 n 高于同步转速 n_1 的场合，即 $n>n_1$。

图 4－2－15　回馈制动原理图

这种制动方式经济，但运转速度高。在起重机中有所应用，如从高处下放重物时，重物下降速度大于电动机的同步转速，从而产生制动转矩。

二、三相异步电动机的保护及监视

1. 三相异步电动机的保护

（1）短路保护。

三相异步电动机定子绕组发生相间短路故障时，会产生很大的短路电流，造成线路过热甚至导线熔化，有可能引起火灾、爆炸事故。熔断器是常用的短路保护装置之一，短路导致的很大的短路电流会使熔断器中的熔体熔断，切断电源，从而保护电气线路和电气设备。熔断器熔体的选择方法如下：

1）一台电动机熔体的选择。

$$I_{\mathrm{fN}} \geqslant (1.5\sim2.5) I_{\mathrm{N}}$$

I_{fN} 为熔体的额定电流；I_{N} 为电动机的额定电流。

2）多台电动机熔体的选择。

电路上有多台电动机运行时，其总保护熔体可按以下经验公式选取：

$$I_{\mathrm{fN}} \geqslant (1.5\sim2.5) I_{\mathrm{Nmax}} + \sum I_{\mathrm{N}}$$

（2）过电流保护。

运行中的电动机有时会出现过电流现象，主要原因包括：电网电压太低；机械负荷过重；启动时间过长或电动机频繁启动；电动机缺相运行；机械方面故障。

短时间的过负荷不会造成电动机的损坏，较长时间的持续过负荷会损坏电动机的绝缘以致烧毁电动机。因此，必须采取过负荷保护措施。通常采用热继电器来实现过负荷保护，热继电器可以反映电动机的过热状态并发出信号。当电动机通过额定电流时，热继电器应长期不动作；当电动机通过整定电流的 1.05 倍电流时，从冷态开始运行，热继电器在 2h 内不应动作；当电流升至整定电流的 1.2 倍时，热继电器应在 2h 内动作。

对电动机进行过负荷保护的热继电器，其动作电流值一般按电动机的额定电流整定。

（3）失压保护。

运行中的电动机电压过低时，由于电动机的电磁转矩与电压的平方成正比，因此电动机的转速将下降，而电流必然大大升高，若长此运行，电动机将因过热而损坏。因此，在电网电压过低时，应及时切断电动机的电源。同时，当电网电压恢复后，也不允许电动机自行启动，以防发生设备事故和人身事故。为此，电动机应有失压保护装置。

使用接触器控制电动机可实现失压保护。

（4）三相异步电动机的缺相运行。

三相异步电动机接到电源的三根导线中，若某种原因断开一根，此时的三相异步电动机即处于缺相运行状态，不过仍会继续旋转。如果在启动时就少了一相，则电动机不能启动。电动机处于缺相运行状态时，如果满负荷运行，其余两根导线的电流将成倍增加，从而导致电动机过热，长时间运行会损坏电动机；如果电动机在满负荷状态下停车，电流将进一步加大，若没有过流继电器和过热继电器的保护，将加快电动机的损毁。三相异步电动机缺相运行也会对机械特性产生严重影响，如最大转矩 T_{max} 会下降约 40%，启动转矩 T_{st} 等于零。

2. 三相异步电动机的运行监视、检查与运行中的事故停机

（1）电动机的运行监视与检查示意图如图 4－2－16 至图 4－2－25 所示。

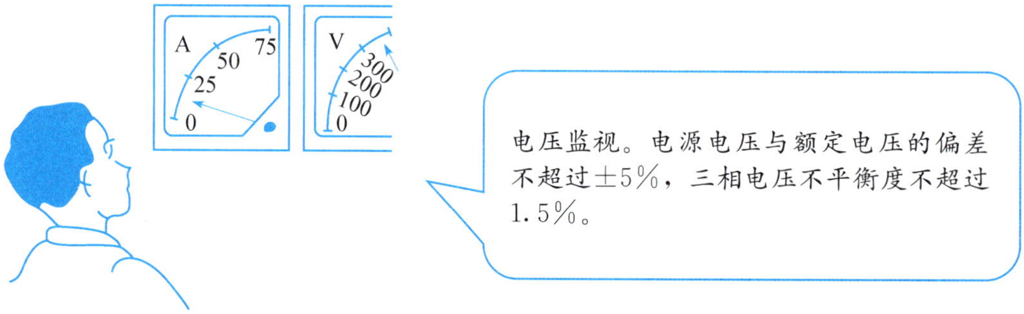

图 4－2－16　电压监视

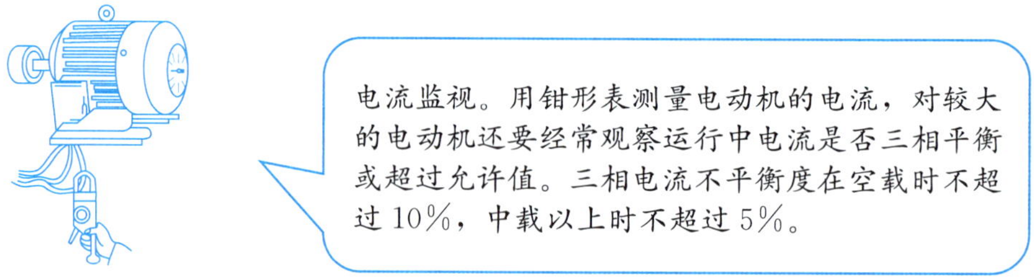

图 4－2－17　电流监视

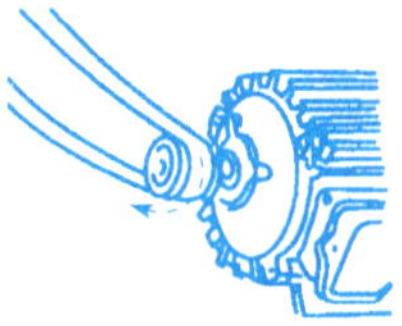

图 4-2-18　机组转动监视

机组转动监视。检查皮带连接处是否良好，皮带松紧是否合适，机组转动是否灵活，有无卡位、窜动及不正常的现象等。

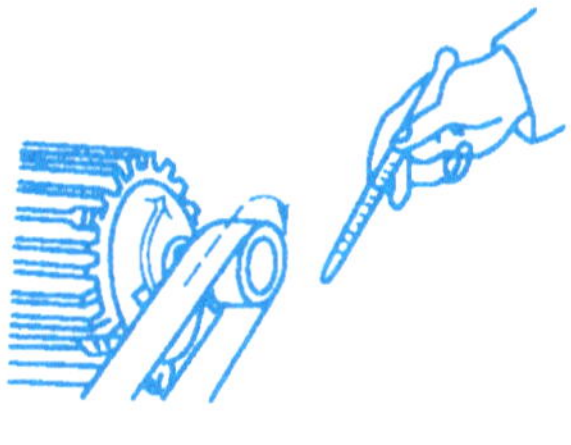

图 4-2-19　温度监视

注意电动机及其周围的温度，如发现电动机温度过高，要立即停止运行，查明原因，排除故障后方能继续使用。保持电动机附近的清洁，电动机周围不应有煤灰、水汽、金属导线、棉纱头等，以免被卷入电动机。

图 4-2-20　响声和异味监视

注意电动机的响声和气味，如声音不正常、散发焦臭味，或出现其他异常均应停机检修。

图 4-2-21　轴承运行情况监视

注意电动机的轴承运行情况，如发热、润滑及摩擦是否正常。具体根据生产厂家标准或相关标准判定。

图 4-2-22　冷却水系统运行监视

对于通过外部管道引入空气冷却的电动机，应保持管道清洁畅通，连接处要严密，闸门应在正确的位置。对于大型密闭式冷却的电动机，应检查其冷却水系统运行是否正常。

图 4-2-23　各零部件外观监视

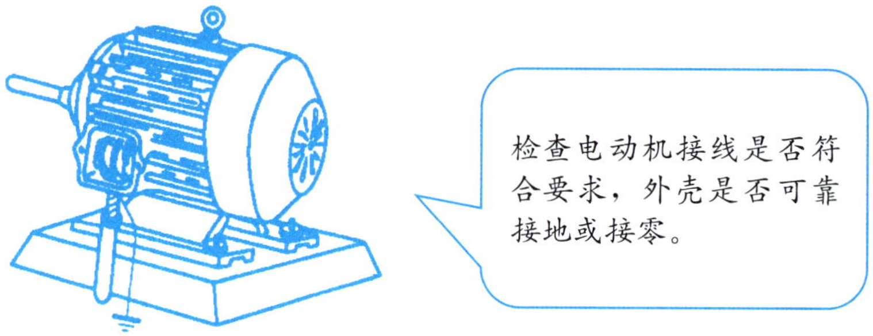

图 4-2-24　接线检查

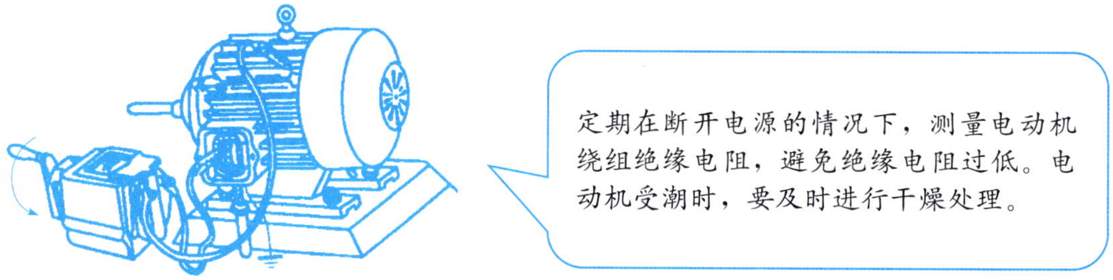

图 4-2-25　绝缘电阻测试

（2）三相异步电动机运行中的事故停机。

电动机在运行中如出现异常现象，除应加强监视，迅速查明原因外，还应报告有关人员。如发生下列情况之一，应立即切断电源或去掉负荷，紧急停机。

1）发生的人身事故与运行中的电动机有关。

2）电动机拖动的机械发生故障。

3）电动机冒烟起火。

4）电动机轴承温度超过允许值，不停机将造成损坏。

5）电动机电流超过铭牌规定值，或在运行中电流猛增，原因不明，并无法消除。

6）电动机在发热和发出异响的同时，转速急剧变化。

7）电动机内部发生冲击（扫膛、串轴）。

8）传动装置失灵或损坏。

9）电动机强烈振动。

10）电动机的启动装置、保护装置、强迫润滑或冷却系统等附属设备发生事故，并影响电动机的正常运行。

技能检测

正确拆装三相异步电动机，进行内部结构的认知，并分析其工作原理。

实训三　认识变压器

知识点

- 变压器的分类、基本结构、用途及基本工作原理。

技能点

- 能够做好维护工作，确保变压器安全运行。
- 能够进行故障分析。

安全要点

- 低压带电作业的安全要求。

素养提升

- 结合“中国制造2025”对制造业的人才需求，树立远大理想和爱国主义情怀，大力弘扬工匠精神，不断创新，肩负起时代赋予的光荣使命。

一、变压器的用途及基本工作原理

变压器是一种静止的电磁装置，可依据电磁感应的原理，将某一电压等级的交流电能转换成同频率的另一电压等级的交流电能。

1. 变压器的主要用途

现实生活中，发电厂产生的电能往往要经过很远的距离才能传输到用电地区。在传输过程中，当功率恒定时，传输电压越高，电流越小，线路损耗越小。然而，要制造输出电压很高的发电机，不仅技术上不好实现，成本也很高，所以需要用专门的设备将发电机端的电压升高之后再传输出去，这种设备就是变压器。同时，由于受电端所需要的电压不同，因此还需要用变压器将高电压降低到合适的值，以供人们利用。变压器的主要用途可总结如下：

（1）在电力系统中实现电能的经济传输、灵活分配和合理使用，如电力变压器、配电变压器。

（2）在控制系统中实现信号的传输，如无线电变压器。

（3）供给特殊电源，如电焊变压器。

（4）电工测量，如仪用变压器。

2. 变压器的基本工作原理

变压器的主要部件是铁芯和绕组。如图 4－3－1 所示，在变压器铁芯柱上绕制两个绝缘线圈，匝数分别为 N_1 和 N_2。其中，电源侧的绕组称为一次绕组（又称初级绕组或原绕组），负载侧的绕组称为二次绕组（又称次级绕组或副绕组）。

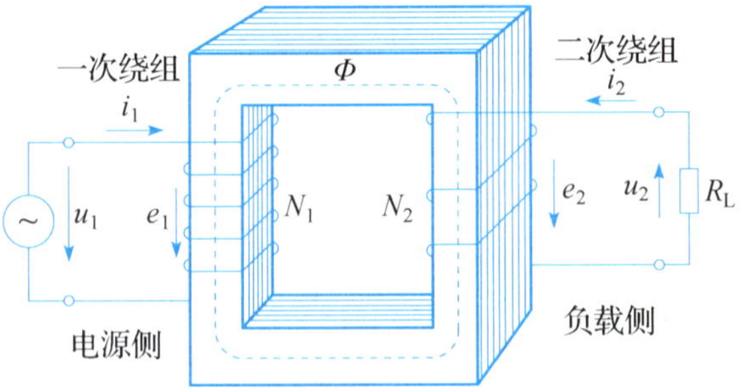

图 4－3－1　变压器的基本工作原理

当一次绕组接通交流电源时，绕组中有电流 i_1 通过，铁圈中将产生交变磁通 Φ。根据电磁感应原理，其一、二次绕组将分别产生感应电动势 e_1、e_2。若二次绕组与负载连接，则负载回路中将产生电流 i_2，如此便完成电能的传递，此时，

$$e_1=-N_1\frac{\mathrm{d}\Phi}{\mathrm{d}t}$$

$$e_2=-N_2\frac{\mathrm{d}\Phi}{\mathrm{d}t}$$

因为 $e_1\approx u_1$，$e_2\approx u_2$，所以，

$$\frac{u_1}{u_2}\approx\frac{e_1}{e_2}=\frac{N_1}{N_2}$$

即一、二次绕组的电压之比等于其线圈匝数之比。由此可见，只要改变变压器的匝数比，就能达到改变电压的目的。若 $N_1>N_2$，变压器起降压作用；若 $N_1<N_2$，变压器起升压作用。

提示： 变压器只能传递交流电能，而不能产生电能；变压器只能改变交流电压或电流的大小，而不能改变频率；铁芯中产生的磁通为电压变换的主要桥梁，传递过程中电压与电流的乘积（即功率 P）基本不变。

二、变压器的种类

变压器可以按照用途、相数、冷却方式、铁芯结构等进行分类，具体见表 4-3-1。

表 4-3-1　变压器的分类

分类	名称	外形图	简单介绍
按用途分类	电力变压器		用作电能的传输和分配，是目前生产数量最多、应用最广泛的变压器之一
	自耦变压器		输出和输入共用一组线圈的特殊变压器，常用于工业领域或实验室中调节电压，体积小，效率高
	仪用互感器		专门用于测量的设备，分为电流互感器和电压互感器
	电焊变压器		常用在焊接各类钢铁材料的弧焊机上，结构简单，成本低廉，制造容易，维护方便
	电炉变压器		专供大功率电炉使用
按相数分类	单相变压器		常用于单相交流电路中的隔离、阻抗变换、电压等级变换、相位变换等，结构简单，维护方便
	三相变压器		常见的为三相电力变压器，用于输配电系统中变换电压和传输电能

续表

分类	名称	外形图	简单介绍
按冷却方式分类	干式变压器		安全、防火、无污染，可直接运行于负荷中心；广泛用于局部照明设施或高层建筑等场所
	箱式变压器	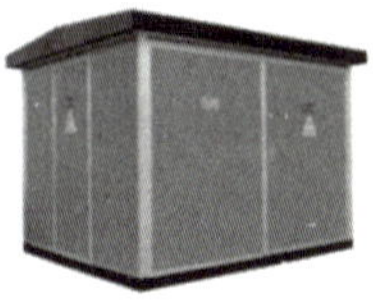	将传统变压器集中设计在箱式壳体中，具有体积小、重量轻、低噪声、低损耗、高可靠性的特点；广泛应用于住宅小区、商业中心、车站、机场、厂矿、企业、医院、学校等场所
	油浸式变压器		在正常运行期间不需要换油，大大降低了变压器的维护成本，同时延长了变压器的使用寿命；常用作大、中型变压器
按铁芯结构分类	壳式变压器		用作大电流的特殊变压器，如电炉变压器、电焊变压器；或用作电子仪器及电视、收音机等的电源变压器
	芯式变压器		绕组和铁芯的绝缘处理比较方便，广泛用作电力变压器
	叠片式变压器		磁路短、空间利用率高，有效减小了铁芯的重量、空载损耗和制造成本

变压器种类很多，上表中仅列举了常见的类型。例如，按冷却方式分类，常见的还有自冷式变压器和风冷式变压器。除上述分类方法外，还可以按容量、调压方式等对变压器进行分类。

三、变压器的基本结构

尽管各类变压器的外观和结构差异很大，但铁芯和绕组是所有变压器的主要部件。如图 4-3-2 所示为常见的油浸式电力变压器。

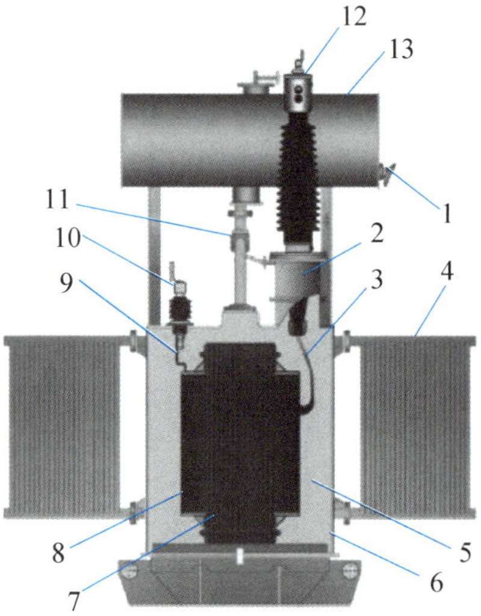

图 4-3-2　油浸式电力变压器

1—油位计；2—升高座；3—高压引线；4—散热器；5—变压器油；6—油箱；7—铁芯；8—绕组；9—低压引线；10—低压套管；11—气体继电器；12—高压套管；13—储油柜

1. 铁芯

铁芯是变压器的机械骨架，构成了变压器的磁路系统。

（1）铁芯材料。

铁芯由铁芯柱和铁轭两部分组成。其中，套绕组的部分称为铁芯柱，不套绕组只起闭合磁路作用的部分称为铁轭，如图 4-3-3 所示。

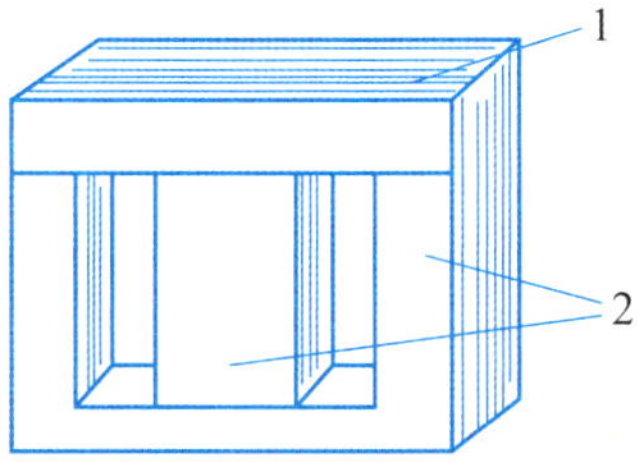

图 4-3-3　变压器的铁芯

1—铁轭；2—铁芯柱

铁芯的作用是产生较大的磁通量，构成变压器的磁路系统。因此，铁芯要有良好的导磁性能，铁芯内的磁滞损耗与涡流损耗要尽量小。所以，铁芯通常采用 0.35mm 厚表面绝缘的硅钢片制成。

在软磁材料中，硅钢片应用最为广泛，它主要分为热轧硅钢片和冷轧硅钢片两类。在小型变压器中，多采用 0.35mm 或 0.55mm 厚的热轧硅钢片，片间涂敷绝缘漆，优点是工艺性好、损耗小、导磁性能高。

大中型变压器的铁芯中多使用冷轧硅钢片。与热轧硅钢片相比，冷轧硅钢片性能更好，但由于工艺性差，价格昂贵，因此使用受限。

提示： 磁滞损耗是指铁磁材料在磁化过程中由磁滞现象引起的能量损耗；磁滞是指铁磁材料的磁性状态变化时磁化强度滞后于磁场强度；涡流损耗是指导体在非均匀磁场中移动或处在随时间变化的磁场中时，导体内的感生电流导致的能量损耗。

所谓工艺性好，是指在现有工艺条件下，方便制造，且制造成本较低；所谓工艺性差，是指在现有工艺条件下制造困难，制造成本较高。

（2）铁芯结构。

根据绕组套入铁芯柱的形式不同，铁芯可分为芯式结构和壳式结构。芯式结构是在两侧的两个铁芯柱上放置绕组，绕组包围铁芯，如图 4-3-4（a）所示，其结构简单，易装配，省导线，常用于大容量、高电压的变压器中。壳式结构是在中间的铁芯柱上放置绕组，铁芯包围绕组，如图 4-3-4（b）所示，其用线量较多，工艺较复杂，但散热性好，适用于小型干式变压器。

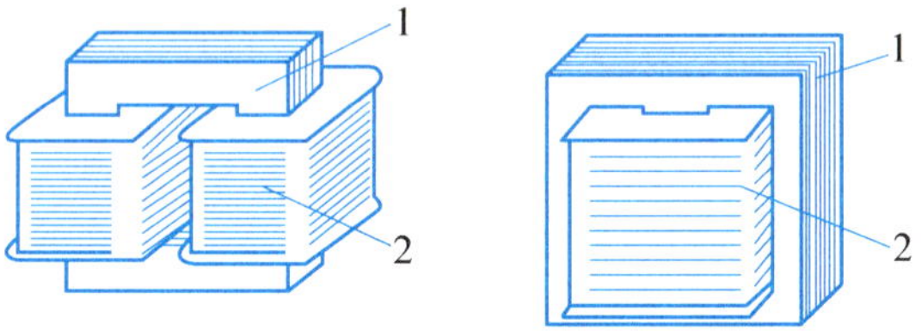

（a）芯式结构　（b）壳式结构

图 4-3-4　单相变压器的铁芯结构

1—铁芯；2—绕组

根据制造工艺不同，变压器的铁芯可分为叠片式和卷制式两种。芯式结构铁芯一般用口形或斜口形硅钢片交叉叠成，壳式结构铁芯一般用 E 形或 F 形硅钢片交叉叠成，如图 4-3-5 所示。叠片式铁芯气隙较大，增加了磁阻和励磁电流。卷制式铁芯由冷轧钢带卷绕而成，铁芯端面加工精确，大大减小了气隙，提高了变压器的效率。如图 4-3-6 所示为用卷制式铁芯制成的 C 形变压器。

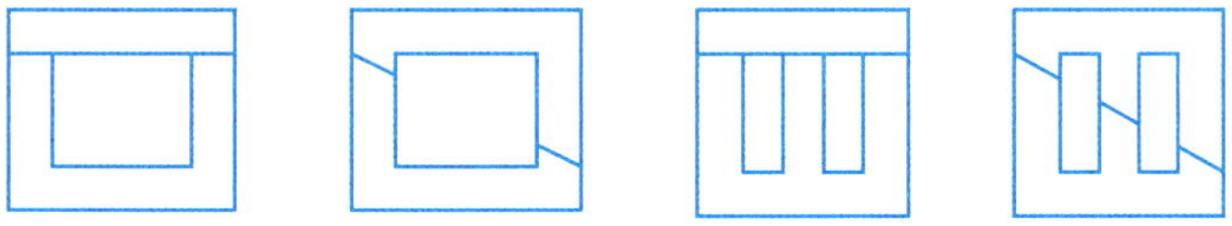

（a）芯式口形　（b）芯式斜口形　（c）壳式E形　（d）壳式F形

图 4-3-5　变压器铁芯的叠片方式

图 4-3-6　C 形变压器

2. 绕组

绕组是电流的载体，用于产生磁通和感应电动势，是变压器的电路部分。

（1）绕组材料。

小型变压器一般用由绝缘漆包围的铜线绕制而成；容量稍大的变压器则用扁铜线或扁铝线绕制。

（2）绕组命名。

如前所述，与电源侧连接的绕组称为一次绕组，与负载侧连接的绕组称为二次绕组；而按照绕组所接电压的高低，还可分为高压绕组和低压绕组。

（3）绕组结构。

根据绕制方式的不同，绕组可分为同芯式绕组和交叠式绕组。

1）同心式绕组。将高、低压绕组同心套在铁芯柱上，如图 4-3-7（a）所示。通常，高压绕组在外侧，低压绕组在内侧。当低压绕组通过大电流时，由于绕组引出线较粗，因此也可以将其放到外侧。同心式绕组结构简单，绕制方便，广泛应用于控制变压器、小型电源变压器中。

2）交叠式绕组。将高、低压绕组绕成多个线饼，沿铁芯轴向交叠放置，也称饼式绕组。在绕制过程中，为了便于绕线和铁芯绝缘，一般在最上层和最下层放置低压绕组，如图 4-3-7（b）所示。交叠式绕组漏抗小，机械强度好，多用于壳式、干式变压器中。

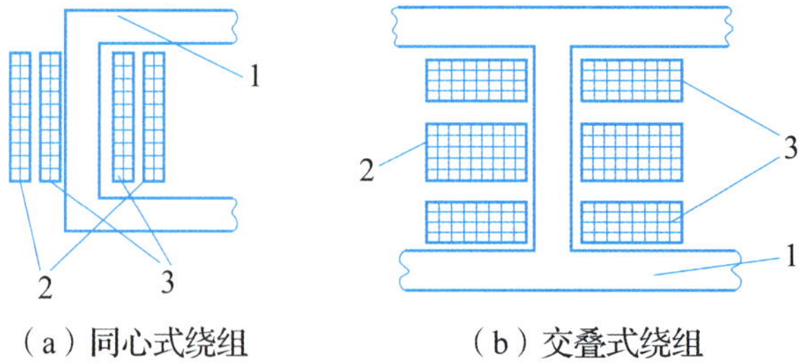

图 4-3-7　单相变压器的绕组

1—铁芯；2—高压绕组；3—低压绕组

3. 其他结构

为了改善散热条件，解决密封、安全等问题，电力变压器还设有分接开关、压力释放阀、油箱、储油柜、气体继电器等附件。

（1）分接开关。

变压器运行时，输出电压会随着输入电压和负载电流的变化而变化。为了保证输出电压在合理范围内变动，一般通过调节分接开关来改变一次或二次绕组的匝数，从而改变输出电压，如图 4-3-8（a）所示。

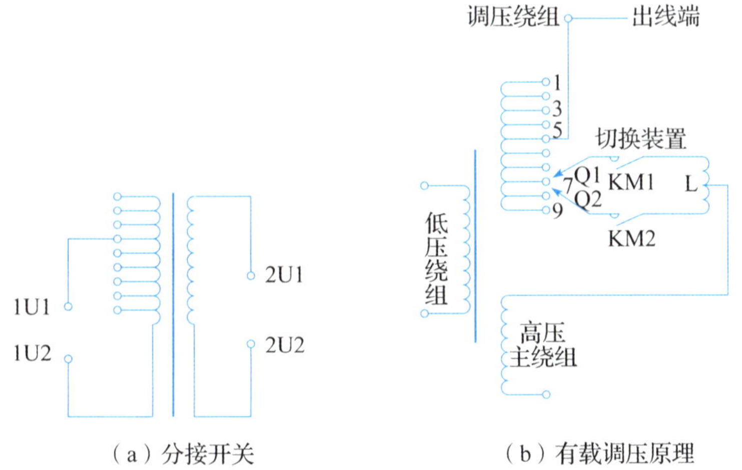

图 4-3-8　分接开关和有载调压原理

分接开关分为无励磁调压和有载调压两种。无励磁调压又称无载调压，是指在变压器一次侧脱离电源后进行调压，其调节范围一般是输出电压的±5%；有载调压是指在不停电的情况下进行调压，即在带负载的情况下进行分接头的切换，如图 4-3-8（b）所示。

为了防止可动触头在切换过程中产生电弧，从而使变压器绝缘油劣化，甚至烧毁有载分接开关，调压绕组通过并联触头 Q1、Q2 与高压主绕组串联。

在可动触头 Q1、Q2 回路接入开关 KM1、KM2 的工作触头，并放在单独的油箱里。调节分接头时，先断开开关 KM1，将可动触头 Q1 切换到另一个分接头上，然后接通 KM1。另一个可动触头 Q2 也采用同样的步骤，移到这个相邻的分接头上。切换过程中，当 Q1、Q2 分别接在相邻的两个分接头位置时，电抗器 L 会限制回路中流过的环流大小。

（2）安全气道和压力释放阀。

早期的变压器安装有安全气道（防爆管），其外形如图 4-3-9（a）所示，主要部分是一根长钢筒，上端装有一定厚度的防爆膜，下端与油箱连接。当变压器发生故障时，油流冲破防爆膜，可以防止变压器油箱爆裂。目前，压力释放阀基本取代安全气道，其外形如图 4-3-9（b）所示。压力释放阀的基本原理与安全气道相同，但它能够自动开启和自动关闭，动作精度高，延时时间短，避免了停电更换安全气道的缺点。

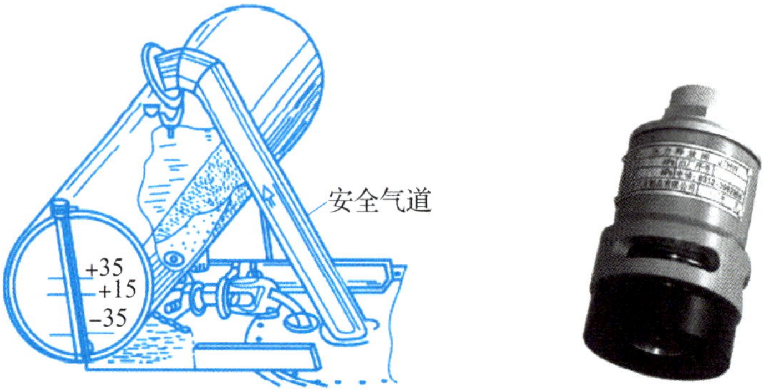

（a）安全气道　　（b）压力释放阀

图 4－3－9　安全气道和压力释放阀

（3）油箱和冷却装置。

油箱是油浸式变压器的外壳。箱内注满变压器油，以保证同在箱内的铁芯和绕组有散热和绝缘能力。同时，为了增大散热面积，减少变压器损耗，一般在油箱四周加装冷却装置。油浸式电力变压器的冷却方式有油浸自冷式、油浸风冷式、强迫油循环风冷式、强迫油循环水冷式等。冷却系统会根据变压器运行时的温度或负载大小等参数，手动或自动控制冷却装置的投入或退出，从而确保变压器安全高效运行。

（4）储油柜。

储油柜俗称油枕，位于油箱上部，通过连接管与油箱连接。当变压器油的体积随温度的升/降而膨胀/收缩时，储油柜会随之储油或补油，确保油始终充满油箱。储油柜还能减少空气与油的接触面，防止潮气侵入。很多储油柜上装有油位计，可随时监测变压器油位的变化。

（5）绝缘套管。

绝缘套管是变压器外部的主要绝缘装置，由外部的瓷套和中间的导电杆组成。它穿过油箱盖，将变压器内部的高、低压引线引出，与变压器箱体绝缘。根据电压等级不同，绝缘套管有不同的结构。在变压器中，电压低于 10kV 的，多采用纯瓷套管；电压范围为 10～35kV 的，多采用充油套管；电压高于 110kV 的，多采用电容式套管。常见绝缘套管的外形如图 4－3－10 所示。

图 4－3－10　绝缘套管

（6）气体继电器。

气体继电器装在油箱和储油柜之间，是变压器的主要保护装置。当变压器发生故障时，内部绝缘物会分解产生气体，进入继电器。若故障轻微，继电器内的气体达到一定容积后，上触头会动作，发出报警信号。若故障严重，产生的油气流会冲击下挡板，接通跳闸回路，从而断开电源。常见气体继电器的外形如图 4-3-11 所示。

图 4-3-11　气体继电器

（7）测温装置。

变压器运行的温度决定了变压器的寿命，因此检测变压器的油面温度十分重要。变压器用温度计通常有 3 种：用于远距离监测的电阻温度计、能发出温度报警信号的信号温度计、计量精确的酒精温度计。

四、变压器的型号及主要参数

1. 变压器的型号及其含义

（1）变压器的铭牌。

以电力变压器为例，其铭牌上标注了变压器的型号及各项额定数据，以便用户正确使用，如图 4-3-12 所示。

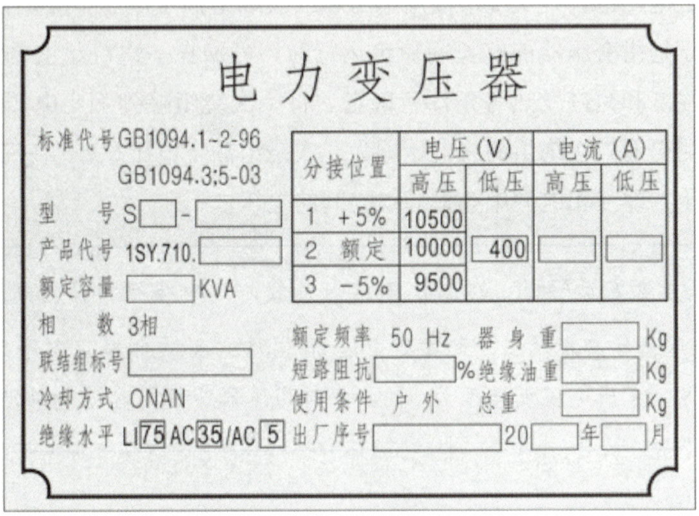

图 4-3-12　电力变压器的铭牌

（2）电力变压器的型号及含义。

型号反映了变压器的结构、额定容量、电压等级、冷却方式等。三相电力变压器的型号表示如图 4-3-13 所示。

例如，“SF11-600/10”表示三相电力变压器，风冷式，设计序号 11，额定容量 600kV·A，高压绕组电压等级 10kV。

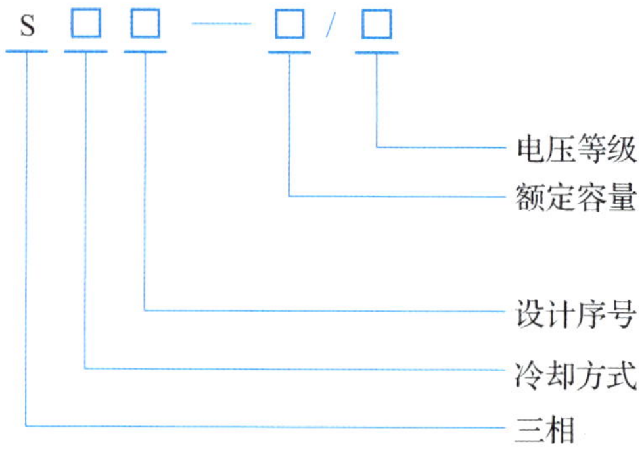

图 4-3-13　三相电力变压器的型号表示

2. 变压器的额定值

（1）额定电流。

额定电流是指变压器在正常工作情况下，绕组允许长期连续通过的最大工作电流，记作 I_{1N}、I_{2N}（I_{1N} 为一次绕组的额定电流，I_{2N} 为二次绕组的额定电流）。在三相变压器中，额定电流是指线电流，即三相电源中每根导线中通过的电流。

（2）额定电压。

变压器的额定电压包含一次绕组额定电压和二次绕组额定电压，分别记作 U_{1N} 和 U_{2N}。一次绕组额定电压是指变压器能够长期稳定运行时，可加在一次绕组上的最大电压值，它由变压器的绝缘强度和允许发热等条件所确定。将一次绕组接到额定电压的电网上，二次绕组开路，此时测得的二次绕组的线电压即为二次绕组额定电压 U_{2N}。在三相变压器中，额定电压均指线电压，即三相电源中 3 根导线之间的电压。

提示： 变压器额定运行时，在二次侧接入负载，二次绕组的输出电压 U_2 会随之减小。例如，某变压器铭牌标明二次侧额定电压为 380V，一次侧额定电压为 1000V。为保证输出值为 380V，考虑电压调整率为 5%，此时变压器实际 U_{2N} 应为 400V。

（3）额定容量。

额定容量是指变压器在额定运行情况下所能输出的视在功率，记作 S_N，单位为伏安（V·A），其大小为：

单相变压器　$S_N=U_{1N}I_{1N}=U_{2N}I_{2N}$

三相变压器　$S_N=\sqrt{3}U_{1N}I_{1N}=\sqrt{3}U_{2N}I_{2N}$

额定容量是变压器所能输出的最大功率，而非变压器实际输出的功率。

（4）温升。

温升是指在额定运行情况下，变压器发热产生的温度与环境温度之差，记作 T。温升可分为绕组温升和油面温升，其大小取决于变压器的绝缘等级。例如，油浸式变压器的绝缘材料为 A 级绝缘，国家规定其绕组温升为 65℃，油面温升为 55℃。当环境温度为 40℃时，油浸式变压器的绕组温度不可超过 105℃，油面温度不可超过 95℃。

（5）额定频率。

额定频率的符号为 f_N。我国规定工业用交流电额定频率为 50Hz。

（6）阻抗电压。

阻抗电压也称短路电压，记作 U_K。它是将变压器的二次绕组短接，在一次绕组加电压使二次绕组中的电流达到额定值，然后用一次侧电压 U_1 与额定电压 U_{1N} 的比值百分数表示阻抗电压。阻抗电压反映了变压器内阻抗的大小。

练习与提高

班级：________________　　姓名：________________

实训一

一、填空题

1.（　　）保护是指线路或设备发生短路时，迅速切断电源。

2.（　　）保护是指当线路或设备的载荷超过允许范围时，能延时切断电源。

3.（　　）或（　　）保护是指当电源电压消失或低于某一限度时，能自动断开线路。

4. 电气设备外壳防护，第一种防护等级分为（　　）级。

5. 电气设备外壳防护，第二种防护等级分为（　　）级。

6. 熔断器在电路中主要起短路保护作用，用于保护线路。熔断器的熔体（　　）接于被保护的电路中，熔断器以其自身产生的（　　）使熔体熔断，从而自动切断电路，实现短路保护及过载保护。

7. 热继电器主要用于电气设备，作为电动机的（　　）保护。是一种利用电流（　　）原理工作的电器，主要与（　　）配合使用，对三相异步电动机进行过负荷和断相保护。

8. 刀开关是手动开关，适用于不频繁启动的设备。用刀开关操作异步电动机时，开关额定电流应大于或等于电动机额定电流的（　　）倍。

9. 交流接触器主要用于控制电动机、电热设备、电焊机、电容器组等，能（　　）地接通或断开交直流主电路，实现远距离自动控制。它具有低电压释放保护功能，在电力拖动自动控制线路中被广泛应用。

10. 过载一般是指（　　）倍额定电流以下的过电流，短路则是指（　　）倍额定电流以上的过电流。

二、简答题

1. 在电动机控制电路中，能否用热继电器进行短路保护？为什么？

2. 短路的原因是什么？有什么危害？生产中能否利用短路？

3. 低压电器常用的灭弧方法有哪些？灭弧装置有哪几种？在什么场合使用？

4. 造成触头过热的原因有哪几个方面？

5. 造成触头电流过大的原因有哪几个方面？

6. 熔断器主要由哪几部分组成？主要作用是什么？

实训二

一、填空题

1. 三相异步电动机是根据（　　）原理，把（　　）转换成机械能并输出机械转矩的原动机。

2. 三相异步电动机可分为（　　）和（　　）两大类。

3. 三相异步电动机由（　　）和（　　）两大部分组成。

4. 三相异步电动机的定子由（　　）、（　　）和（　　）组成。

二、选择题

1. 三相异步电动机的额定转速（　　）。

A. 大于同步转速　　B. 小于同步转速

C. 等于同步转速　　D. 小于转差率

2. 6 极三相异步电动机的同步转速为（　　）r/min。

A. 3000　　B. 1500

C. 1000　　D. 750

3. 三相异步电动机的额定电压指的是（　　）。

A. 相电压　　B. 线电压

C. 由绕组的接法确定

4. 十分潮湿的场所应采用（　　）电动机。

A. 封闭式　　B. 开启式

C. 防爆式　　D. 防护式

5. 要改变三相异步电动机的旋转磁场方向，只需要改变（　　）。

A. 电源电压　　B. 电源相序

C. 电源电流　　D. 负载大小

6. 三相异步电动机的额定功率是指（　　）。

A. 输入的视在功率　　B. 输入的有功功率

C. 产生的电磁功率　　D. 输出的机械功率

7. 在三相异步电动机的定子上布置结构完全相同、空间位置互差 120°电角度的三相绕组，分别通入（　　），在定子与转子的空气间隙将会产生旋转磁场。

A. 直流电　　B. 交流电

C. 脉动直流电　　D. 三相对称交流电

8. 在三相异步电动机中，转子的旋转方向与定子的旋转磁场方向（　　）。

A. 相反　　　　B. 相同　　　　C. 视电流方向而定

9. 三相异步电动机采用星形联结时，接线盒内的接线方式为（　　）。

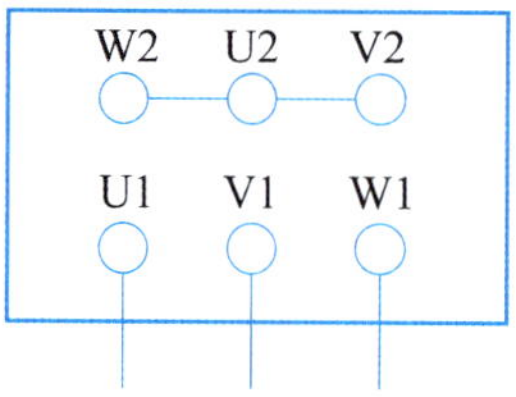

A

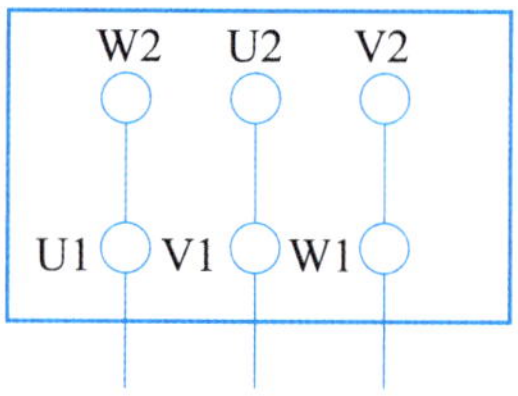

B

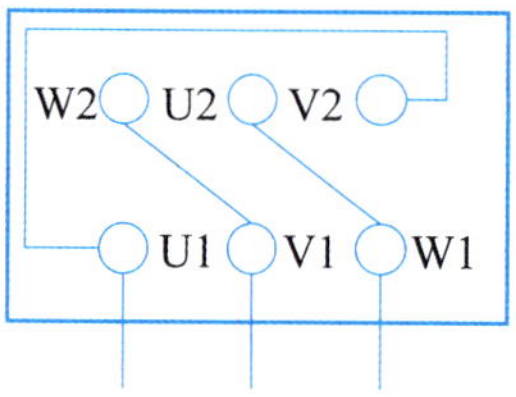

C

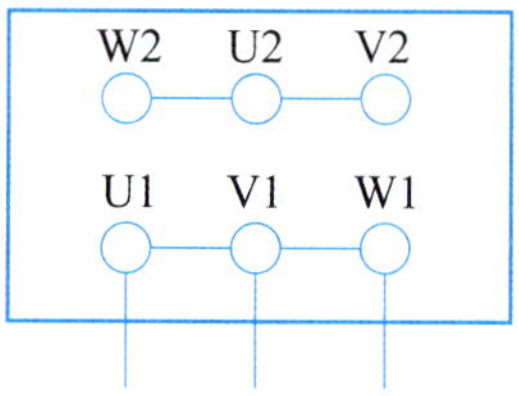

D

10. 三相异步电动机采用三角形联结时，接线盒内的接线方式为（　　）。

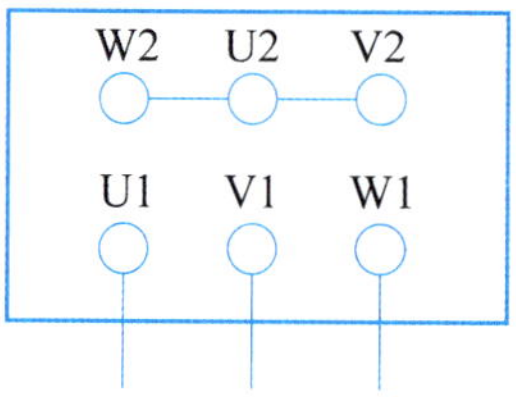

A

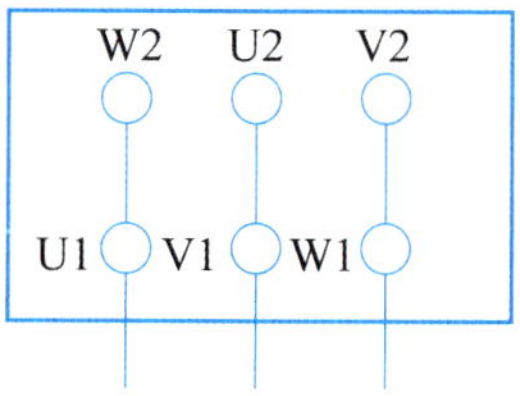

B

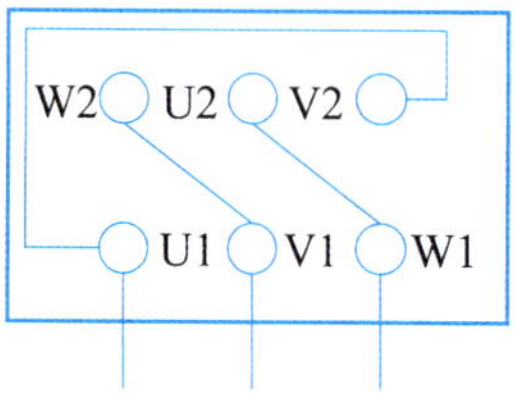

C

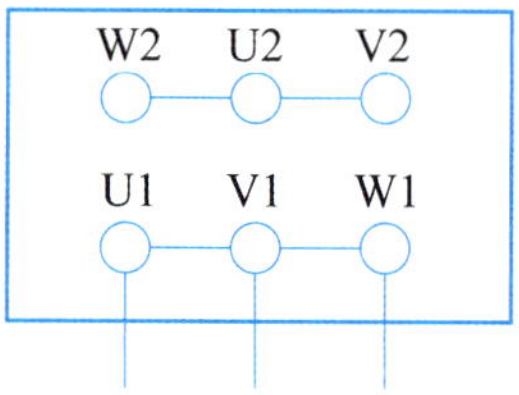

D

三、判断题

（　　）1. 要使三相异步电动机反转，只要改变定子绕组任意两相绕组的相序即可。

（　　）2. 三相异步电动机的转子转速不可能大于其同步转速。

（　　）3. 三相异步电动机的额定功率是指输出的机械功率。

四、简答题

1. 三相异步电动机产生旋转磁场的条件是什么？

2. 三相异步电动机的转子转向由什么决定？怎样改变其转向？

3. 缺相或断线运行，会对电动机产生什么影响？

实训三

一、填空题

1. 变压器是一种能变换（　　）电压，而（　　）不变的静止电气设备。

2. 变压器一、二次绕组的电动势 e_1、e_2 与绕组匝数 N_1、N_2 的关系式为（　　）。

3. 无论一次侧或二次侧，三相变压器的额定电压均指其（　　）。

4. 变压器的绕组常用绝缘铜线或铜箔绕制而成。接电源的绕组称为（　　），接负载的绕组称为（　　）；也可按绕组所接电压高低分为（　　）和（　　）。

5. 气体继电器装在（　　）与（　　）之间的管道中，当变压器发生故障时，气体继电器就会因过热而使油分解产生气体。

6. 变压器的铁芯常用（　　）叠装而成，根据线圈位置不同，可分为（　　）和（　　）两大类。

二、简答题

1. 什么是变压器？变压器的基本工作原理是什么？

2. 变压器按用途可分为哪几类？按冷却方式可分为哪几类？

3. 变压器主要由哪两部分组成？各部分有何作用？

4. 变压器的铁芯材料为什么用硅钢片？

评价表

1. 教师评价

项目	配分	扣分标准	教师评价
学习态度	10 分	（1）玩手机，每次扣 10 分； （2）上课睡觉，每次扣 10 分； （3）不遵守实训规章制度，扣 10 分	
提问	10 分	不能正确回答教师提问，扣 10 分	
出勤	10 分	（1）旷课，扣 10 分； （2）事假，扣 4 分	
作业	30 分	按评分标准扣分	
单元测验	40 分	按评分标准扣分	
总分			
班级：		组别：	姓名：

2. 小组互评

组别：		姓名：			
序号	考核标准	配分	得分	得分	得分
1	喜欢合作学习，积极参加小组活动	10			
2	敢于发表自己的见解，并尊重同学的意见	10			
3	积极帮助小组其他成员，友好相处	10			
4	学习目的明确，组织有序	10			
5	协作推动小组的工作	10			
6	表现积极，主动完成各项学习任务	10			
7	会通过网络检索资料，并做好摘录	10			
8	口头表达准确流畅，图表表达简单明了	10			
9	具有自我学习的能力	10			
10	具有自我认知和自我评估的能力	10			
总分					

模块五 照明设备的认识与安装

知识点

- 照明的方式与种类。

技能点

- 照明装置的接线与安装。
- 照明电路故障的检修。

安全要点

- 严格按照明装置的接线与安装要求操作，保证用电安全。

素养提升

- 在学习的过程中注重对比和分析，掌握科学的世界观和方法论。

一、照明的方式与种类

1. 照明的方式

（1）一般照明。

一般照明是指在整个场所或场所的某部分照度基本相同的照明。对于工作位置密度很大而对光照方向又无特殊要求，或工艺上不适宜装设局部照明的场所，宜单独使用一般照明。它的优点是在工作表面和整个视线范围内，具有较佳的亮度对比；可采用较大功率的灯泡，因而光效较高；照明装置数量少，投资费用较低。

（2）局部照明。

局部照明是指局限于工作部位的固定的或移动的照明，当局部需要高照度并对照射方向有要求时宜采用局部照明。

（3）混合照明。

混合照明是指一般照明与局部照明共同组成的照明。工作部位需要较高照度并对照射方向有特殊要求的场所，宜采用混合照明。混合照明的优点是可以在工作平面、垂直表面和倾斜表面上，甚至工件的内部获得高照度，易于改善光色，减少装置功率，节约运行费用。

2. 照明的种类

（1）工作照明。

工作照明是指照明场所在正常工作时所需的照度适合视力条件的照明。

（2）事故照明。

事故照明是指当工作照明由于电气事故熄灭后，为了继续工作或从房间内疏散人员而设置的照明。

由于工作中断或误操作可能引起爆炸、火灾、人身伤亡等严重事故或导致生产秩序混乱，因此相关场所必须设有事故照明，如大型的总降压变电所，且照度不应小于场所规定照度的10%。

二、照明光源的接线与安装

1. 普通灯泡额定电压的选择

电灯额定电压的选择，主要应从人身安全的角度出发。在触电机会较多、危险性较大的场所，局部照明和手提照明（如机床照明）应采用额定电压36V以下的安全灯，并应配用行灯变压器降压。对于安装高度符合规定（一般情况下，灯头距地面不低于2m；特殊情况下不低于1.5m），触电机会较少，触电危险性较小的场所，一般采用额定电压为220V的普通照明灯，这样不需要配置降压变压器，投资小，安装方便。

2. 照明灯具的接线与安装

白炽灯的构造如图5-1所示。

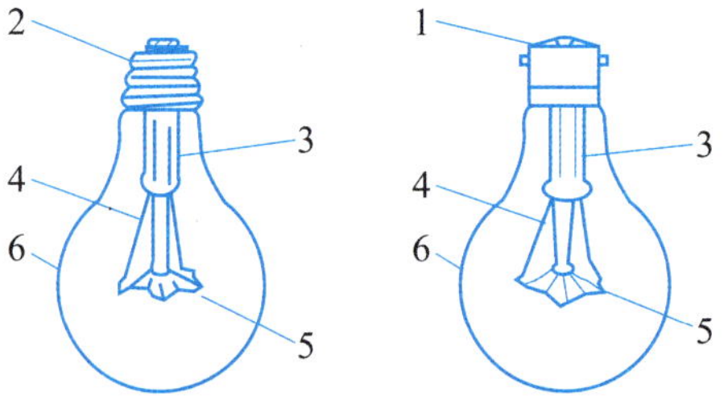

（a）螺口式　　（b）插口式

图5-1　白炽灯的构造

1—插口灯头；2—螺口灯头；3—玻璃支架；4—引线；5—灯丝；6—玻璃壳

（1）白炽灯的接线与安装。

1）白炽灯照明的基本电路。

①一只单联开关控制一盏灯，电路如图 5－2 所示。

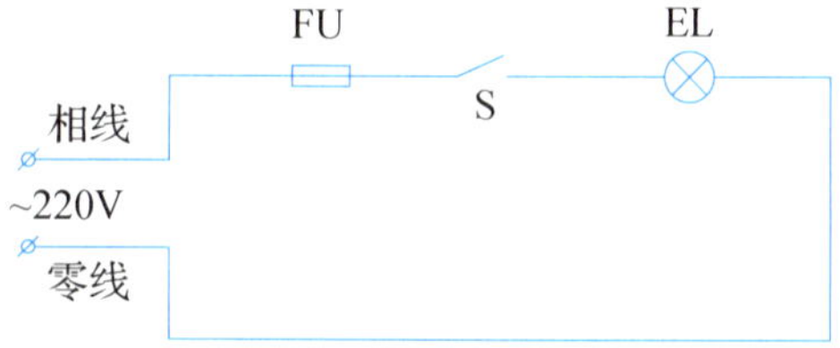

开关 S 应安装在相线上，开关和灯头的功率不能小于所装灯泡的额定功率。对于螺口灯头，灯头中心应接相线。

图 5－2　白炽灯照明的基本电路（一）

②一只单联开关控制一盏灯并连接一只插座，电路如图 5－3 所示。

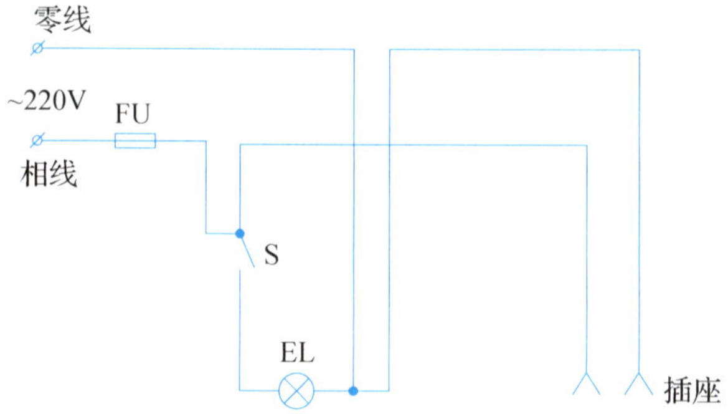

采用该方法时，外部连线可做到无接头。插座所连接的用电器的功率应小于插座的额定功率，连接插座的电线所能通过的正常额定电流，应大于用电器的最大工作电流。

图 5－3　白炽灯照明的基本电路（二）

③一只单联开关控制三盏灯（或多盏灯），电路如图 5－4 所示。

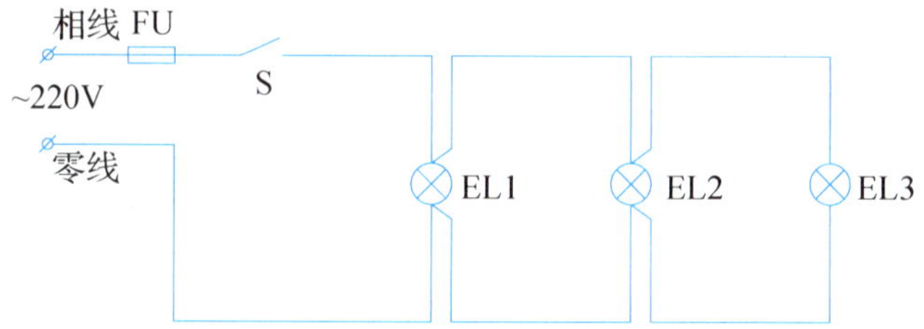

注意所连接的所有灯泡的总电流，应小于开关允许通过的额定电流。

图 5－4　白炽灯照明的基本电路（三）

④两只单联开关控制两盏灯，电路如图 5－5 所示。

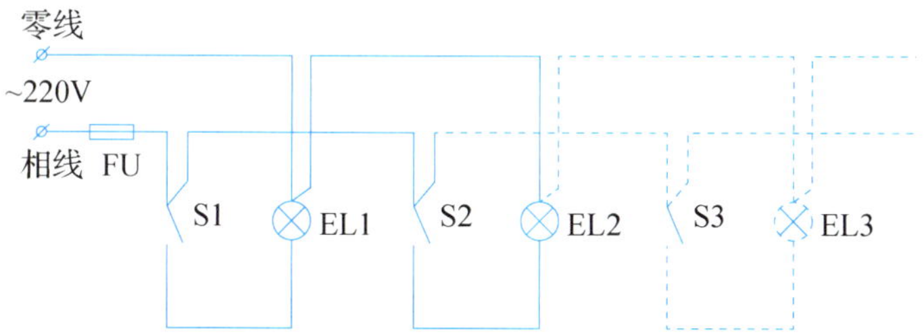

多只单联开关控制多盏灯时，可按图示虚线部分接线。

图 5－5　白炽灯照明的基本电路（四）

⑤两只双联开关在两个地方控制一盏灯，电路如图 5－6 所示。

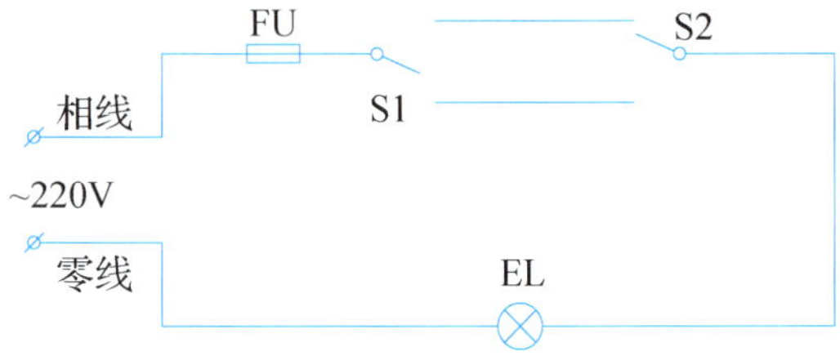

例如楼梯、走廊中的灯，可在两个地方控制。安装时，需要使用两只双联开关。

图 5－6　白炽灯照明的基本电路（五）

⑥三只开关控制一盏灯，电路如图 5－7 所示。

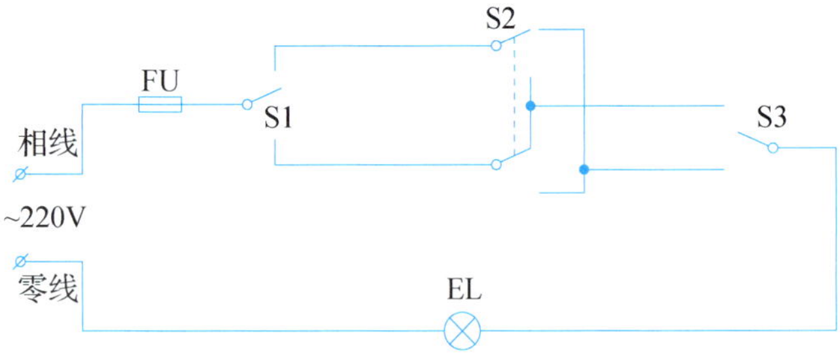

开关 S1 和 S3 采用单刀双掷开关，S2 用双刀双掷开关。S1、S2、S3 开关中的任何一个都可以独立控制电路通断。

图 5－7　白炽灯照明的基本电路（六）

⑦五层楼的走廊照明灯开关控制电路如图 5－8 所示。

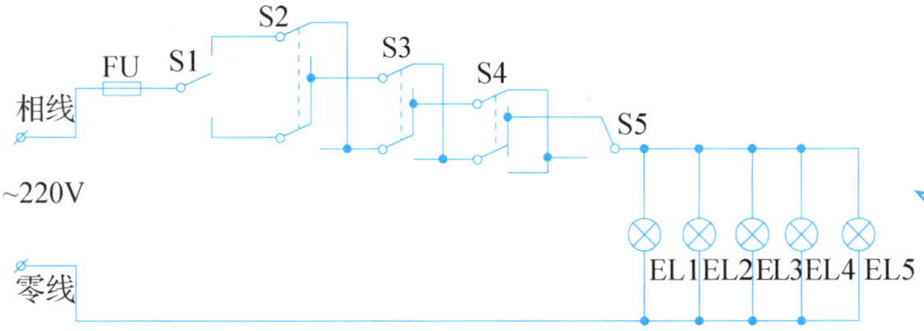

可方便地控制全楼走廊的照明灯。例如上楼时开灯，到五楼再关灯，或从某一层楼下楼时开灯，到一楼再关灯。

图 5－8　白炽灯照明的基本电路（七）

⑧两只 110V 灯泡接在 220V 电源上，电路如图 5－9 所示。

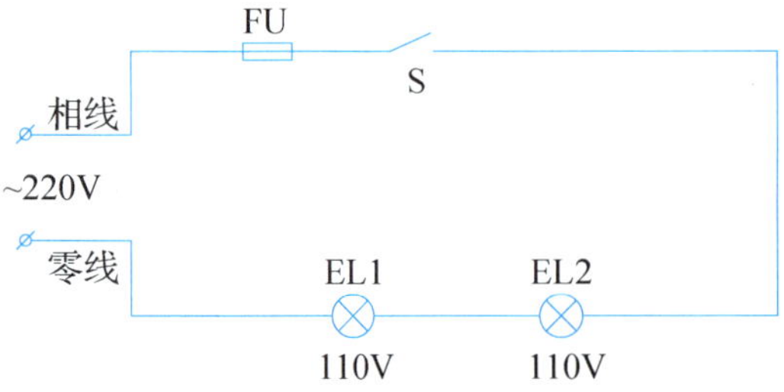

两只 110V 的灯泡的功率必须相等，否则功率较小的灯泡极易被烧坏。

图 5－9　白炽灯照明的基本电路（八）

2）白炽灯的常见安装方式如图 5－10 至图 5－12 所示。

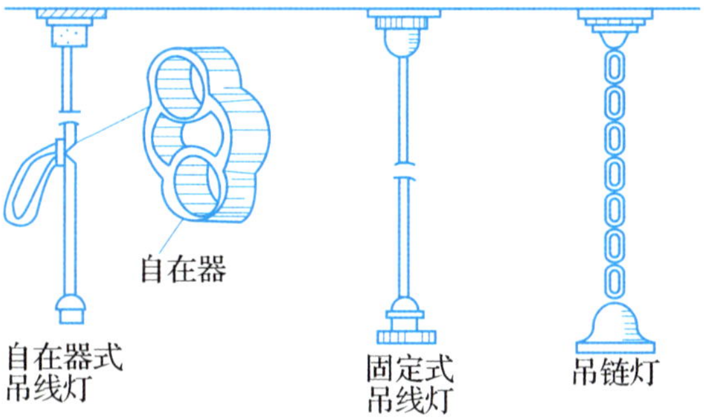

图 5－10　悬吊式

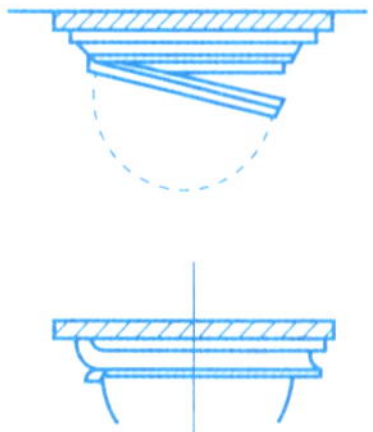

图 5－11　嵌顶式

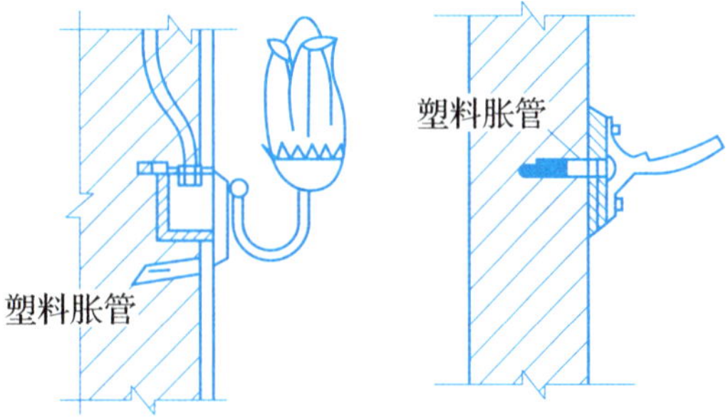

图 5－12　壁式

3）悬吊式灯的安装。

①普通式圆木的安装步骤如图 5－13 所示。

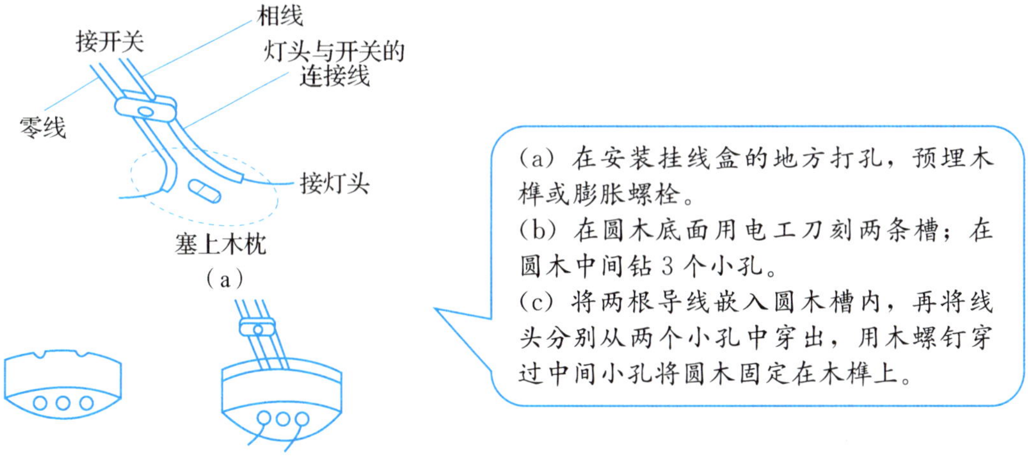

图 5－13　普通式圆木的安装步骤

②挂线盒的安装步骤如图 5－14 所示。

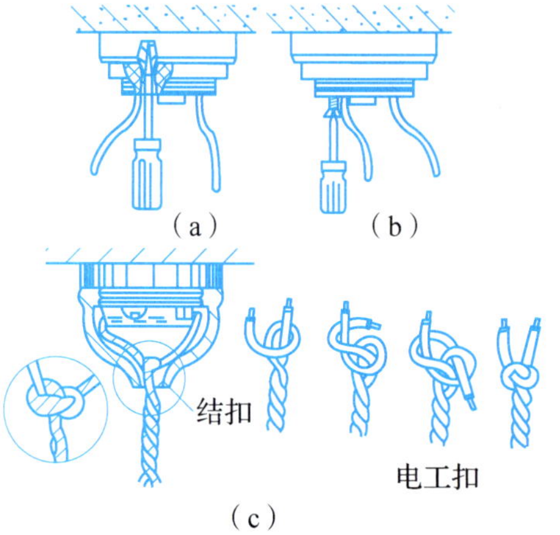

(a) 将导线由挂线盒的引线孔穿出。确定挂线盒在圆木上的位置后，用螺钉将其紧固在圆木上。
(b) 拧紧螺钉，将导线接在挂线盒的接线桩上。
(c) 按灯具的安装高度要求，取一段铜芯软线作挂线盒与灯头的连接线，上端接挂线盒内的接线桩，下端接灯头接线桩。为了不使接头处承受灯具重力，吊灯导线穿入挂线盒后，在离接线端头 50mm 处打一个结（电工扣）。

图 5－14　挂线盒的安装步骤

③灯头的安装。

吊灯头的安装步骤如图 5－15 所示。

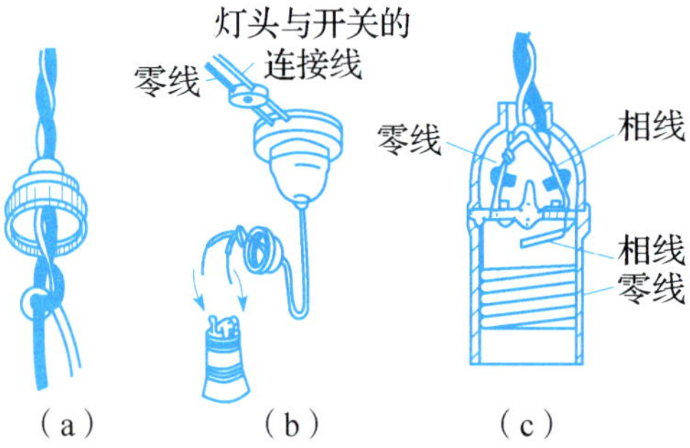

(a) 把螺口灯头的胶木盖卸下，将软吊灯线下端穿过灯头盖孔，在距导线下端约 30mm 处打一个电工扣。
(b) 把去除绝缘层的两根导线下端芯线分别压接在两个灯头接线端子上。
(c) 旋上灯头盖。如果是螺口灯头，相线应接在与中心铜片相连的接线桩上，零线应接在与螺口相连的接线桩上。

图 5－15　吊灯头的安装步骤

平灯头的安装步骤如图 5－16 所示。

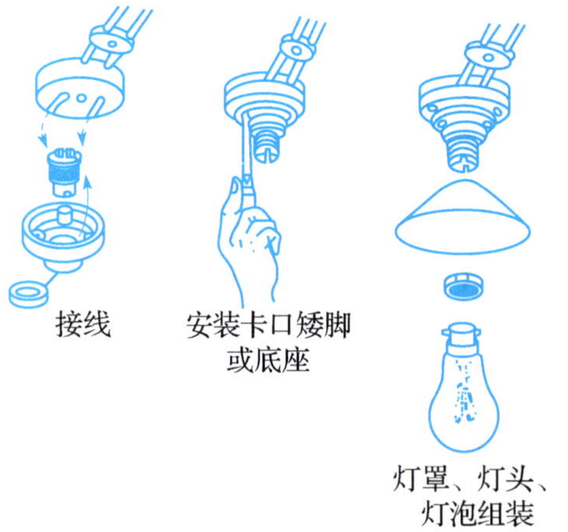

平灯座在圆木上的安装与挂线盒在圆木上的安装方法大致相同，不同的是平灯头的安装不需用软吊线，而是将穿出的导线直接与平灯座两接线桩相接。

图 5－16　平灯头的安装步骤

（2）荧光灯的接线与安装。

直管式荧光灯管的结构如图 5－17 所示。

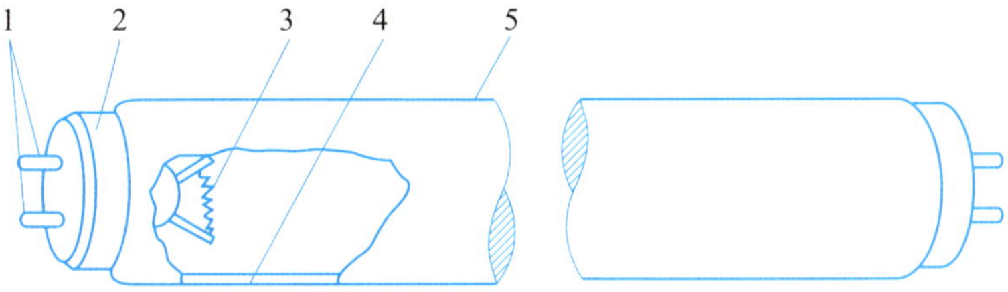

图 5－17　直管式荧光灯管的结构

1—灯脚；2—灯头；3—灯丝；4—荧光粉；5—玻璃管

1）荧光灯常见线路的接法如图 5－18 至图 5－24 所示。

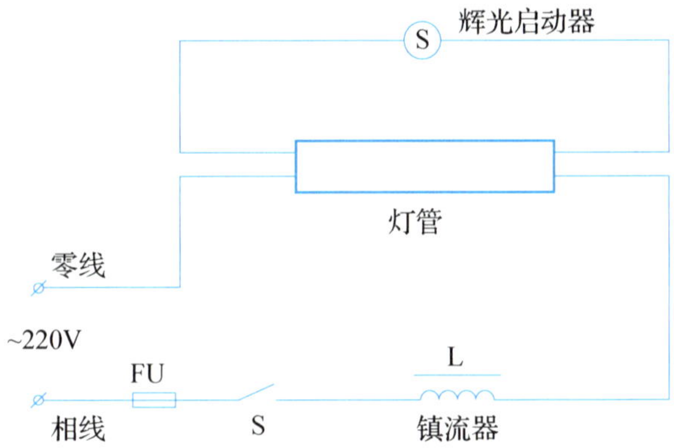

图 5－18　一般接法

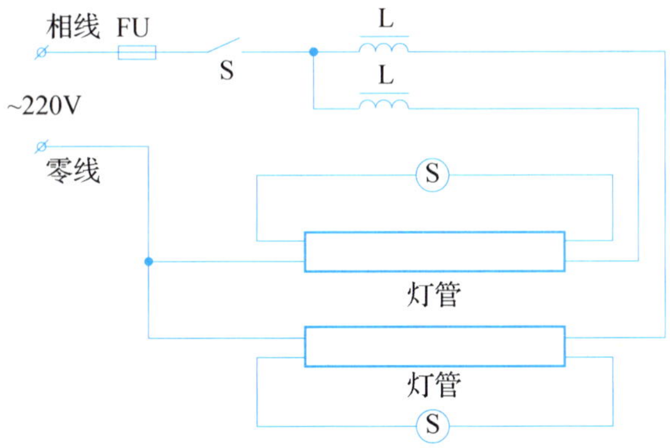

图 5－19　双荧光灯的接法

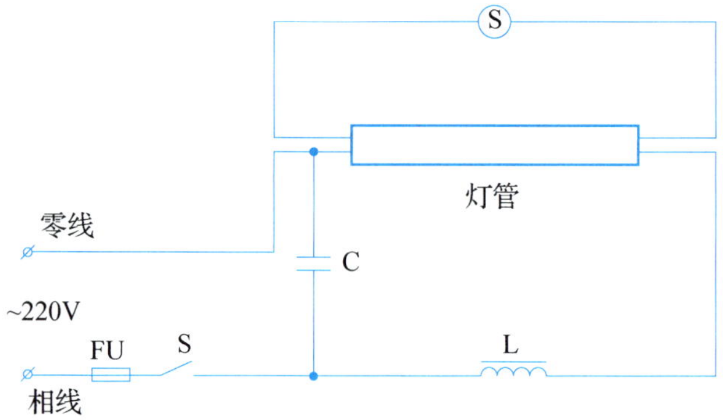

图 5-20　具有无功功率补偿的接法

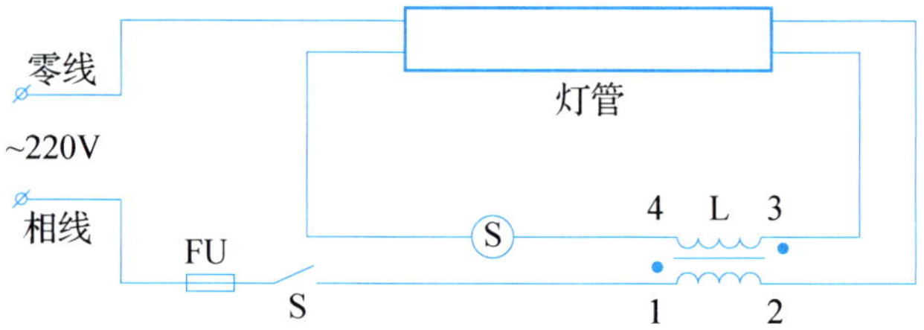

图 5-21　四线镇流器的接法

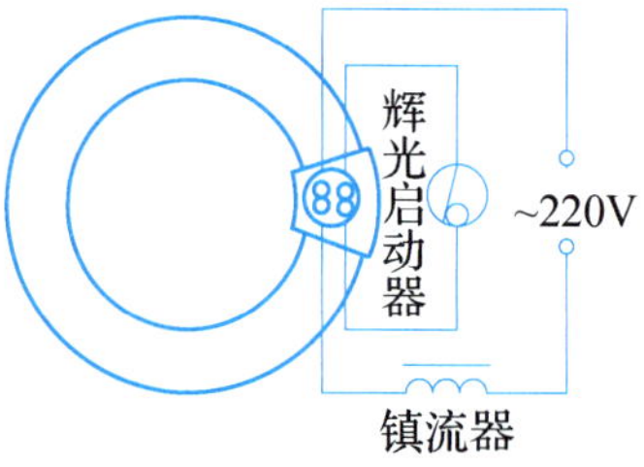

图 5-22　环形荧光灯的接法

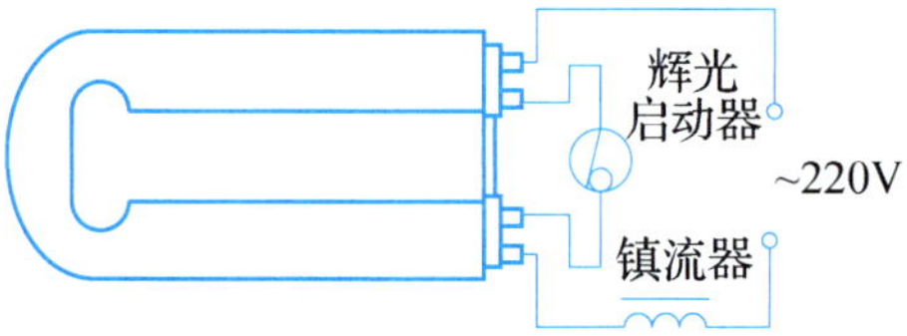

图 5-23　U 形荧光灯的接法

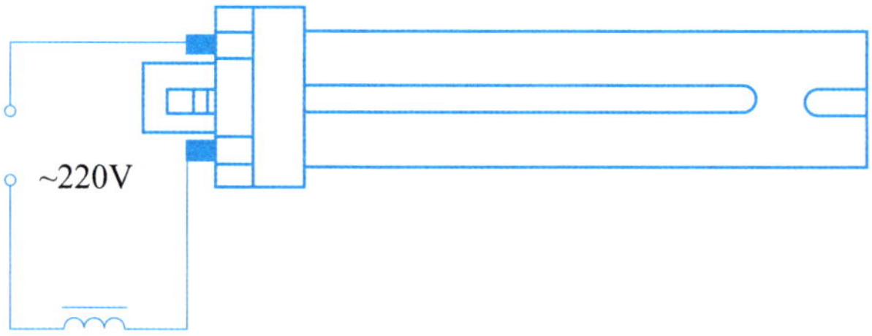

图 5-24　H 形荧光灯的接法

2）荧光灯的安装步骤如图 5－25 至图 5－28 所示。

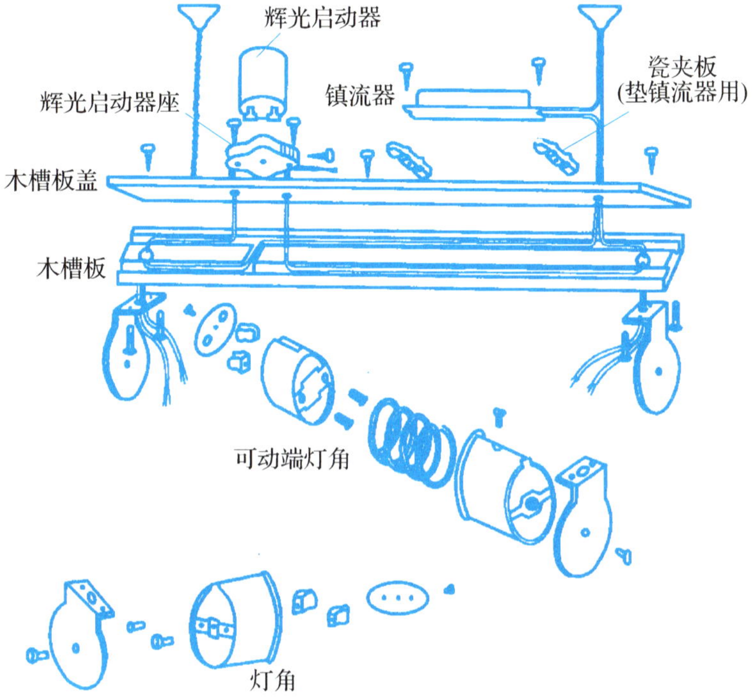

图 5－25　准备、组装、固定灯架

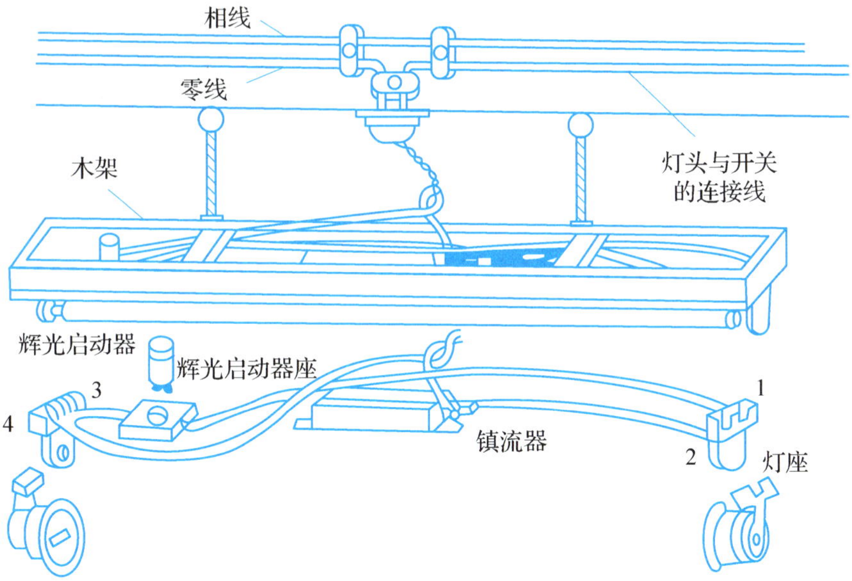

图 5－26　接线

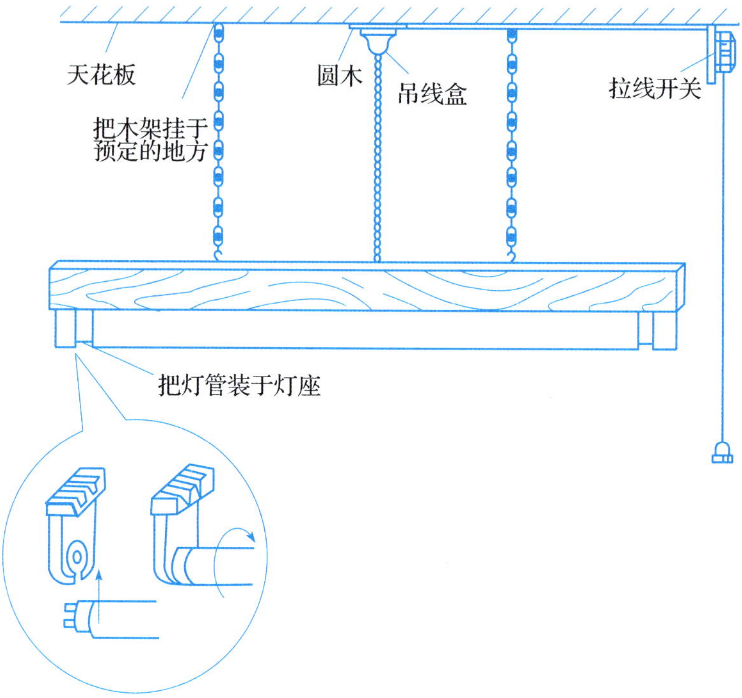

图 5 - 27　安装灯管

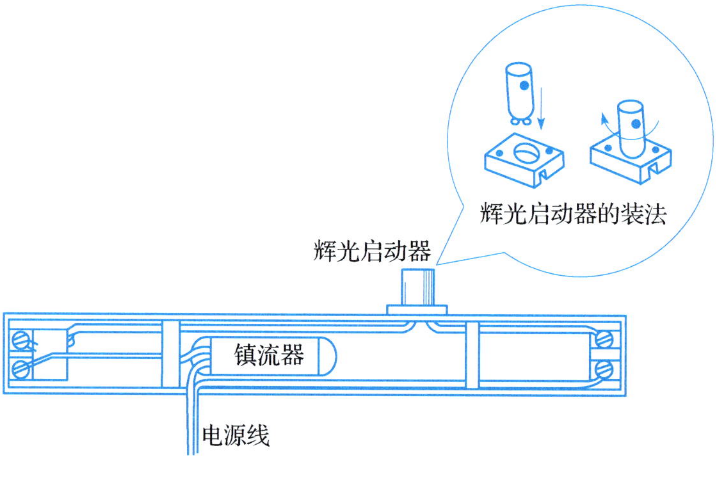

图 5 - 28　安装辉光启动器

三、开关、插座、插头的安装与接线

常用明装插座的外形如图 5 - 29 所示。

（a）单相二孔插座　（b）单相三孔插座　（c）三相四孔插座

图 5－29　常用明装插座

常用暗装插座的外形如图 5－30 所示。

（a）二孔插座　（b）三孔插座　（c）双联插座

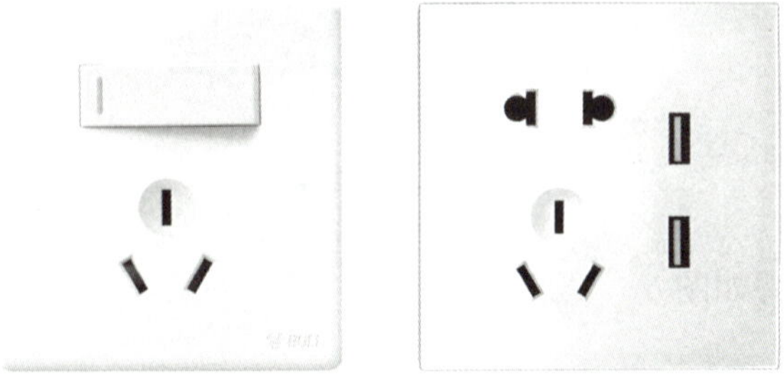

（d）带开关的插座　（e）带USB接口的插座

图 5－30　常用暗装插座

老式明装开关如图 5－31 所示。

（a）拉线式　（b）扳把式

图 5－31　老式明装开关

暗装式开关的外形如图 5 - 32 所示。

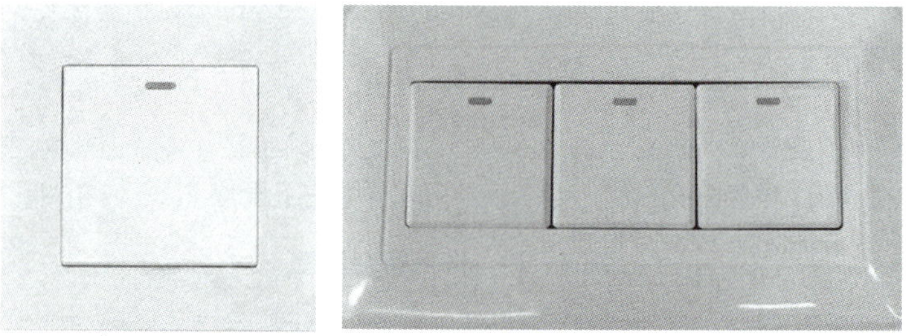

（a）跷板式

（b）扳把式

图 5 - 32　暗装开关

拉线开关的安装步骤如图 5 - 33 所示。

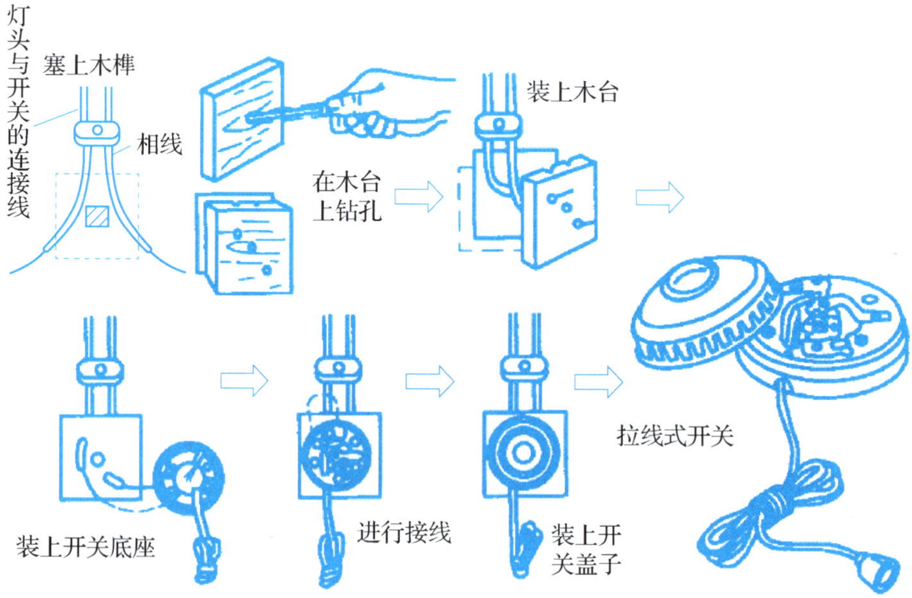

图 5 - 33　拉线开关的安装步骤

暗装扳把式开关的安装方式如图 5 - 34 所示。

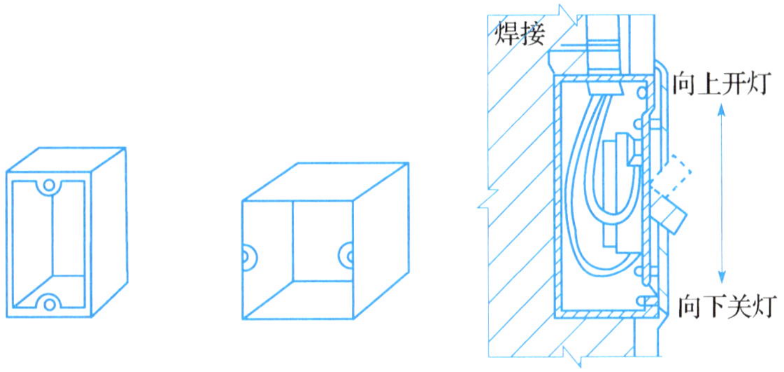

（a）单联铁皮盒　（b）双联铁皮盒　（c）控制方式

图 5 - 34　暗装扳把式开关的安装方式

暗装跷板式开关的安装方式如图 5 - 35 所示。

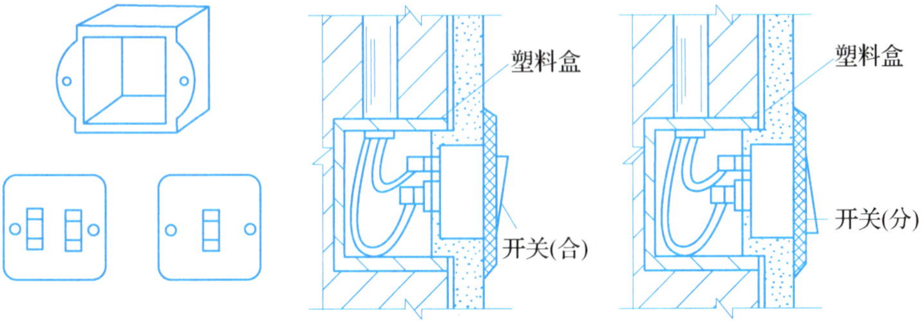

（a）跷板式塑料开关盒　（b）开关处在合闸位置　（c）开关处在断开位置

图 5 - 35　暗装跷板式开关的安装方式

双联开关两地控制一盏灯的安装方式如图 5 - 36 所示。

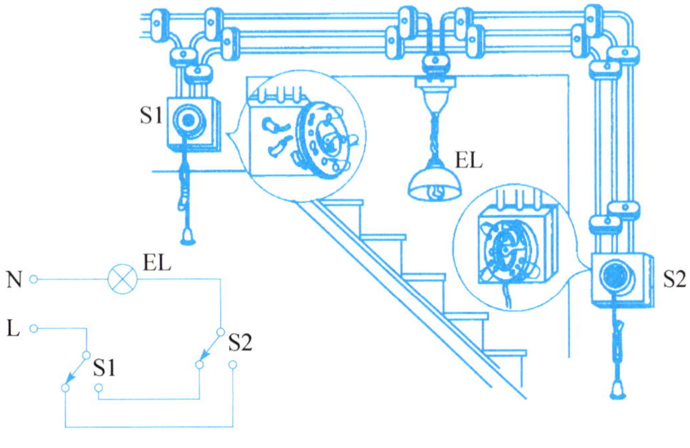

图 5 - 36　双联开关两地控制一盏灯

插座插孔的极性连接如图 5－37 所示。

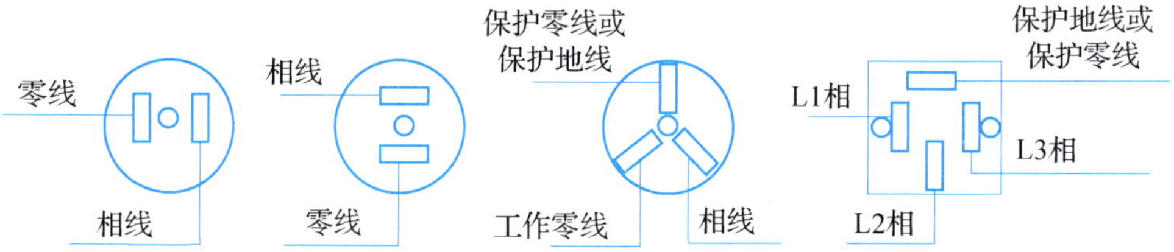

图 5－37　插座插孔的极性连接

单相三孔插座的接线方式如图 5－38 所示。

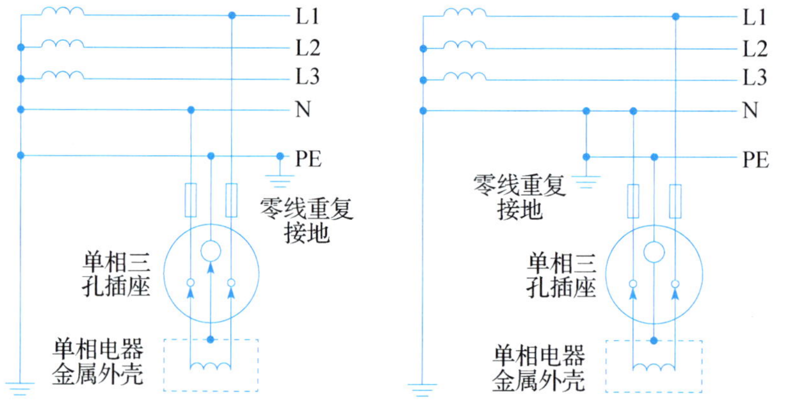

（a）单相三孔插座在TN-S系统中的接线方式　（b）单相三孔插座在TN-C-S系统中的接线方式

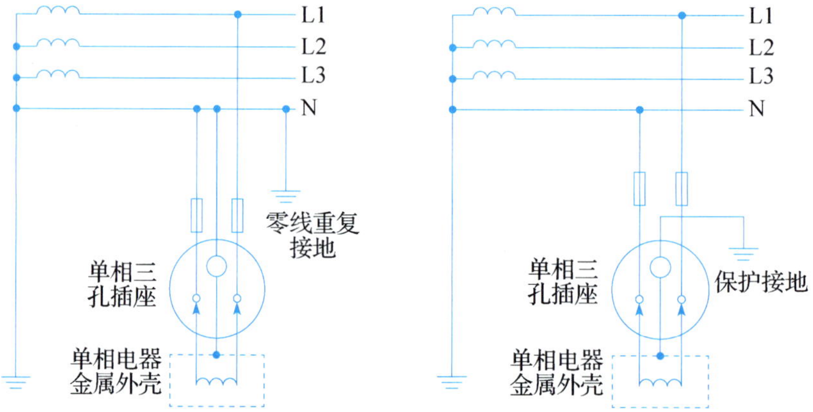

（c）单相三孔插座在TN-C系统中的接线方式（保护接零）　（d）单相三孔插座在TN-C系统中的接线方式（保护接地）

图 5－38　单相三孔插座的接线

双孔插座的明装步骤如图 5 - 39 所示。

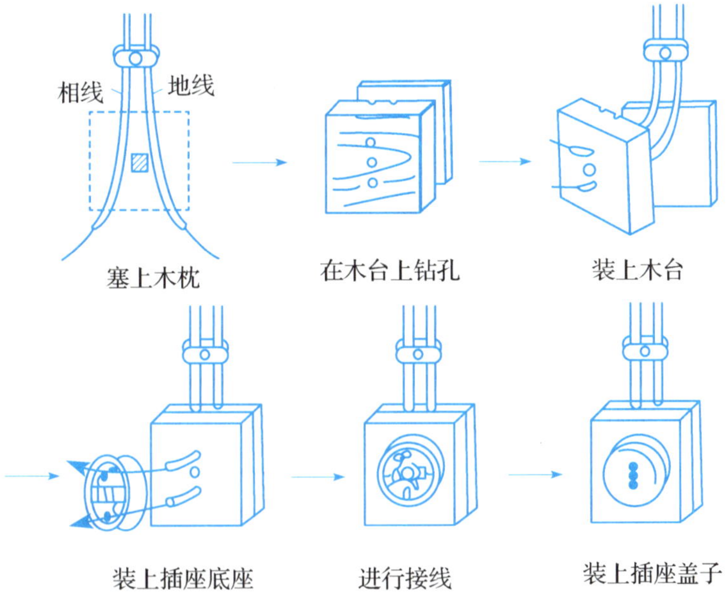

图 5 - 39　双孔插座的明装步骤

三孔插座的暗装如图 5 - 40 所示。

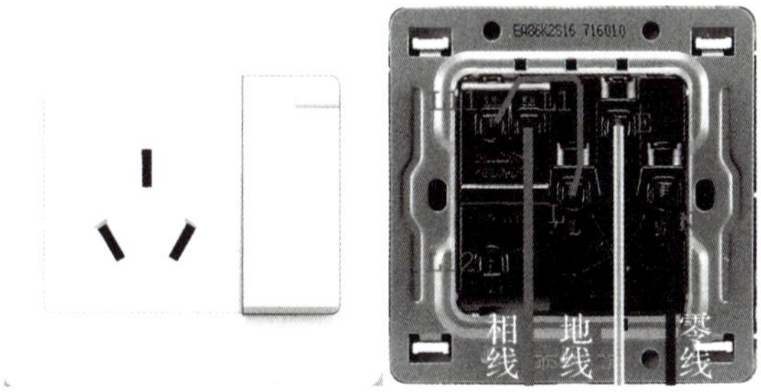

（a）内部接线

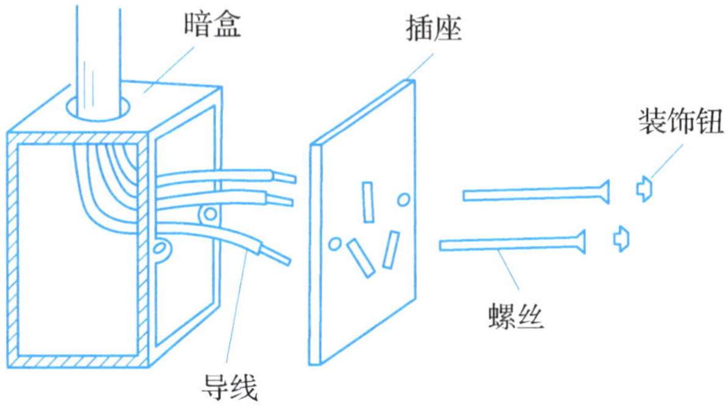

（b）安装

图 5 - 40　三孔插座的暗装

二脚插头的安装如图 5-41 所示。

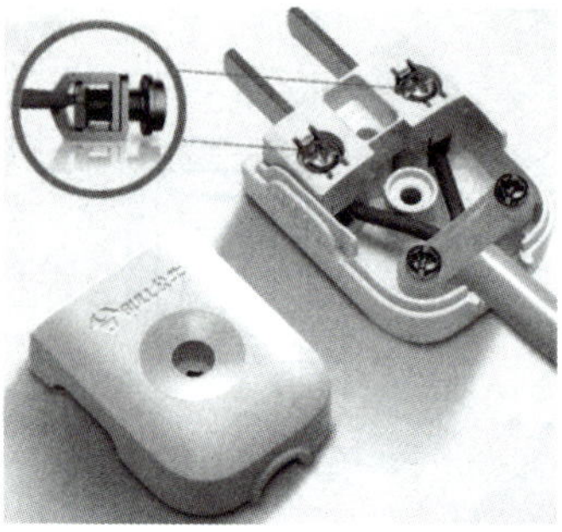

图 5-41　二脚插头的安装

三脚插头的安装如图 5-42 所示。

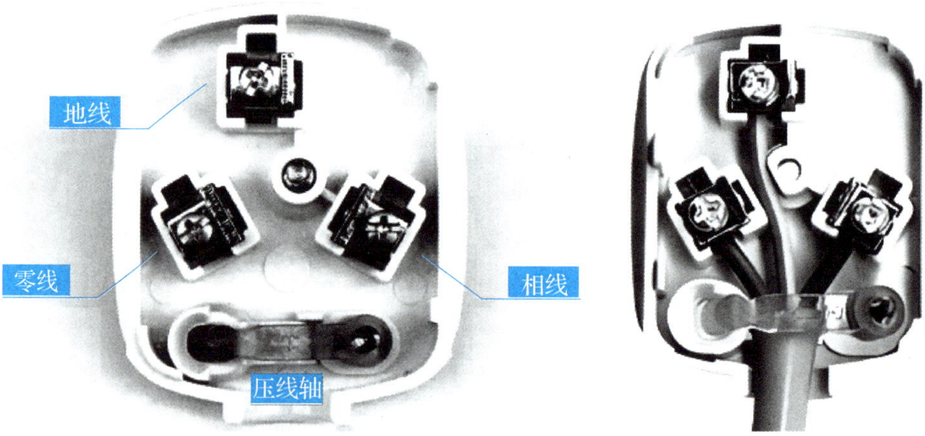

图 5-42　三脚插头的安装

1. 照明开关的安装要求

(1) 扳把开关距地面高度一般为 1.2～1.4m，距门框为 150～200mm。

(2) 拉线开关距地面一般为 2.2～2.8m，距门框为 150～200mm。

(3) 多尘潮湿场所和户外应用防水瓷质拉线开关或加装保护箱。

(4) 在易燃、易爆和特别场所，开关应采用防爆型、密闭型的，或安装在其他处所控制。

(5) 暗装的开关及插座应在开关盒内安装牢固，开关盒应有完整的盖板。

(6) 密闭式开关，保险丝不得外露，开关应串接在相线上，距地面的高度为 1.4m。

(7) 仓库的电源开关应安装在库外，以保证库内不工作时不充电。单极开关应装在相线上，不得装在零线上。

(8) 当电器的容量为 0.5kW 以下的电感性负荷（如电动机）或 2kW 以下的电阻性负

荷（如白炽灯）时，允许用插销代替开关。

2. 照明开关的选型

照明开关种类很多。选择时应从实用性、质量、美观度、价格等方面考虑。常用的开关有拉线开关、扳把开关、跷板开关、钮子开关、防雨开关等，还有节能型开关，如触摸延时开关、声光控延时开关等。

3. 插座的安装要求

（1）不同电压的插座应有明显的区别，不能互用。

（2）凡为携带式或移动式电器用的插座，单相应用三眼插座，三相应用四眼插座，其接地孔应与接地线或零线接牢。

（3）明装插座距地面不应低于 1.8m，暗装插座距地面不应低于 30cm，儿童活动场所的插座应采用安全插座，或高度不低于 1.8m。

4. 插座的选择

插座有单相二孔、单相三孔和三相四孔之分。民用建筑常用的插座容量有 10A、16A。选用插座时要注意其额定电流值应与通过的电器和线路的电流值相匹配，如果过载，极易引发事故。

5. 灯具的安装要求

（1）白炽灯、荧光灯等电灯的吊线应采用截面积不小于 0.75mm^2 的绝缘软线。

（2）照明每一回路的配线容量不得大于 2kW。

（3）对于螺口灯头，安装后，灯泡的金属螺口不应外露，且应接在零线上。

（4）照明 220V 灯具的高度应符合下列要求：

1）潮湿、危险场所及户外不低于 2.5m。

2）生产车间、办公室、商店、住房等一般不应低于 2m。

3）低于上述高度且无安全措施的车间照明灯具、行灯，以及机床局部照明灯应使用 36V 以下的安全电压。

4）露天照明装置应采用防水材质；高度低于 2m 应加防护措施，以防意外触电。

（5）碘钨灯、太阳灯等特殊照明设备，应单独分路供电，且不得装设在有易燃、易爆物品的场所。

（6）在有易燃、易爆、潮湿气体的场所，照明设施应采用防爆式、防潮式装置。

四、照明电路故障的检修

照明电路的常见故障主要有断路、短路和漏电。

1. 断路

造成断路的主要原因是熔丝熔断、线头松脱、断线、开关没有接通、铝线接头腐蚀等。

2. 短路

造成短路的原因大致有以下几种：

（1）用电器具接线不当，以致接头碰在一起。

（2）灯座或开关进水，螺口灯头内部松动或灯座顶芯歪斜。

（3）导线绝缘外皮损坏或老化，且零线和相线的绝缘处碰线。

3. 漏电

相线绝缘损坏而接地，用电设备内部绝缘损坏使外壳带电等情况，均会造成漏电。漏电不但会导致电力浪费，还可能导致人身触电伤亡事故。

漏电保护装置一般采用漏电开关。当漏电电流超过整定电流值时，漏电保护器动作，切断电路。因此，若发现漏电保护器动作，则应查出漏电接地点并进行绝缘处理后再通电。

照明线路的接地点多出现在穿墙部位和靠近墙壁或天花板的部位，查找接地点时应注意这些部位。

漏电查找方法如下：

（1）首先判断是否确实漏电。可用绝缘电阻表摇测，看其绝缘电阻值的大小，或在被检查建筑物的总刀闸上接一只电流表，然后接通全部电灯开关，取下所有灯泡，仔细观察。若电流表指针摇动，则说明漏电。指针偏转的幅度取决于电流表的灵敏度和漏电电流的大小，若偏转多则说明漏电大。确定漏电后可进行后续检查。

（2）判断是相线与零线之间的漏电，还是相线与大地间的漏电，或者是两种情况均存在。以接入电流表检查为例，切断零线，观察电流的变化：电流表指示不变，表明相线与大地之间漏电；电流表指示为零，表明相线与零线之间漏电；电流表指示变小但不为零，表明相线与零线、相线与大地之间均有漏电。

（3）确定漏电范围。取下分路熔断器或拉下开关刀闸，电流表若不变化，则表明是总线漏电；电流表指示为零，则表明是分路漏电；电流表指示变小但不为零，则表明总线与分路均有漏电。

（4）找出漏电点。按上述方法确定漏电的分路或线段后，依次拉断该线路灯具的开关，当拉断某一开关时，若电流表指针回零或变小，那么回零则表明这一分支漏电，变小则表明除该分支漏电外还有其他漏电处；若所有灯具开关都拉断后，电流表指针仍不变，则表明该段干线漏电。

把故障范围缩小到一个较短线路或小范围之后，便可进一步检查该段线路的接头，以及电线穿墙处等是否存在漏电情况。找到漏电点后，应及时妥善处理。

技能检测

在电路板上完成日光灯照明电路的安装。

练习与提高

班级：________　　姓名：________

一、填空题

1. 照明方式分为（　　）照明、（　　）照明、（　　）照明。

2. 普通灯泡额定电压的选择，主要从人身安全的角度考虑。在触电机会较多、危险性较大的场所，局部照明和手提照明（如机床照明）应采用额定电压（　　）V 以下的安全灯。

3. 灯泡的主要工作部分是灯丝，由电阻率较高的（　　）制成。为了防止断裂，灯丝多绕成（　　）式。40W 以下的灯泡内部抽成真空；40W 以上的灯泡在内部抽成真空后填充少量（　　）或（　　）等气体，以减小钨丝的挥发。

4. 照明灯具主要有（　　）灯具和（　　）灯具两大类。

5. 螺口灯座上的两个接线端子不可乱接，必须把中性线接在连通（　　）的接线端子上，把来自开关的导线接在连通（　　）的接线端子上。

6. 暗装的开关及插座应牢固安装在开关盒内，开关盒应有完整的（　　）。

7. 照明电路的常见故障主要有（　　）、（　　）和（　　）三种。

8. 露天照明装置应采用（　　）材质，若高度低于（　　）m 应加防护措施，以防意外触电。

9. 照明每一回路的配线容量不得大于（　　）kW。

二、选择题

1. 要使白炽灯正常工作，灯泡的额定电压应（　　）供电电压。

A. 大于　　B. 小于

C. 等于　　D. 略小于

2. 车间内移动照明灯具的电压应选用（　　）。

A. 380V　　B. 220V

C. 110V　　D. 36V 及以下

3. 荧光灯管在抽成真空后充入少量汞和适量的惰性气体（　　）。

A. 氖气　　B. 氩气

C. 氩气　　D. 氮气

4. 白炽灯照明电路开关应安装在（　　）上，开关以及灯头的功率不能小于所安装灯泡的额定功率。

A. 相线　　B. 零线

C. 地线　　D. 中性线

5. 明装插座距地面不应低于（　　）m。

A. 0.5　　B. 1

C. 1.8　　D. 2.5

评价表

1. 教师评价

项目	配分	扣分标准	教师评价
学习态度	10 分	（1）玩手机，每次扣 10 分； （2）上课睡觉，每次扣 10 分； （3）不遵守实训规章制度，扣 10 分	
提问	10 分	不能正确回答教师提问，扣 10 分	
出勤	10 分	（1）旷课，扣 10 分； （2）事假，扣 4 分	
作业	30 分	按评分标准扣分	
单元测验	40 分	按评分标准扣分	
总分			
班级：		组别：	姓名：

2. 小组互评

组别：		姓名：			
序号	考核标准	配分	得分	得分	得分
1	喜欢合作学习，积极参加小组活动	10			
2	敢于发表自己的见解，并尊重同学的意见	10			
3	积极帮助小组其他成员，友好相处	10			
4	学习目的明确，组织有序	10			
5	协作推动小组的工作	10			
6	表现积极，主动完成各项学习任务	10			
7	会通过网络检索资料，并做好摘录	10			
8	口头表达准确流畅，图表表达简单明了	10			
9	具有自我学习的能力	10			
10	具有自我认知和自我评估的能力	10			
总分					

模块六

电力拖动基本控制电路

实训一　三相异步电动机单向运行自锁控制电路的安装

知识点

- 三相异步电动机单向运行自锁控制电路的构成和工作原理。

技能点

- 能够根据电气原理图和安装接线图，完成三相异步电动机单向运行自锁控制电路的安装及电气控制线路调试。

安全要点

- 加装适当的保护电器，避免因电流过大或漏电导致事故。

素养提升

- 失之毫厘，差之千里！工作中务必发扬一丝不苟的专业精神。

一、单向运行的接触器自锁控制电路

松开启动按钮后，接触器通过自身常开辅助触头使线圈保持得电的现象叫作自锁。与启动按钮并联，起自锁作用的常开辅助触头叫作自锁触头。

常规控制过程：按下启动按钮，电动机开始运行；松开启动按钮，电动机保持连续运行；按下停止按钮，电动机停止运行。

1. 电路组成

单向运行的接触器自锁控制电路的电气原理图如图 6－1－1 所示。左半部分为主电路，直接控制电动机启停。合上电源开关 QS，交流接触器 KM 主触头控制电动机运行。分析控制电路可知：按下启动按钮 SB1，接通 KM 线圈，使主电路的 KM 主触头闭合，同时 KM 自锁触头闭合，实现电路自锁，电动机启动并连续运行；按下停止按钮 SB2，KM 线圈断电，KM 自锁触头重新分断，解除自锁，KM 主触头断开，电动机停止运行。

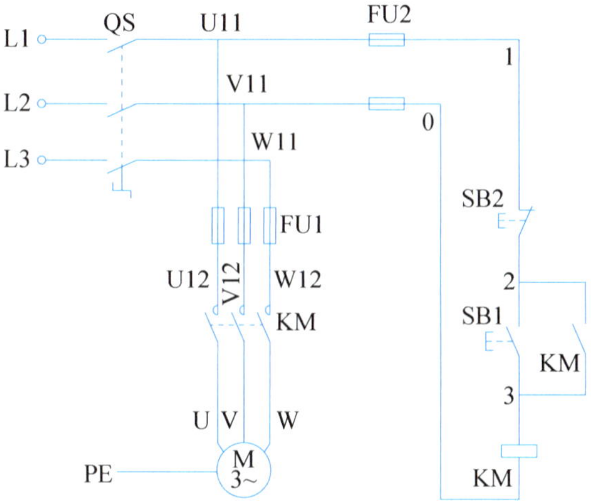

Y112M–4.4kW
△接法，380V，8.8A，1 440r/min

图 6－1－1　单向运行的接触器自锁控制电路的电气原理图

2. 工作原理

起动：按下SB1→KM线圈得电→KM主触头闭合 / KM自锁触头闭合→电动机M启动连续运转

停止：按下SB2→KM线圈失电→KM主触头断开 / KM自锁触头分断→电动机M失电停止运转

接触器自锁控制电路不但能使电动机连续运转，而且具有欠压和失压（或零压）保护作用。

（1）欠压保护。

欠压保护是指当电源电压低于正常工作所需的最低值时，欠压保护装置会切断电动机电源，以保护设备免受过度放电的损害。

（2）失压（或零压）保护。

失压保护是指电动机在正常运行中，因某种外界原因突然断电时，保护装置能自动切断电动机电源；重新供电时，保证电动机不会自行启动。

二、单向运行的具有过载保护的接触器自锁控制电路

具有过载保护的自锁正转控制电路与接触器自锁正转控制电路的区别是前者增加了一个热继电器 FR，并把其热元件串接在三相主电路中，把常闭触头串接在控制电路中。

1. 电路组成

单向运行的具有过载保护的接触器自锁控制电路的电气原理图如图 6-1-2 所示。

接触器自锁
正转控制电路

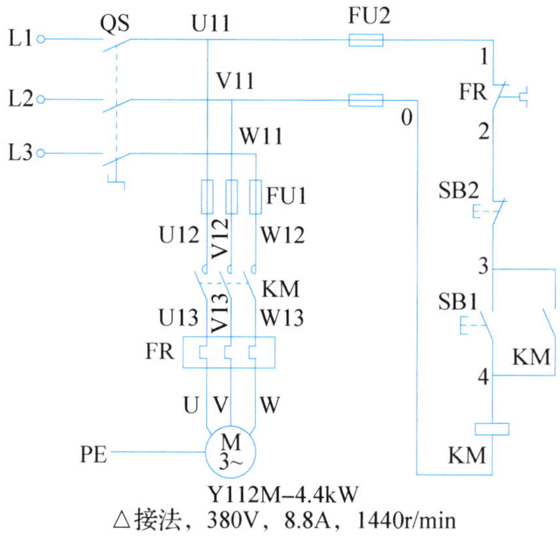

图 6-1-2　单向运行的具有过载保护的接触器自锁控制电路的电气原理图

2. 工作原理

同单向运行的接触器自锁控制电路。

技能检测

在实训设备上，按照控制要求完成元器件测试、安装与接线，检查电路并进行故障排除。在明确实训任务的基础上，分析三相异步电动机单向运行的具有过载保护的接触器自锁控制电路的电气原理图。即按下启动按钮 SB1，电动机开始运行；松开按钮，电动机保持连续运行；按下停止按钮 SB2，电动机停止运行。安装接线图如图 6-1-3 所示，电气原理图如图 6-1-4 所示。

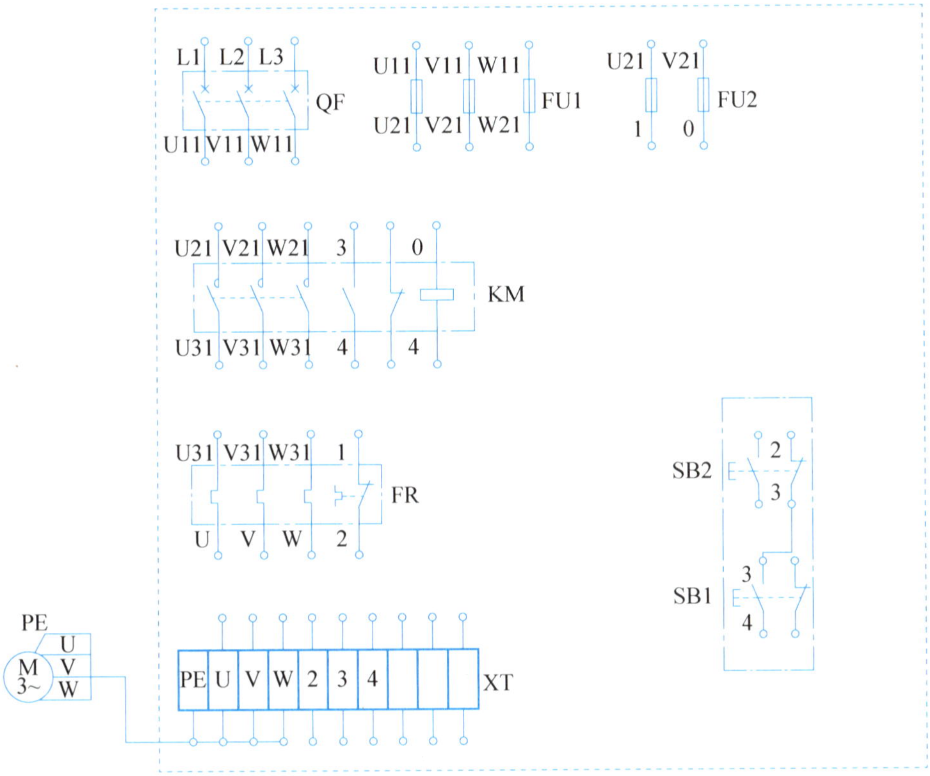

图 6-1-3　安装接线图

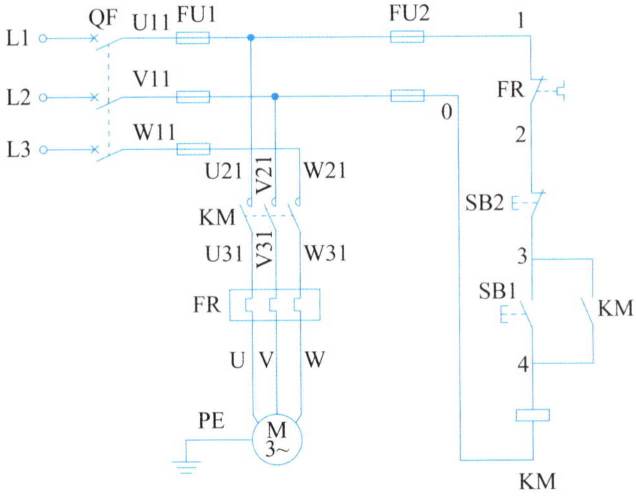

图 6-1-4　电气原理图

接触器自锁控制电路的安装

接触器自锁控制电路

1. 安装

(1) 布线。

一般从电源端开始按线号顺序接线，先接主电路，后接控制电路。选择适当截面的导线，截取合适的长度，剥去两端绝缘外皮。按照安装接线图进行板前明线布线，工艺要求如下：

1）布线通道尽可能少，同路并行导线按主电路、控制电路分类集中，单层密排，紧贴安装面布线。

2）同一平面的导线应高低一致或前后一致，走线合理，不能交叉或架空。

3）对于螺栓式接线端子，导线连接时应做钩圈，并按顺时针旋转；对于瓦片式接线端子，导线连接时直线插入接线端子固定即可。导线连接不能压绝缘层，也不能露铜过长。

4）布线应横平竖直，分布均匀，变换走向时应垂直。

5）严禁损伤线芯和导线绝缘层。

6）所有从一个接线端子（或接线桩）到另一个接线端子的导线必须完整，中间无接头。

7）一个元器件接线端子上的连接导线不得多于两根，每节接线端子板上的连接导线一般只允许连接一根。

8）进出线应合理汇集在端子板上。

（2）检查布线。

根据安装接线图检查控制板布线是否正确。

（3）安装电动机。

根据安装接线图安装电动机。

（4）安装接线注意事项。

1）按钮内部接线时，用力不可过猛，以防螺钉打滑。

2）按钮内部的接线不要接错，启动按钮必须接动合（常开）触头。

3）接触器的自锁触头应并接在启动按钮的两端；停止按钮应串接在控制电路中。

4）热继电器的热元件应串接在主电路中，其动断（常闭）触头应串接在控制电路中，两者缺一不可，否则不能起到过载保护的作用。

5）电动机外壳必须可靠接PE（保护接地）线。

2. 自检和电路测试

安装完毕的控制电路板，必须认真检查后才允许通电试车，以防止错接、漏接造成不能正常运转的情况或引发短路事故。

（1）按电路图或接线图从电源端开始，逐段核对接线及接线端子处线号是否正确，有无漏接、错接之处，检查导线接点是否符合要求，压接是否牢固。确保接触良好。

（2）用万用表检查电路的通断情况。

1）不通电测试。

主电路检查（可断开控制电路）：压下接触器的衔铁来代替接触器得电吸合时的情况进

行检查，依次测量从电源端（L1、L2、L3）到电动机出线端子（U、V、W）上的每一相电路的电阻值，检查是否存在开路现象。

控制电路检查（可断开主电路）：将万用表表笔分别搭在FU2的进线端上（U21和V11），此时读数应为“∞”。按下启动按钮SB2时，读数应为接触器线圈的电阻值；压下接触器KM的衔铁，读数也应为接触器线圈的电阻值。

2）通电测试。

操作相应按钮，观察电器动作情况。

合上断路器QF，引入三相电源，按下启动按钮SB1，接触器KM的线圈通电，衔铁吸合，接触器的主触头闭合，电动机接通电源直接启动运转。松开按钮SB1时，KM的线圈仍可通过KM辅助动合（常开）触头继续通电，从而保持电动机的连续运行。

实训二　三相异步电动机接触器联锁正反转控制电路的安装

知识点

- 三相异步电动机接触器联锁正反转控制电路的构成和工作原理。

技能点

- 能够根据电气原理图和安装接线图完成三相异步电动机接触器联锁正反转控制电路的安装及调试。

安全要点

- 加装适当的保护电器，避免因电流过大或漏电导致事故。

素养提升

- 通过学习感受到技术进步带来的方便和快捷，努力成为具有社会责任感和社会参与意识的高素质技能人才。

接触器联锁正反转控制电路采用了两个接触器，即正转用的接触器 KM1 和反转用的接触器 KM2，它们分别由正转按钮 SB2 和反转按钮 SB3 控制。从主电路图中可以看出，这两个接触器的主触头所接通的电源相序不同，KM1 按 L1—L2—L3 相序连接，KM2 则按 L3—L2—L1 相序连接。相应地，控制电路有两条：一条是由按钮 SB2 和 KM1 线圈等组成的正转控制电路；另一条是由按钮 SB3 和 KM2 线圈等组成的反转控制电路。

一、电路组成

接触器联锁正反转控制电路的电气原理图如图 6-2-1 所示。

必须指出：接触器 KM1 和 KM2 主触头绝不允许同时闭合，否则将造成两相电源（L1 相和 L3 相）短路事故。为了避免两个接触器 KM1 和 KM2 同时得电动作，在正反转控制电路中分别串接了对方接触器的一对常闭辅助触头。这样，当一个接触器得电动作时，通过其常闭辅助触头使另一个接触器不能得电动作。接触器间这种相互制约的现象叫接触器联锁（或互锁）。

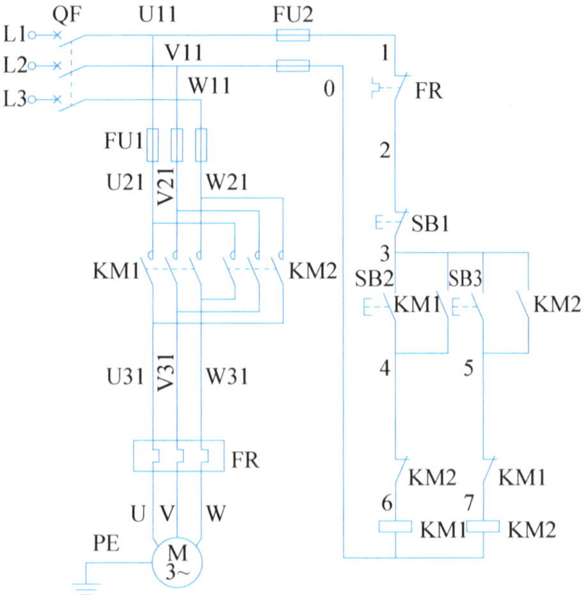

图 6-2-1 接触器联锁正反转控制电路的电气原理图

接触器联锁
正反转控制电路

联锁触头：实现联锁作用的常闭辅助触头。

联锁符号：“▽”。

接触器联锁正反转控制电路的优点：利用“联锁”关系，保证正反转的接触器的主触头不会同时接通，避免了电源短路事故。

接触器联锁正反转控制电路的缺点：操作不方便，要改变电动机的转向，必须先按停止按钮，再按反向启动按钮，所以频繁改变转向的场合不宜采用。

二、工作原理

（1）正转控制。

按下SB2 → KM1线圈得电 →
- → KM1自锁触头闭合 → 电动机M启动连续正转
- → KM1主触头闭合（→ 电动机M启动连续正转）
- → KM1联锁触头断开，分断KM2控制线路

（2）反转控制。

按下SB1 → KM1线圈失电 →
- → KM1自锁触头分断解除自锁 → 电动机M失电停转
- → KM1主触头断开（→ 电动机M失电停转）
- → KM1联锁触头恢复闭合，解除对KM2控制线路的联锁

按下SB3 → KM2线圈得电 → KM2自锁触头闭合自锁 → 电动机M启动连续反转
→ KM2主触头闭合 → 电动机M启动连续反转
→ KM2联锁触头断开，对KM1控制线路联锁

技能检测

在实训设备上，按照控制要求完成元器件测试、安装与接线，检查电路并进行故障排除。在明确实训任务的基础上，分析三相异步电动机接触器联锁正反转控制电路的电气原理图。即按下正向启动按钮，电动机正转；按下停止按钮，电动机停转；按下反向启动按钮，电动机反转。安装接线图如图 6-2-2 所示，电气原理图如图 6-2-3 所示。

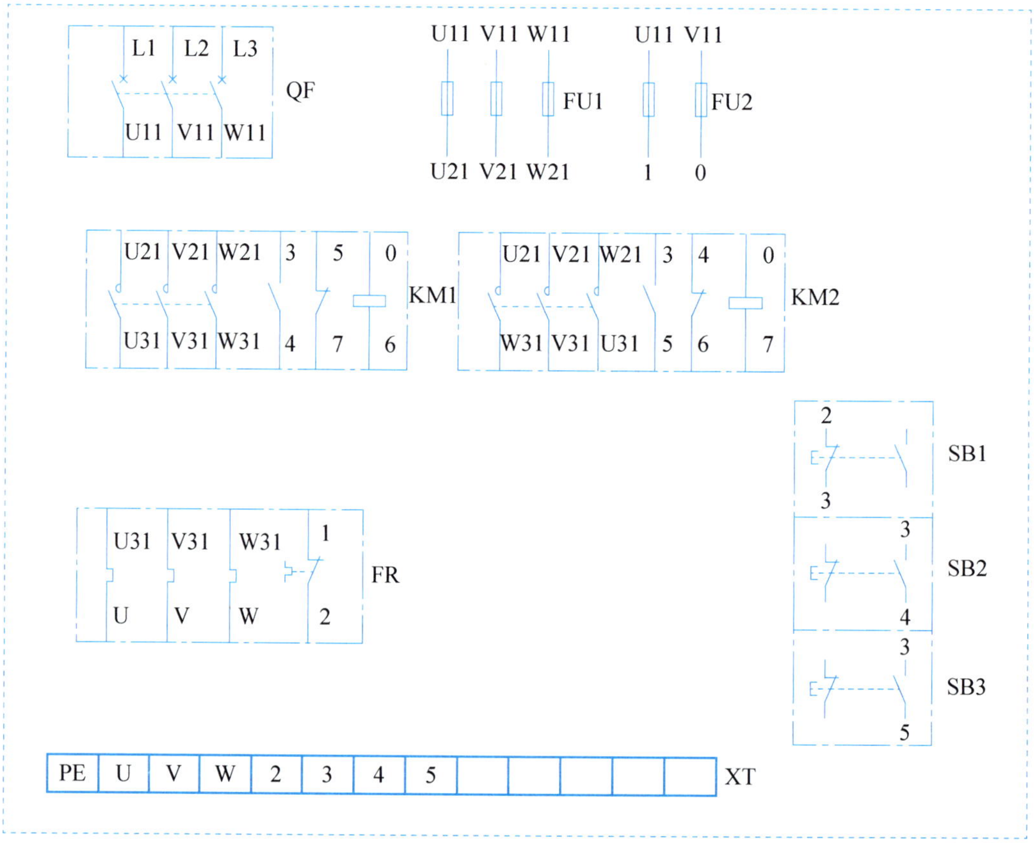

图 6-2-2　安装接线图

1. 安装

(1) 布线。

一般从电源端开始按线号顺序接线，先接主电路，后接控制电路。选择适当截面的导

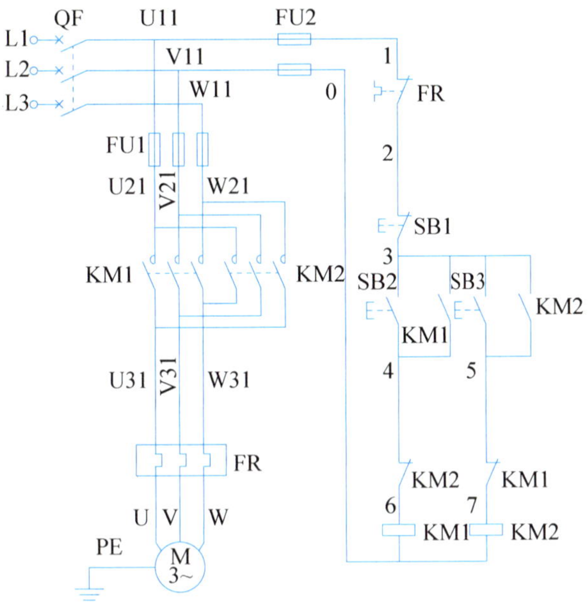

图 6-2-3　电气原理图

线，截取合适的长度，剥去两端绝缘外皮。按照安装接线图进行板前明线布线，工艺要求如下：

1）布线通道尽可能少，同路并行导线按主电路、控制电路分类集中，单层密排，紧贴安装面布线。

2）同一平面的导线应高低一致或前后一致，走线合理，不能交叉或架空。

3）对于螺栓式接线端子，导线连接时应做钩圈，并按顺时针旋转；对于瓦片式接线端子，导线连接时直线插入接线端子固定即可。导线连接不能压绝缘层，也不能露铜过长。

4）布线应横平竖直，分布均匀，变换走向时应垂直。

5）严禁损伤线芯和导线绝缘层。

6）所有从一个接线端子（或接线桩）到另一个接线端子的导线必须完整，中间无接头。

7）一个元器件接线端子上的连接导线不得多于两根，每节接线端子板上的连接导线一般只允许连接一根。

8）进出线应合理汇集在端子板上。

（2）检查布线。

根据安装接线图检查控制板布线是否正确。

（3）安装电动机。

根据安装接线图安装电动机。

(4) 安装接线注意事项。

1) 按钮内部接线时，用力不可过猛，以防螺钉打滑。

2) 按钮内部的接线不要接错，启动按钮选用绿色或黑色按钮，必须接常开触头；停止按钮选用红色按钮，必须接常闭触头。

3) 电路中两组接触器的主触头必须换相，出线端反相，否则不能反转。

2. 自检和电路测试

安装完毕的控制电路板，必须认真检查后才允许通电试车，以防止错接、漏接造成不能正常运转的情况或引发短路事故。

(1) 按电路图或接线图从电源端开始，逐段核对接线及接线端子处线号是否正确，有无漏接、错接之处，检查导线接点是否符合要求，压接是否牢固。确保接触良好。

(2) 用万用表检查电路的通断情况。

1) 不通电测试。

主电路检查（可断开控制电路)：压下接触器的衔铁来代替接触器得电吸合时的情况进行检查，依次测量从电源端（L1、L2、L3）到电动机出线端子（U、V、W）上的每一相电路的电阻值，检查是否存在开路现象。

控制电路检查（可断开主电路)：将万用表表笔分别搭在 FU2 的进线端上（U11 和 V11），此时读数应为“∞”。按下启动按钮 SB2 或反转按钮 SB3 时，读数应为接触器 KM1 或 KM2 线圈的电阻值；压住（压下不放）接触器 KM1 或 KM2 的衔铁，使 KM1 或 KM2 的常开触头闭合，读数也应为接触器 KM1 或 KM2 线圈的电阻值。同时按下按钮 SB2 和 SB3，或者同时压住 KM1 或 KM2 的衔铁，此时读数应为“∞”。

2) 通电测试。

操作相应按钮，观察电器动作情况。

合上断路器 QF，引入三相电源，按下正转启动按钮 SB2，KM1 线圈得电吸合并自锁，电动机正向启动运转；按下停止按钮 SB1，KM1 线圈断电，再按下反转启动按钮 SB3，KM2 线圈得电吸合自锁，电动机反向启动运转；同时按下 SB2 和 SB3，KM1 和 KM2 线圈都不吸合，电动机不转。按下停止按钮 SB1，电动机停止。

实训三　三相异步电动机按钮与接触器双重联锁正反转控制电路的安装

知识点

- 三相异步电动机按钮与接触器双重联锁正反转控制电路的构成和工作原理。

技能点

- 能够根据电气原理图和安装接线图，完成三相异步电动机按钮与接触器双重联锁正反转控制电路的安装及调试。

安全要点

- 加装适当的保护电器，避免因电流过大或漏电导致事故。

素养提升

- 养成规则意识，做到一切操作有据可循，发扬精准科学的工作作风与脚踏实地的新时代工匠精神。

电路采用 KM1 和 KM2 两个接触器，当 KM1 主触头接通时，三相电源按 L1—L2—L3 相序接入电动机；当 KM2 主触头接通时，三相电源按 L3—L2—L1 相序接入电动机。所以当两个接触器分别工作时，电动机的旋转方向相反。

实际工作中，通常要求实现电动机正反转操作的直接切换，即要求电动机正向运转时操作正向启动按钮，要求电动机反向运转时，则可以直接操作反向启动按钮，无须先按下停止按钮。为此，在接触器与按钮双重联锁正反转控制电路中引入了按钮互锁的环节。将正反转启动按钮的常闭触头串接在反转、正转接触器线圈电路中，起互锁作用，这种互锁称按钮互锁，又称机械互锁。

既有电气互锁又有按钮互锁，即为双重互锁。

第一重：交流接触器常闭触头与对方的线圈串联而构成的联锁。

第二重：复合按钮的常闭触头串联在对方的电路中而构成的联锁。

接触器与按钮双重联锁正反转控制电路克服了前面两种控制电路的缺点，兼有接触器联锁和按钮联锁的优点，操作方便，安全可靠，反转迅速。多应用于电力拖动系统，如Z35型摇臂钻床立柱松紧电动机的电气控制电路和X62W型万能铣床主轴电动机的电气控制电路。

一、电路组成

按钮与接触器双重联锁正反转控制电路的电气原理图如图6－3－1所示。

双重联锁正反转控制电路

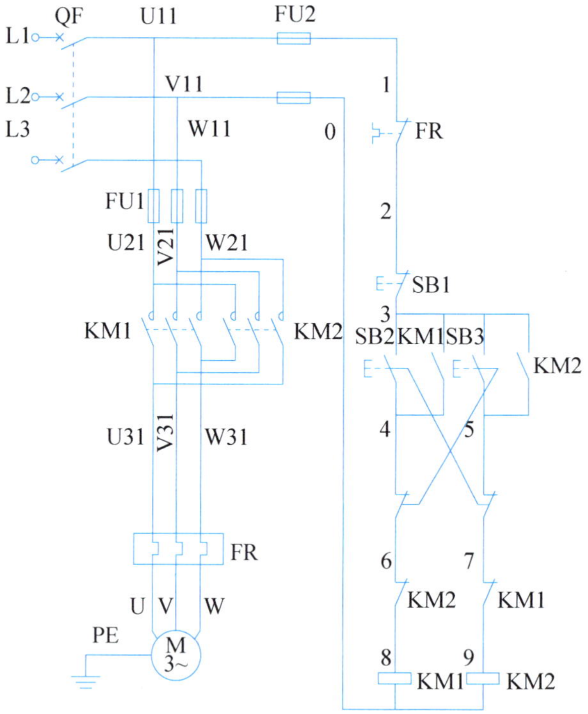

图6－3－1　按钮与接触器双重联锁正反转控制电路的电气原理图

二、工作原理

（1）正转控制。

按下SB2 → SB2常闭触头先分断（切断反转控制电路）

→ SB2常开触头后闭合 → KM1线圈得电 →

→ KM1自锁触头闭合自锁

→ KM1主触头闭合 → 电动机M启动连续正转

→ KM1联锁触头分断（切断反转控制电路）

（2）反转控制。

按下SB3 → SB3常闭触头先分断 → KM1线圈失电 → KM1自锁触头分断 / KM1主触头分断 → 电动机M失电停转；KM1联锁触头恢复闭合 →

按下SB3 → SB3常开触头后闭合 →

→ KM2线圈得电 → KM2自锁触头闭合自锁 / KM2主触头闭合 → 电动机M启动连续反转；KM2联锁触头分断（切断正转控制电路）

（3）停止控制。若要停止，按下 SB1，整个控制电路失电，主触头分断，电动机失电停转。

技能检测

在实训设备上，按照控制要求完成元器件测试、安装与接线，检查电路并进行故障排除。在明确实训任务的基础上，分析三相异步电动机按钮与接触器双重联锁正反转控制电路的电气原理图。安装接线图如图 6-3-2 所示，电气原理图如图 6-3-3 所示。

双重联锁正反转控制电路的安装

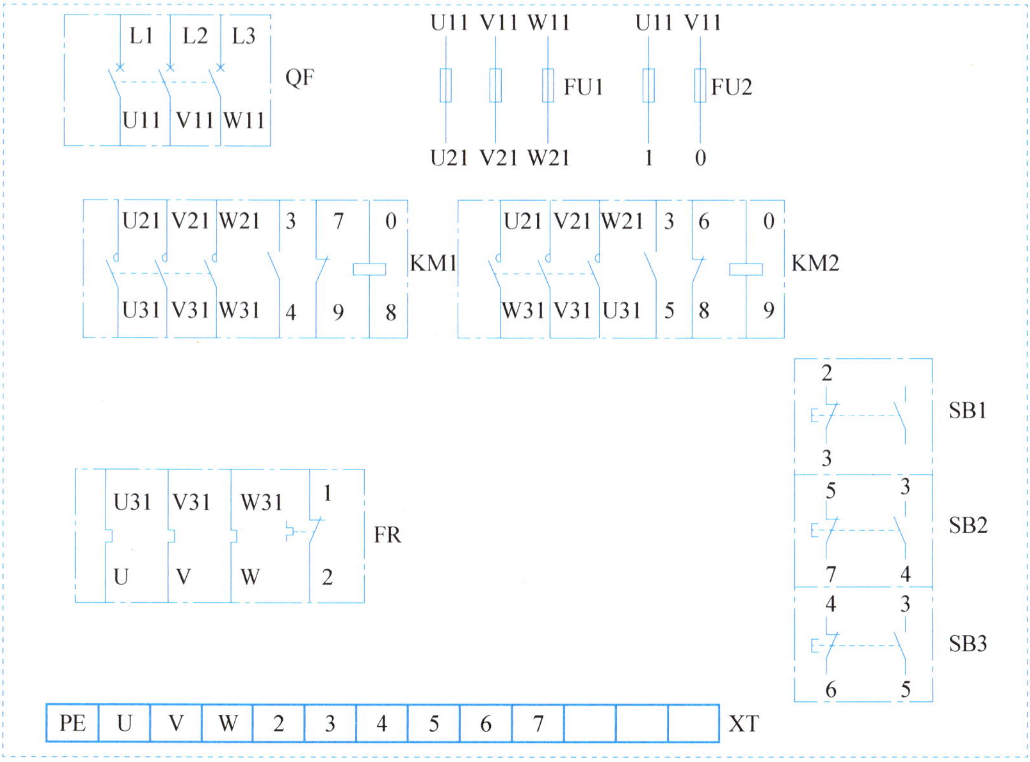

图 6-3-2　安装接线图

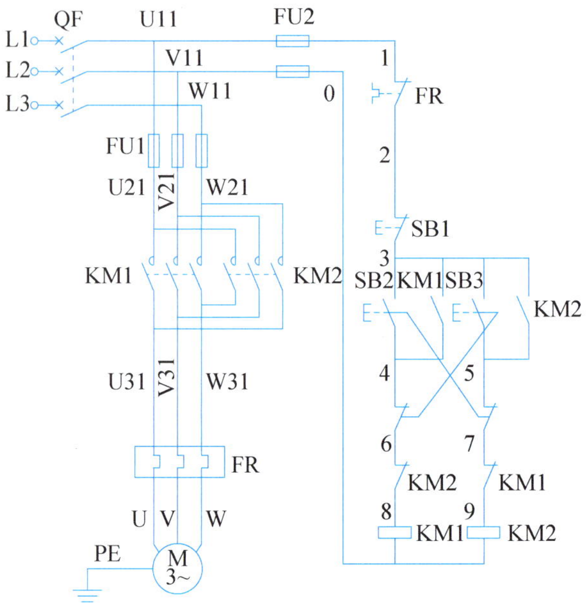

图 6-3-3　电气原理图

1. 安装

（1）布线。

一般从电源端开始按线号顺序接线，先接主电路，后接控制电路。选择适当截面的导线，截取合适的长度，剥去两端绝缘外皮。按照安装接线图进行板前明线布线，工艺要求如下：

1）布线通道尽可能少，同路并行导线按主电路、控制电路分类集中，单层密排，紧贴安装面布线。

2）同一平面的导线应高低一致或前后一致，走线合理，不能交叉或架空。

3）对于螺栓式接线端子，导线连接时应做钩圈，并按顺时针旋转；对于瓦片式接线端子，导线连接时直线插入接线端子固定即可。导线连接不能压绝缘层，也不能露铜过长。

4）布线应横平竖直，分布均匀，变换走向时应垂直。

5）严禁损伤线芯和导线绝缘层。

6）所有从一个接线端子（或接线桩）到另一个接线端子的导线必须完整，中间无接头。

7）一个元器件接线端子上的连接导线不得多于两根，每节接线端子板上的连接导线一般只允许连接一根。

8）进出线应合理汇集在端子板上。

(2) 检查布线。

根据安装接线图检查控制板布线是否正确。

(3) 安装电动机。

根据安装接线图安装电动机。

(4) 安装接线注意事项。

1) 按钮内部接线时，用力不可过猛，以防螺钉打滑。

2) 按钮内部的接线不要接错，启动按钮选用绿色或黑色按钮，必须接常开触头；停止按钮选用红色按钮，必须接常闭触头。

3) 电路中两组接触器的主触头必须换相，出线端反相，否则不能反转。

2. 自检和电路测试

安装完毕的控制电路板，必须认真检查后才允许通电试车，以防止错接、漏接造成不能正常运转的情况或引发短路事故。

(1) 按电路图或接线图从电源端开始，逐段核对接线及接线端子处线号是否正确，有无漏接、错接之处，检查导线接点是否符合要求，压接是否牢固。确保接触良好。

(2) 用万用表检查电路的通断情况。

1) 不通电测试。

主电路检查（可断开控制电路）：压下接触器的衔铁来代替接触器得电吸合时的情况进行检查，依次测量从电源端（L1、L2、L3）到电动机出线端子（U、V、W）上的每一相电路的电阻值，检查是否存在开路现象。

控制电路检查（可断开主电路）：将万用表表笔分别搭在 FU2 的进线端上（U11 和 V11），此时读数应为"∞"。按下启动按钮 SB2 或反转按钮 SB3 时，读数应为接触器 KM1 或 KM2 线圈的电阻值；压住（压下不放）接触器 KM1 或 KM2 的衔铁，使 KM1 或 KM2 的常开触头闭合，读数也应为接触器 KM1 或 KM2 线圈的电阻值。同时按下按钮 SB2 和 SB3，或者同时压住 KM1 或 KM2 的衔铁，此时读数应为"∞"。

2) 通电测试。

操作相应按钮，观察电器动作情况。

合上断路器 QF，引入三相电源，按下正转启动按钮 SB2，KM1 线圈得电吸合并自锁，电动机正向启动运转；按下反转启动按钮 SB3，KM2 线圈得电吸合自锁，电动机反向启动运转；同时按下 SB2 和 SB3，KM1 和 KM2 线圈都不吸合，电动机不转。按下停止按钮 SB1，电动机停止。

实训四 三相异步电动机行程控制电路的安装

知识点

- 三相异步电动机行程控制电路的构成和工作原理。

技能点

- 能够根据电气原理图和安装接线图完成三相异步电动机行程控制电路的安装及调试。

安全要点

- 加装适当的保护电器，避免因电流过大或漏电导致事故。

素养提升

- 明确一切从实际出发的实事求是的工作态度，培养职业责任感与法律意识。

在实际生产中，需要对某些设备（如万能铣床、摇臂钻床、桥式起重机以及各种自动或半自动控制机床）的运动部件的行程或位置进行限制，或者要求其在一定范围内能够自行往返循环。实现这种控制要求的主要电器是行程开关。

一、行程开关

行程开关是一种根据工作机械的行程发出操作命令以控制其运动方向和行程的开关。其工作原理与按钮相同，区别在于它不需要手指按压，而是通过生产机械运动部件的碰压使触头动作，从而将机械信号转变为电信号，以控制机械动作或控制程序。

1. 行程开关的结构及工作原理

各系列行程开关的基本结构大致相同，均由触头系统、操作机构和外壳组成。行程开关的外形和结构如图 6－4－1 所示。

直动式行程开关的动作原理与按钮相同，只是它通过运动部件上的挡铁碰压行程开关的推杆。直动式行程开关结构简单，其触头的分合速度取决于挡铁的移动速度。若挡铁的移动速度太慢，则触头不能瞬时切断电路，会使电弧在触点上停留时间过长，易烧蚀触点。因此这种开关不宜用在挡铁的移动速度小于 0.4m/min 的场合。

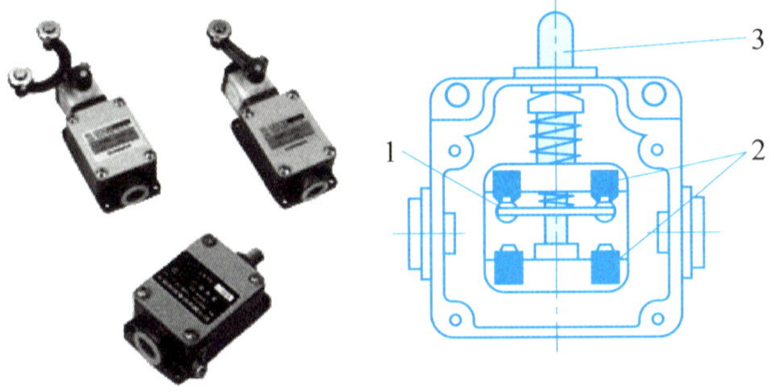

图 6-4-1 行程开关的外形和结构

1—动触头；2—静触头；3—推杆

2. 行程开关的符号

行程开关的符号如图 6-4-2 所示。

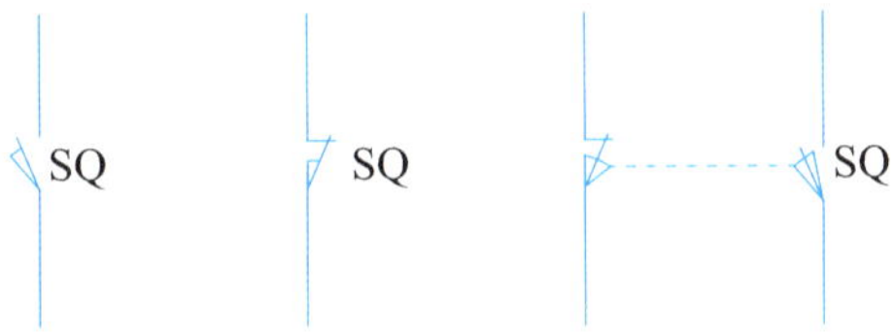

图 6-4-2 行程开关的符号

二、三相异步电动机行程控制

1. 电路组成

三相异步电动机行程控制电路的电气原理图如图 6-4-3 所示。

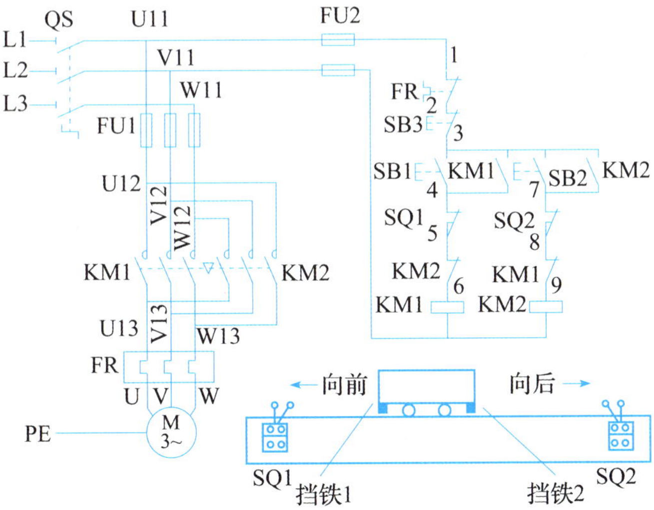

图 6-4-3 三相异步电动机行程控制电路的电气原理图

2. 工作原理

（1）行车向前运动：

按下SB1 → KM1线圈得电 →
- → KM1自锁触头闭合自锁 → 电动机M启动连续运转 →
- → KM1主触头闭合 → 电动机M启动连续运转 →
- → KM1联锁触头分断对KM2控制线路联锁

→ 行车前移 → 移至限定位置，挡铁1碰撞位置开关SQ1 → SQ1常闭触头分断 →

→ KM1线圈失电 →
- → KM1自锁触头分断解除自锁 → 电动机M失电停转 → 行车停止前移
- → KM1主触头断开 → 电动机M失电停转 → 行车停止前移
- → KM1联锁触头恢复闭合，解除对KM2控制线路的联锁

（2）行车向后运动：

（原理分析同上）停车时只需按下 SB3 即可。

三、三相异步电动机自动往返行程控制

自动往返行程控制电路

利用生产机械的行程开关来控制其自动往返运行的模式称为自动往返控制。

1. 电路组成

三相异步电动机自动往返行程控制电路的电气原理图及运动示意图如图 6－4－4 所示。

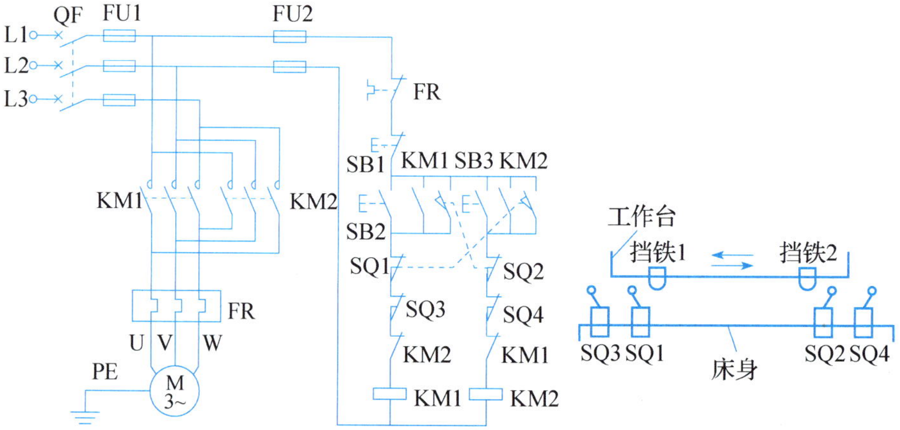

（a）电气原理图　　（b）运动示意图

图 6－4－4　三相异步电动机自动往返行程控制电路的电气原理图及运动示意图

2. 工作原理

合上 QF，按下正转按钮 SB2，接触器 KM1 线圈通电并自锁，电动机正向旋转，拖动

工作台左移，到达加工终点，挡铁压下 SQ1，其常闭触头断开，KM1 线圈失电，电动机停止正转，但 SQ1 常开触头闭合，又使接触器 KM2 线圈通电并自锁，电动机反向启动运转，拖动工作台右移；当右移到加工终点时，挡铁压下 SQ2，其常闭触头断开，KM2 线圈失电，KM1 线圈通电并自锁，电动机由反转变为正转，工作台由右移变为左移，如此反复地自动往返工作。

按下停止按钮 SB1 时，电动机停转，工作台停止运动。

若 SQ1、SQ2 失灵，则由极限限位开关 SQ3、SQ4 实现保护，避免工作台因超出极限位置而发生事故。

左移起动：

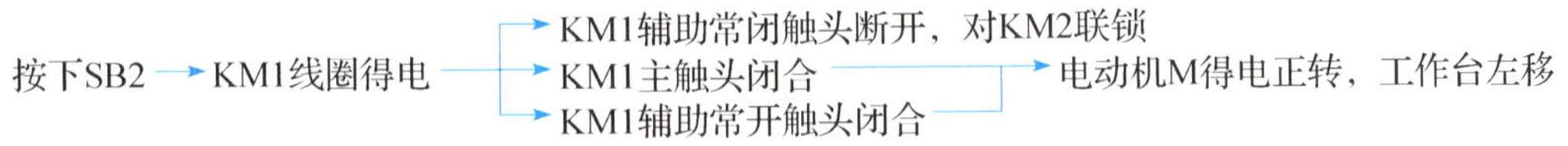

右移起动：

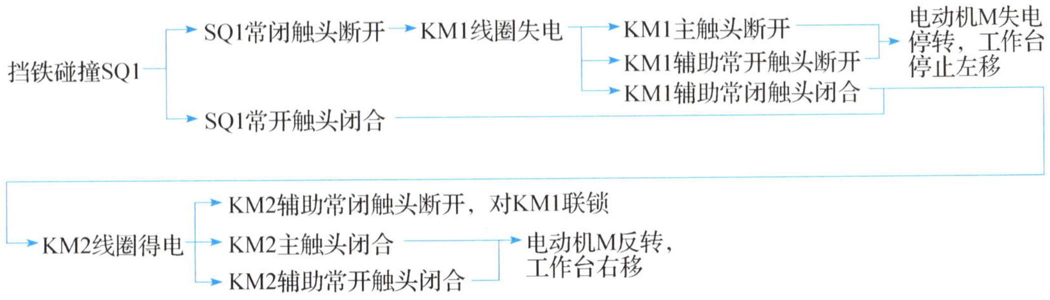

循环起动：

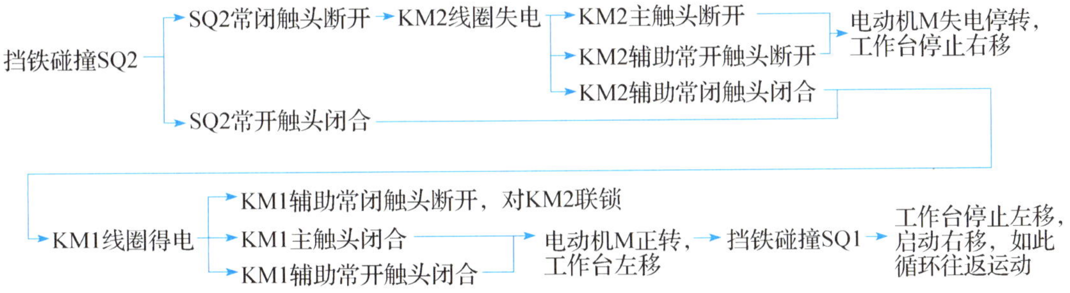

停止：

技能检测

在实训设备上，按照控制要求完成元器件测试、安装与接线，检查电路并进行故障排除。在明确实训任务的基础上，分析三相异步电动机行程控制电路的电气原理图。安装接线图如图 6－4－5 所示，电气原理图如图 6－4－6 所示。

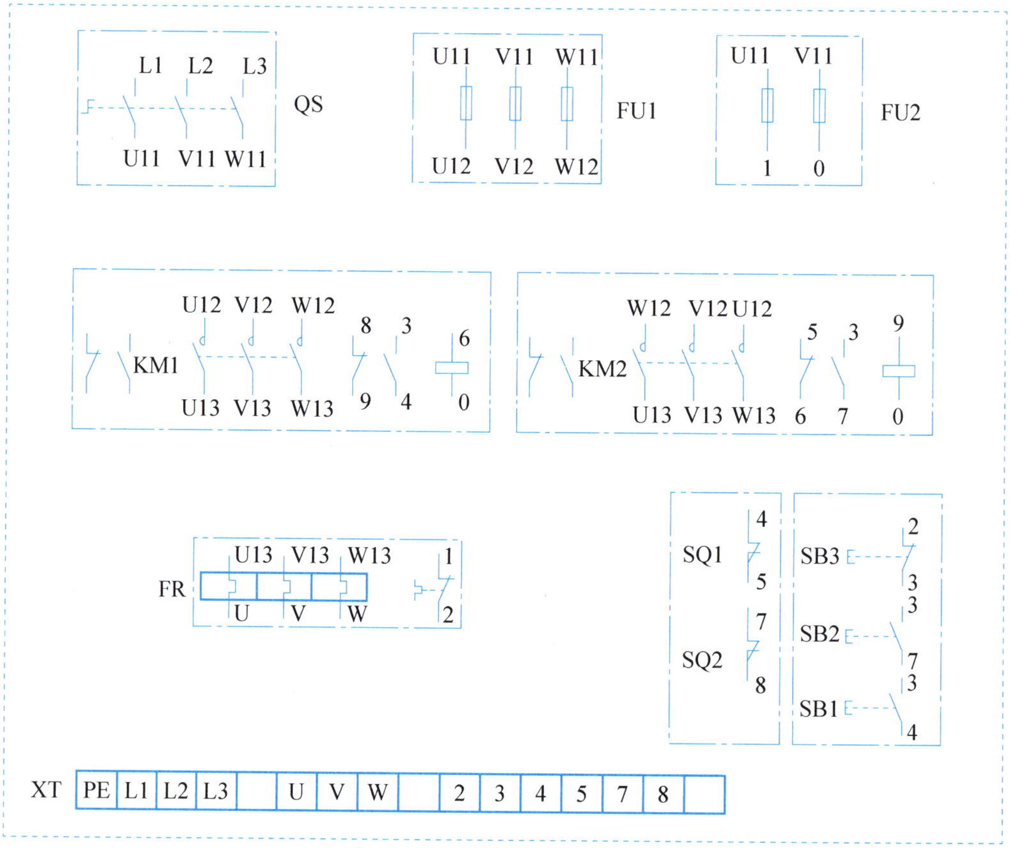

图 6－4－5　安装接线图

1. 安装

（1）布线。

一般从电源端开始按线号顺序接线，先接主电路，后接控制电路。选择适当截面的导线，截取合适的长度，剥去两端绝缘外皮。按照安装接线图进行板前明线布线，工艺要求如下：

1）布线通道尽可能少，同路并行导线按主电路、控制电路分类集中，单层密排，紧贴安装面布线。

2）同一平面的导线应高低一致或前后一致，走线合理，不能交叉或架空。

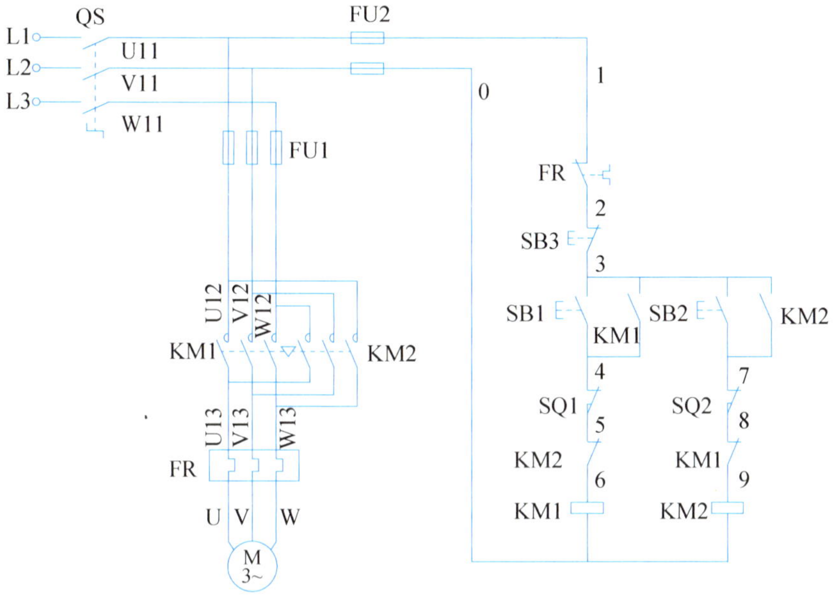

图 6-4-6　电气原理图

3）对于螺栓式接线端子，导线连接时应做钩圈，并按顺时针旋转；对于瓦片式接线端子，导线连接时直线插入接线端子固定即可。导线连接不能压绝缘层，也不能露铜过长。

4）布线应横平竖直，分布均匀，变换走向时应垂直。

5）严禁损伤线芯和导线绝缘层。

6）所有从一个接线端子（或接线桩）到另一个接线端子的导线必须完整，中间无接头。

7）一个元器件接线端子上的连接导线不得多于两根，每节接线端子板上的连接导线一般只允许连接一根。

8）进出线应合理汇集在端子板上。

（2）检查布线。

根据安装接线图检查控制板布线是否正确。

（3）安装电动机。

根据安装接线图安装电动机。

（4）安装接线注意事项。

1）按钮内部接线时，用力不可过猛，以防螺钉打滑。

2）按钮内部的接线不要接错，启动按钮选用绿色或黑色按钮，必须接常开触头；停止按钮选用红色按钮，必须接常闭触头。

3）电路中两组接触器的主触头必须换相，出线端反相，否则不能反转。

2. 自检和电路测试

安装完毕的控制电路板，必须认真检查后才允许通电试车，以防止错接、漏接造成不能正常运转的情况或引发短路事故。

（1）按电路图或接线图从电源端开始，逐段核对接线及接线端子处线号是否正确，有无漏接、错接之处，检查导线接点是否符合要求，压接是否牢固。确保接触良好。

（2）用万用表检查电路的通断情况。

1）不通电测试。

主电路检查（可断开控制电路）：压下接触器的衔铁来代替接触器得电吸合时的情况进行检查，依次测量从电源端（L1、L2、L3）到电动机出线端子（U、V、W）上的每一相电路的电阻值，检查是否存在开路现象。

控制电路检查（可断开主电路）：将万用表表笔分别搭在 FU2 的进线端上（U11 和 V11），此时读数应为“∞”。按下启动按钮 SB1 或反转按钮 SB2 时，读数应为接触器 KM1 或 KM2 线圈的电阻值；压住（压下不放）接触器 KM1 或 KM2 的衔铁，使 KM1 或 KM2 的常开触头闭合，读数也应为接触器 KM1 或 KM2 线圈的电阻值。同时按下按钮 SB2 和 SB3，或者同时压住 KM1 或 KM2 的衔铁，此时读数应为“∞”。压住行程开关 SQ1，SQ1 常闭分断，万用表读数应为“∞”，或压住行程开关 SQ2，SQ2 常闭分断，万用表读数应为“∞”。

2）通电测试。

操作相应按钮，观察电器动作情况。

合上断路器 QS，引入三相电源，按下正转启动按钮 SB1，KM1 线圈得电吸合并自锁，电动机正向启动运转，移至限定位置，挡铁压下 SQ1，其常闭触头断开，KM1 线圈失电，电动机停止正转；按下反转启动按钮 SB2，KM2 线圈得电吸合自锁，电动机反向启动运转，移至限定位置，挡铁压下 SQ2，其常闭触头断开，KM2 线圈失电，电动机停止反转。同时按下 SB1 和 SB2，KM1 和 KM2 线圈都不吸合，电动机不转；正转或反转时，按下停止按钮 SB3，电动机停止运转。

实训五 三相异步电动机 Y—△降压启动控制电路的安装

知识点

- 三相异步电动机 Y—△降压启动控制电路的构成和工作原理。

技能点

- 能够根据电气原理图和安装接线图完成三相异步电动机 Y—△降压启动控制电路的安装及调试。

安全要点

- 加装适当的保护电器，避免因电流过大或漏电导致事故。

素养提升

- 培养逻辑思维能力，明确科学思维方法在工作中的指导作用。

Y—△降压启动：电动机启动时，把定子绕组接成 Y，以降低启动电压，限制启动电流。待电动机启动后，再把定子绕组改接成△，使电动机全压运行。

Y 联结和△联结的原理图如图 6－5－1 所示。

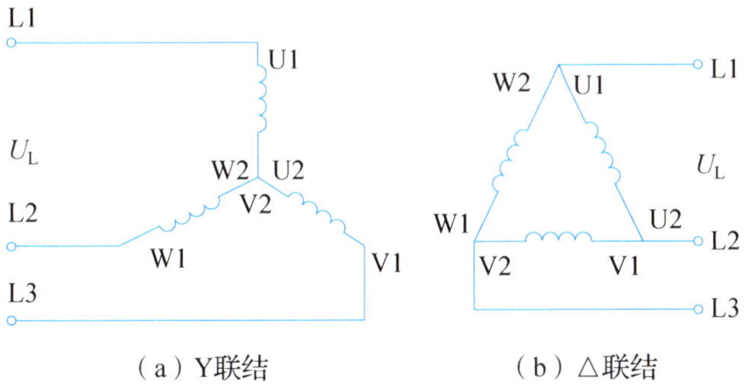

图 6－5－1 Y 联结和△联结的原理图

凡是在正常运行时定子绕组作△联结的三相异步电动机，均可采用这种降压启动的方法。

一、按钮、接触器控制 Y—△降压启动电路

我国规定的电网供电电压为 380V。电动机启动时若接成 Y，则加在每相定子绕组上的启动电压只有△联结时的 $1/\sqrt{3}$，即 220V，启动电流和启动转矩均为△联结时的 1/3。所以说降压启动的方法只适用于轻载或空载下启动。

笼型异步电动机正常运行时定子绕组应作△联结，在启动时接成 Y，启动电压将从 380V 降到 220V，从而减小了启动电流；待转速上升后，再改接成 Y 联结，投入正常运行，这是常用的降压启动法。

按钮、接触器控制的 Y—△降压启动电路的电气原理图如图 6-5-2 所示。该电路使用了 3 个接触器、1 个热继电器和 3 个按钮。当 KM 主触头接通时，接入三相交流电源；当 KMY 主触头接通时，电动机定子绕组接成 Y；当 KM△主触头接通时，电动机定子绕组接成△。SB1 是启动按钮，SB2 是 Y—△换接按钮，SB3 是停止按钮，FU1 作为主电路的短路保护，FU2 作为控制电路的短路保护，FR 作为过载保护。

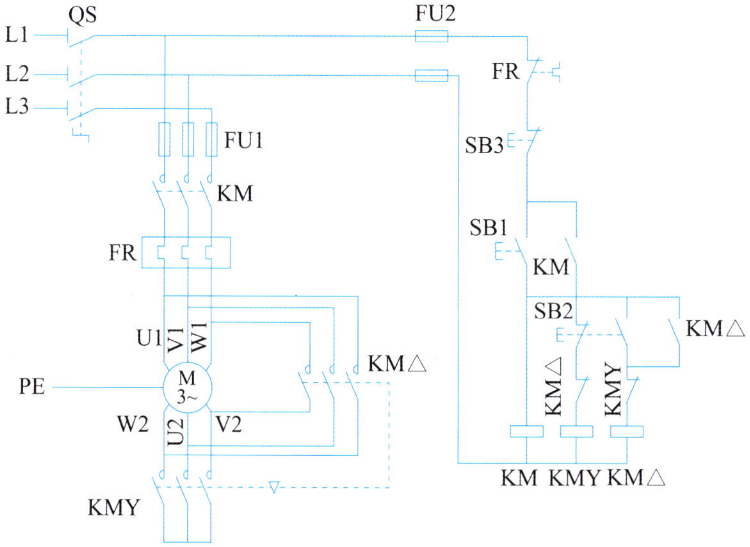

图 6-5-2 按钮、接触器控制的 Y—△降压启动电路的电气原理图

电路要求接触器 KMY 和 KM△线圈不能同时通电，否则它们的主触头会同时闭合，将造成主电路电源短路。为此，在 KMY 和 KM△线圈各自的支路中串接了对方的一对动断（常闭）辅助触头，以保证 KMY 和 KM△线圈不会同时通电。KMY 和 KM△这两对辅助动断（常闭）触头在电路中所起的作用称为电气互锁。

1. 电动机 Y 联结降压启动

- 按下SB1
  - → KM线圈得电
    - → KM自锁触头闭合自锁
    - → KM主触头闭合 → 电动机M接成Y降压启动
  - → KMY线圈得电
    - → KMY主触头闭合 → 电动机M接成Y降压启动
    - → KMY联锁触头分断，对KM△联锁

2. 电动机△联结全压运行

当电动机转速上升并接近额定值时，

- 按下SB2
  - → SB2常闭触头先分断 → KMY线圈失电
    - → KMY主触头分断，解除Y联结
    - → KMY联锁触头恢复闭合 →
  - → SB2常开触头后闭合 →
- → KM△线圈得电
  - → KM△自锁触头闭合自锁 → 电动机M接成△全压运行
  - → KM△主触头闭合 → 电动机M接成△全压运行
  - → KM△联锁触头分断对KMY联锁

停止时按下按钮 SB3 即可。

二、时间继电器自动控制的 Y—△降压启动电路

1. 电路组成

时间继电器自动控制的 Y—△降压启动电路的电气原理图如图 6－5－3 所示，该电路由 3 个接触器、1 个热继电器、1 个时间继电器和 2 个按钮组成，时间继电器 KT 控制 Y 降压启动的时间和 Y—△自动切换。

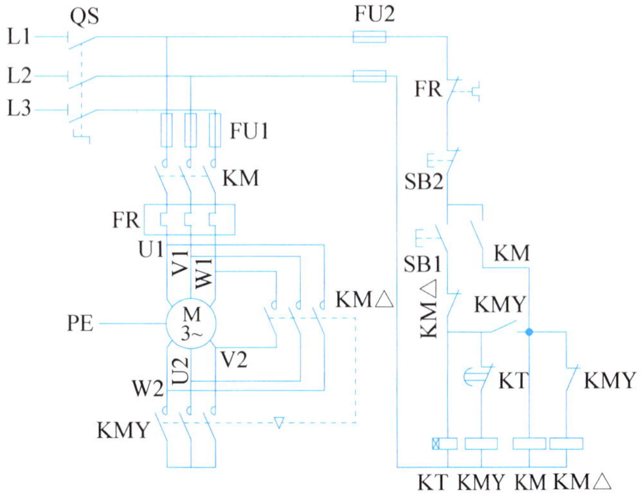

图 6－5－3　时间继电器自动控制的 Y—△降压启动电路的电气原理图

2. 工作原理

停止时按下按钮 SB2 即可。

技能检测

在实训设备上，按照控制要求完成元器件测试、安装与接线，检查电路并进行故障排除。在明确实训任务的基础上，分析三相异步电动机 Y—△降压启动控制电路的电气原理图。安装接线图如图 6－5－4 所示，电气原理图如图 6－5－5 所示。

1. 安装

（1）布线。

一般从电源端开始按线号顺序接线，先接主电路，后接控制电路。选择适当截面的导线，截取合适的长度，剥去两端绝缘外皮。按照安装接线图进行板前明线布线，工艺要求如下：

1）布线通道尽可能少，同路并行导线按主电路、控制电路分类集中，单层密排，紧贴安装面布线。

2）同一平面的导线应高低一致或前后一致，走线合理，不能交叉或架空。

3）对于螺栓式接线端子，导线连接时应做钩圈，并按顺时针旋转；对于瓦片式接线端子，导线连接时直线插入接线端子固定即可。导线连接不能压绝缘层，也不能露铜过长。

4）布线应横平竖直，分布均匀，变换走向时应垂直。

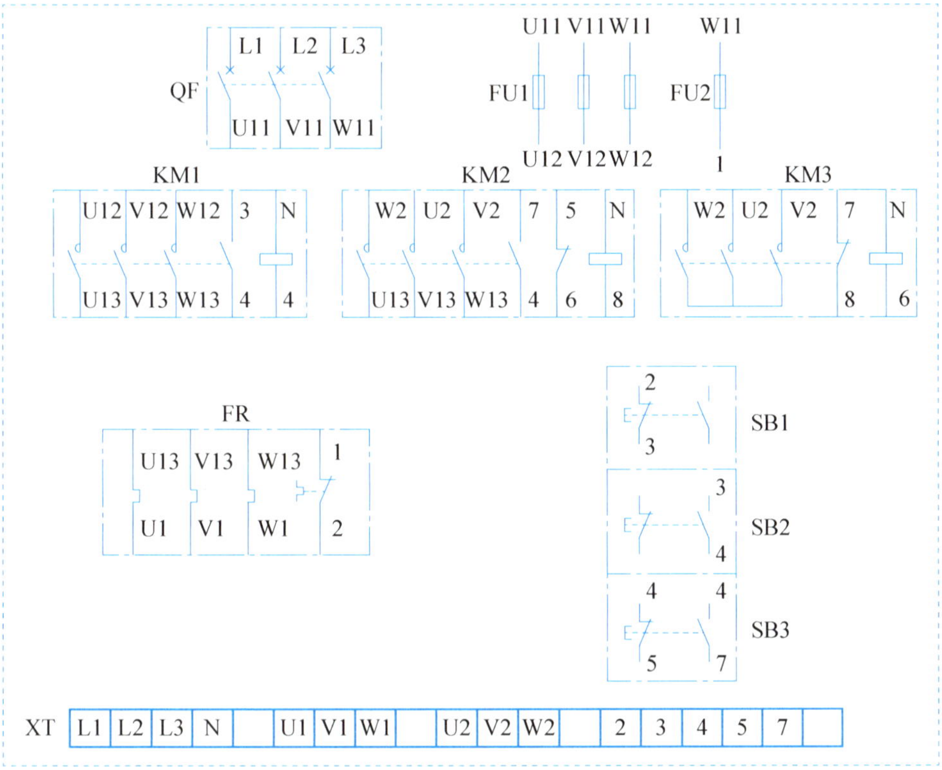

图 6-5-4　安装接线图

5）严禁损伤线芯和导线绝缘层。

6）所有从一个接线端子（或接线桩）到另一个接线端子的导线必须完整，中间无接头。

7）一个元器件接线端子上的连接导线不得多于两根，每节接线端子板上的连接导线一般只允许连接一根。

8）进出线应合理汇集在端子板上。

（2）检查布线。

根据安装接线图检查控制板布线是否正确。

（3）安装电动机。

根据安装接线图安装电动机。

（4）安装接线注意事项。

1）按钮内部的接线不要接错，启动按钮必须接动合（常开）触头。注意按钮 SB3 要接成复合按钮的形式。

2）用 Y—△降压启动的电动机，必须有 6 个出线端子（即要拆开接线盒内的连接片），并且定子绕组在△联结时的额定电压应该等于 380V。

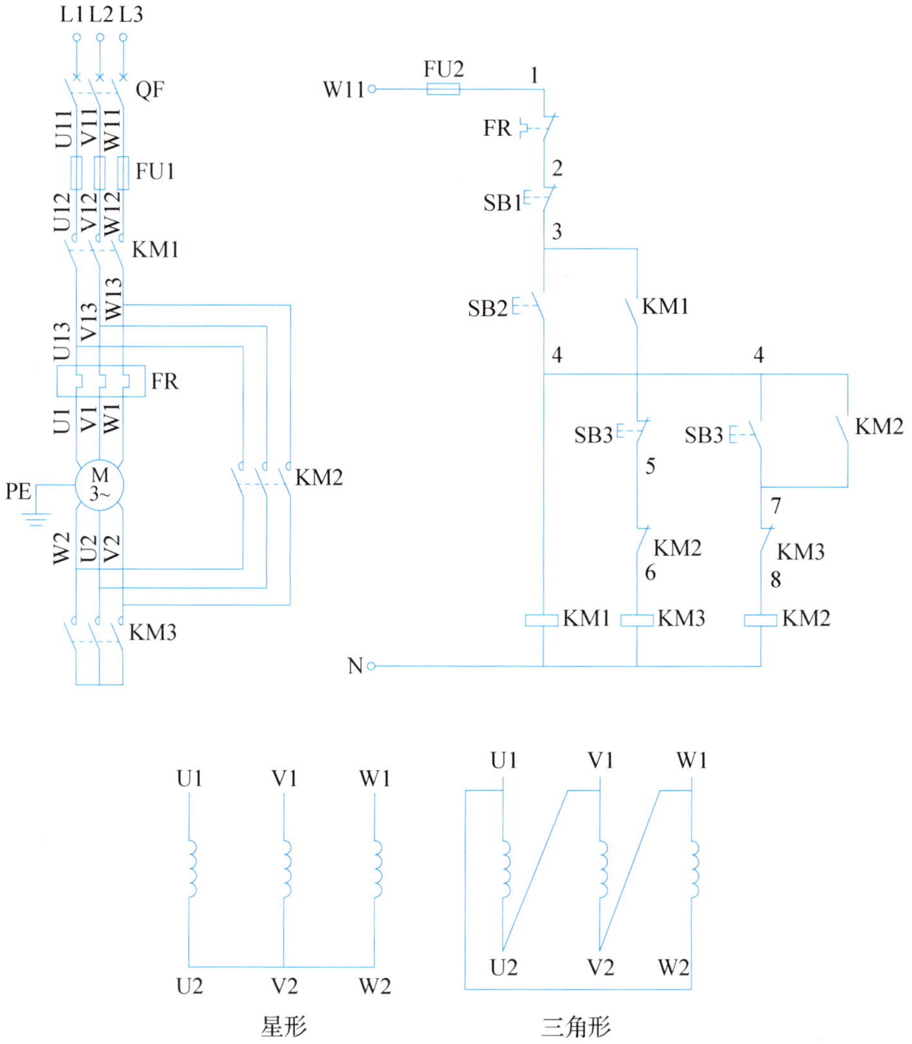

图 6-5-5　电气原理图

3）接线时要保证电动机△联结的正确性，即接触器 KM2 主触头闭合时，应保证定子绕组的 U1 与 W2、V1 与 U2、W1 与 V2 连接。

4）接触器 KM3 的进线必须从三相定子绕组的末端引入，若误将其从首端引入，则在 KM3 吸合时会产生三相电源短路事故。

5）电动机外壳必须可靠接 PE（保护接地）线。

2. 自检和电路测试

安装完毕的控制电路板，必须认真检查后才允许通电试车，以防止错接、漏接造成不能正常运转的情况或引发短路事故。

（1）按电路图或接线图从电源端开始，逐段核对接线及接线端子处线号是否正确，有无漏接、错接之处，检查导线接点是否符合要求，压接是否牢固。确保接触良好。

（2）用万用表检查电路的通断情况。

1）不通电测试。

主电路检查（可断开控制电路）：压下接触器 KM1 的衔铁来代替接触器得电吸合时的情况，依次测量从电源端到电动机出线端子上的每一相电路的电阻值，检查是否存在开路现象；压下接触器 KM2 的衔铁来代替接触器得电吸合时的情况，依次测量 U1—W2、V1—U2、W1—V2 端子上的每一相电路的电阻值，检查是否存在开路现象；压下接触器 KM3 的衔铁来代替接触器得电吸合时的情况，依次测量 U2—V2、V2—W2、W2—U2 端子上的每一相电路的电阻值，检查是否存在开路现象。

控制电路检查（可断开主电路）：将万用表表笔分别搭在 FU2 的进线端和零线上（W11 和 N），此时读数应为“∞”。按下启动按钮 SB2，读数应为接触器 KM1 和 KM3 线圈电阻的并联值；压下 KM1 的衔铁，使 KM1 动合（常开）触头闭合，读数也应为接触器 KM1 和 KM3 线圈电阻的并联值。同时按下按钮 SB2 和 SB3，或者同时压住 KM1 和 KM2 的衔铁，万用表读数应为 KM1 和 KM2 线圈电阻的并联值。

2）通电测试。

操作相应按钮，观察电器动作情况。

合上断路器 QF，引入三相电源，按下按钮 SB2，接触器 KM1 和 KM3 线圈得电吸合并自锁，电动机降压启动；再按下按钮 SB3，KM3 线圈断电释放，KM2 线圈得电吸合自锁，电动机全压运行；按下停止按钮 SB1，KM1 和 KM2 线圈断电释放，电动机停止工作。

实训六　三相异步电动机反接制动控制电路的安装

知识点

- 三相异步电动机反接制动控制电路的构成和工作原理。

技能点

- 能够根据电气原理图和安装接线图完成三相异步电动机反接制动控制电路的安装及调试。

安全要点

- 加装适当的保护电器，避免因电流过大或漏电导致事故。

素养提升

- 刻苦钻研技术，大胆实践，积极进取，不断提高创新意识和能力。

一、速度继电器

速度继电器是反映转速和转向的继电器，其主要作用是以旋转速度的快慢为指令信号，与接触器配合实现对电动机的反接制动控制，故又称为反接制动继电器。速度继电器的外形如图 6-6-1 所示。

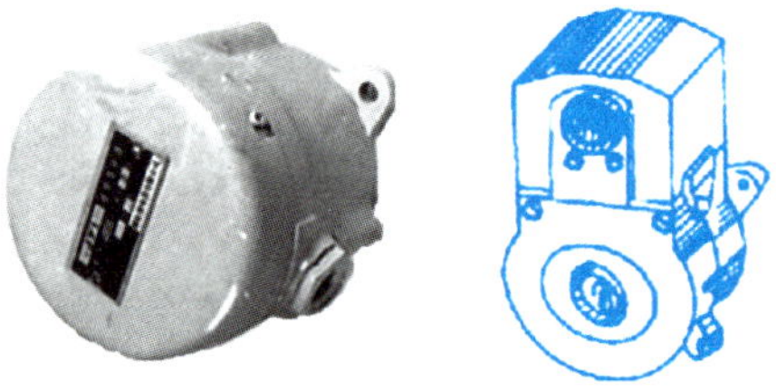

（a）JY1　　（b）JFZ0

图 6-6-1　速度继电器的外形

1. 结构

JY1 系列速度继电器的结构如图 6-6-2 所示。

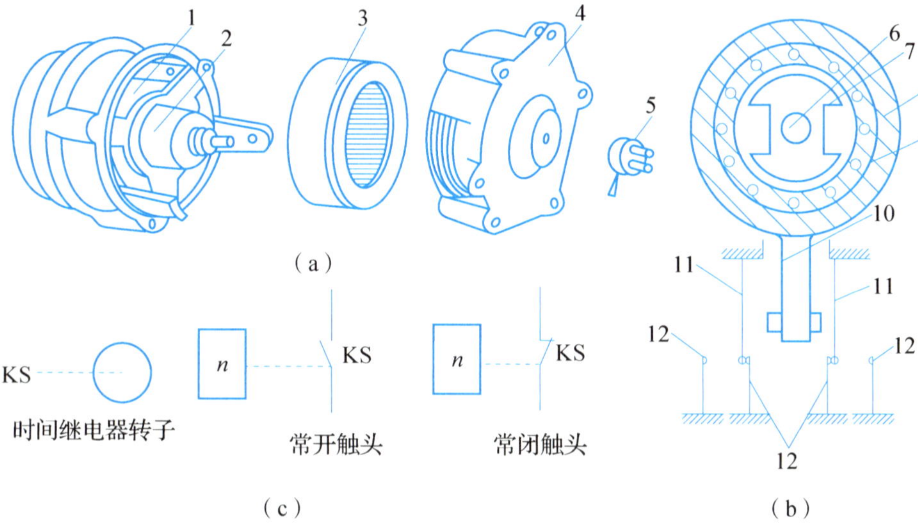

图 6-6-2　JY1 系列速度继电器的结构

1—可动支架；2—转子；3、8—定子；4—端盖；5—连接头；6—转轴；
7—转子（永久磁铁）；9—定子绕组；10—胶木摆杆；11—簧片（动触头）；12—静触头

2. 符号

速度继电器的符号如图 6-6-3 所示。

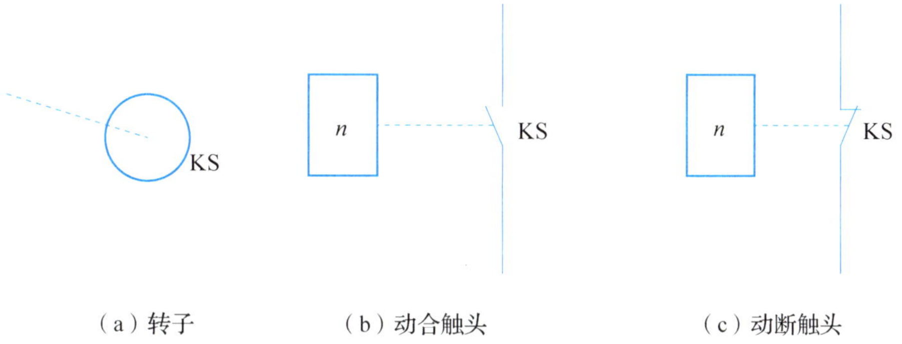

图 6-6-3　速度继电器的符号

3. 动作条件

通常设定为当转速上升至约 120r/min 时，速度继电器动作；当转速下降至约 100r/min 时，触头自动复位。可通过整定螺钉来设定速度继电器的动作条件。

二、单向启动反接制动控制电路

电力制动：使电动机在切断电源停转的过程中，产生一个和电动机实际旋转方向相反的电磁力矩（制动力矩），迫使电动机迅速制动停转。

电力制动的常用方法：反接制动、能耗制动、回馈制动（再生发电制动）、电容制动等。

反接制动原理：改变电动机电源相序，使定子绕组产生反向的旋转磁场，形成制动转矩，迫使电动机迅速停转，如图 6-6-4 所示。当电动机转速接近零时，应立即切断电动机电源，否则电动机将反转。

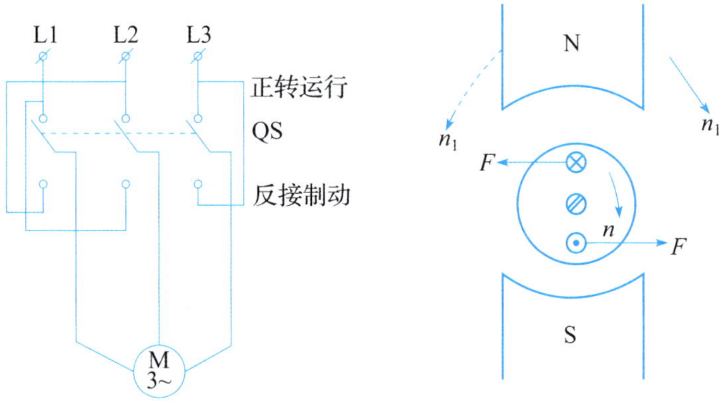

图 6-6-4　反接制动工作原理图

1. 电路组成

单向启动反接制动控制电路的电气原理图如图 6-6-5 所示。

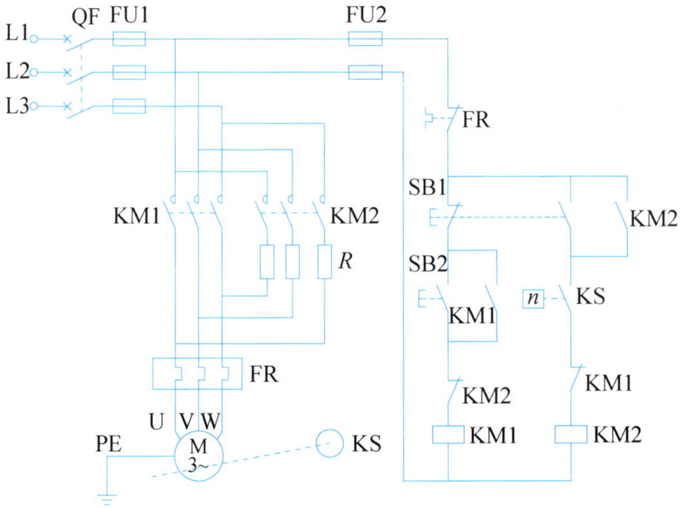

图 6-6-5　单向启动反接制动控制电路的电气原理图

由于反接制动时，电动机转子与定子旋转磁场的相对速度接近正常运行时同步转速的两倍，因此定子绕组中流过的反接制动电流相当于直接启动时启动电流的两倍。反接制动一般应用于 10kW 以上的电动机的控制电路，且应在主电路中串联一组电阻，即反接制动电阻 R。

2. 工作原理

（1）单向启动。

按下SB1 → KM1线圈得电 →
- KM1自锁触头闭合自锁
- KM1主触头闭合
- KM1联锁触头分断，对KM2联锁

（KM1自锁触头闭合自锁、KM1主触头闭合）→ 电动机M启动运转 → 至电动机转速上升到一定值（120r/min左右）时 → KS常开触头闭合为制动作准备

（2）反接制动。

按下复合按钮SB2 →
- SB2常闭触头先分断 → KM1线圈失电 →
  - KM1自锁触头分断，解除自锁
  - KM1主触头分断，M暂时失电
  - KM1联锁触头闭合
- SB2常开触头后闭合

→ KM2线圈得电 →
- KM2联锁触头分断，对KM1联锁
- KM2自锁触头闭合自锁
- KM2主触头闭合 → 电动机M串接R反接制动

→ 至电动机转速下降到一定值（100r/min左右）时 → KS常开触头分断 →

→ KM2线圈失电 →
- KM2联锁触头闭合，解除联锁
- KM2自锁触头分断，解除自锁
- KM2主触头分断 → 电动机M脱离电源停转，制动结束

反接制动的优点：制动力强，制动迅速。

反接制动的缺点：制动准确性差；制动过程冲击强烈，易损坏传动零件；制动能量消耗大，不宜经常制动。

因此，反接制动适用于要求制动迅速、系统惯性较大、不经常启动与制动的场合，如铣床、镗床、中型车床等机床主轴的制动控制。

技能检测

在实训设备上，按照控制要求完成元器件测试、安装与接线，检查电路并进行故障排除。在明确实训任务的基础上，分析三相异步电动机反接制动控制电路的电气原理图。安装接线图如图 6－6－6 所示，电气原理图如图 6－6－7 所示。

1. 安装

（1）布线。

一般从电源端开始按线号顺序接线，先接主电路，后接控制电路。选择适当截面的导线，截取合适的长度，剥去两端绝缘外皮。按照安装接线图进行板前明线布线，工艺要求如下：

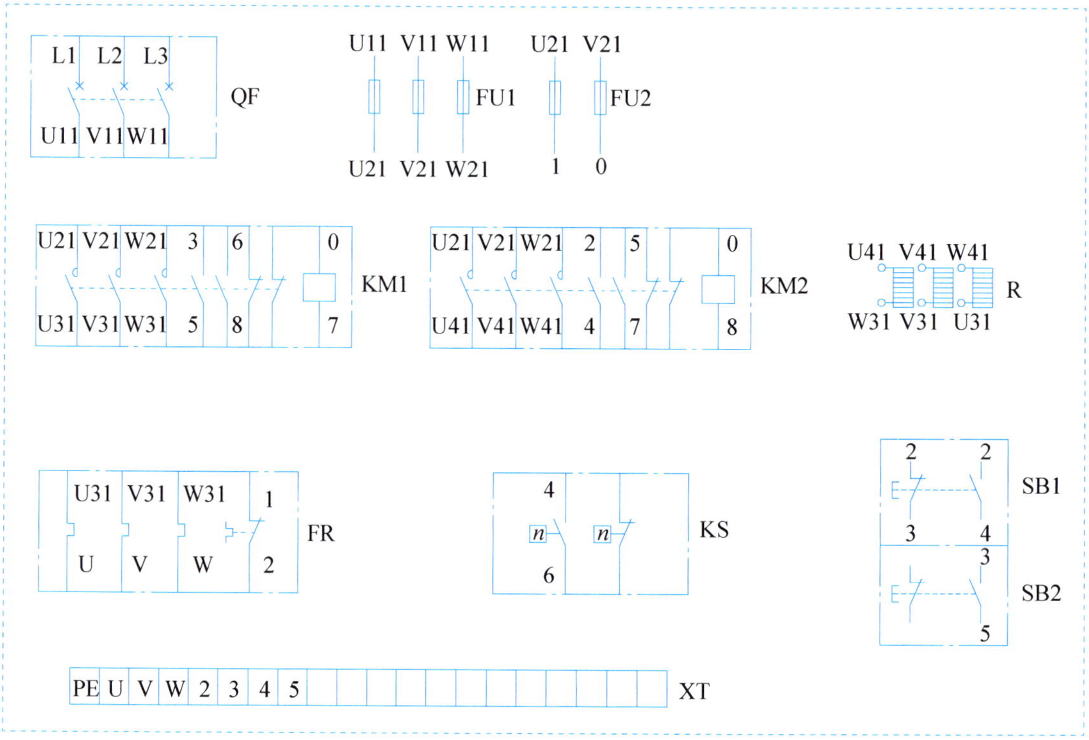

图 6-6-6 安装接线图

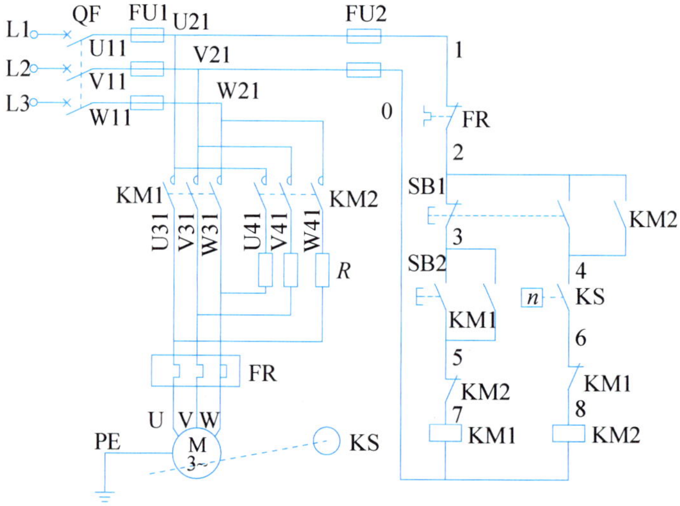

图 6-6-7 电气原理图

1）布线通道尽可能少，同路并行导线按主电路、控制电路分类集中，单层密排，紧贴安装面布线。

2）同一平面的导线应高低一致或前后一致，走线合理，不能交叉或架空。

3）对于螺栓式接线端子，导线连接时应做钩圈，并按顺时针旋转；对于瓦片式接线端子，导线连接时直线插入接线端子固定即可。导线连接不能压绝缘层，也不能露铜过长。

4）布线应横平竖直，分布均匀，变换走向时应垂直。

5）严禁损伤线芯和导线绝缘层。

6）所有从一个接线端子（或接线桩）到另一个接线端子的导线必须完整，中间无接头。

7）一个元器件接线端子上的连接导线不得多于两根，每节接线端子板上的连接导线一般只允许连接一根。

8）进出线应合理汇集在端子板上。

（2）检查布线。

根据安装接线图检查控制板布线是否正确。

（3）安装电动机、速度继电器。

（4）安装接线注意事项。

1）安装速度继电器前，要明确其结构，辨明常开触头的接线端。

2）速度继电器可以预先安装好。安装时，采用速度继电器的连接头与电动机转轴直接连接的方法，并使两轴中心线重合。

3）通电试车时，若制动不正常，可检查速度继电器是否符合要求。若需调节速度继电器的整定螺钉，必须切断电源，以防出现相对地短路而引发事故。

4）速度继电器动作值和返回值的调整，应先由教师示范，学生再自己操作。

5）制动操作不宜过于频繁。

6）通电试车时，必须有指导教师在现场监护，同时做到安全文明生产。

2. 自检和电路测试

安装完毕的控制电路板，必须认真检查后才允许通电试车，以防止错接、漏接造成不能正常运转的情况或引发短路事故。

（1）按电路图或接线图从电源端开始，逐段核对接线及接线端子处线号是否正确，有无漏接、错接之处，检查导线接点是否符合要求，压接是否牢固。确保接触良好。

（2）用万用表检查电路的通断情况。

1）不通电测试。

主电路检查（可断开控制电路）：压下接触器的衔铁来代替接触器得电吸合时的情况，依次测量从电源端（L1、L2、L3）到电动机出线端子（U、V、W）的每一相电路的电阻值，检查是否存在开路现象。

控制电路检查（可断开主电路）：将万用表表笔分别搭在FU2的进线端上，此时读数应为“∞”。按下启动按钮SB2时，读数应为接触器KM1线圈的电阻值；压下接触器KM1

的衔铁，读数也应为接触器 KM1 线圈的电阻值。

2）通电测试。

操作相应按钮，观察电器动作情况。

合上断路器 QS，引入三相电源，按下启动按钮 SB2，接触器 KM1 的线圈通电，衔铁吸合，接触器 KM1 的主触头闭合，电动机接通电源直接启动运转。当转速上升至约 120r/min 时，速度继电器动作，其常开触头闭合，为反接制动做好准备，按下按钮 SB1 时，KM1 线圈失电，KM2 线圈得电反接制动，电动机的定子电路中串入反接制动电阻，转速接近零时速度继电器及时切断反相序电源，防止反向再启动。

练习与提高

班级：________________　　姓名：________________

实训一

一、填空题

1. 热继电器适用于轻载启动且长期工作或间断工作的电动机，作为电动机的（　　）保护。

2. 依靠接触器自身的（　　）来保持接触器线圈通电的现象叫作（　　）。

3. 为防止电压恢复时电动机自行启动或电器元件自行投入工作而设置的保护叫作（　　）。

4. 具有过载保护的自锁控制电路用（　　）进行短路保护，用（　　）进行失压保护，用（　　）进行过载保护。

二、选择题

1. 热继电器是利用电流的（　　）来推动动作机构使触头系统闭合或分断的保护电器。

A. 热效应　　B. 磁效应

C. 机械效应　　D. 化学效应

2. 具有过载保护的接触器自锁控制电路中，实现过载保护的电器是（　　）。

A. 熔断器　　B. 热继电器

C. 接触器　　D. 电源开关

3. 具有过载保护的接触器自锁控制电路中，实现欠压和失压保护的电器是（　　）。

A. 熔断器　　B. 热继电器

C. 交流接触器　　D. 电源开关

三、判断题

（　　）1. 接触器自锁控制电路具有失压和欠压保护功能。

（　　）2. 由于热继电器的热惯性大，因此在电动机控制电路中，只适合用作过载保护，不宜用作短路保护。

（　　）3. 接触器可起欠压和失压保护作用，两者的保护原理是一样的。

四、简答题

1. 在装有自动控制设备的机床上，电动机由于过载而自动停车后，有人立即按启动按钮，但不能开车。请说明这可能是什么原因？

2. 在电动机控制电路中，能否用热继电器进行短路保护？为什么？

实训二

一、选择题

1. 为了避免正转和反转接触器同时动作，控制电路应采用（　　）。

A. 自锁控制　　B. 联锁控制

C. 位置控制　　D. 顺序控制

2. 在接触器联锁正反转控制电路中，其联锁触头应是对方接触器的（　　）。

A. 主触头　　B. 常开触头

C. 常闭触头　　D. 都可以

3. 在操作接触器联锁正反转控制电路时，要使电动机从正转变为反转，正确的操作方法是（　　）。

A. 可直接按下反转启动按钮

B. 可直接按下正转启动按钮

C. 必须先按下停止按钮，再按下反转启动按钮

4. 按钮联锁正反转控制电路的优点是操作方便，缺点是容易产生电源两相短路事故。在实际工作中，经常采用（　　）正反转控制线路。

A. 按钮联锁　　B. 接触器联锁

C. 按钮、接触器双重联锁　　D. 倒顺开关

5. 要使三相异步电动机反转，就必须改变通入电动机定子绕组的（　　），即把电动机的三相电源进线的任意两相对调接线。

A. 电源相序　　B. 电压

C. 电流　　D. 功率

二、判断题

（　　）1. 按钮联锁正反转控制电路的优点是工作安全可靠、操作方便。

（　　）2. 为了确保三相异步电动机实现反转，正转和反转接触器的主触头必须按相同的相序并接后串接在主电路中。

（　　）3. 电路图中的辅助电路一般跨接在两相电源线之间，并水平画出。

（　　）4. 画电路图、接线图、布置图时，同一电路的各元件都要按其实际位置画在一起。

（　　）5. 流过主电路和辅助电路的电流相等。

（　　）6. 接线图主要用于接线安装、线路检查和维修，不能用于分析电路的工作原理。

（　　）7. 三相异步电动机直接启动，具有设备简单、操作方便等优点，所以在工程应用中大多采用直接启动。

（　　）8. 接触器联锁正反转控制电路的优点：利用“联锁”关系，保证正反转的接触器的主触头不可同时接通，避免了电源短路事故。

三、简答题

1. 如何使三相异步电动机改变转向？

2. 什么是电气联锁（互锁）？电气联锁在三相异步电动机接触器联锁正反转控制电路中是如何实现的？为什么要设置电气联锁？

实训三

一、选择题

1. 在双重联锁的正反转控制电路中，双重联锁是指除了用（　　）作电气联锁外，还用（　　）作机械联锁，从而形成双重联锁。

A. 按钮　　B. 交流接触器

C. 熔断器　　D. 热继电器

2. 一个元器件接线端子上的连接导线不得多于（　　）根，每节接线端子板上的连接导线一般只允许连接 1 根。

A. 1　　B. 2

C. 3　　D. 4

3. 交流接触器常闭触头与对方的线圈相串联而构成的联锁称为（　　）联锁。

A. 机械　　B. 电气

C. 联动　　D. 都可以

4. 复合按钮的常闭触头串联在对方的电路中而构成的联锁称为（　　）联锁。

A. 机械　　B. 电气

C. 联动　　D. 都可以

二、判断题

（　　）1. 按钮联锁正反转控制电路可以克服接触器联锁正反转控制电路操作不便的缺点，但容易产生电源两相短路故障。

（　　）2. 在双重联锁的正反转控制电路中，双重联锁是指除了用接触器作电气联锁外，还用按钮作电气联锁，从而形成复合联锁。

（　　）3. 同一平面的导线应高低一致或前后一致，走线合理，不能交叉或架空。

（　　）4. 布线应横平竖直，分布均匀，变换走向时应垂直。

实训四

一、填空题

1. 自动往返控制电路属于（　　）电路。

2. 行程开关是一种根据工作机械的（　　）发出操作命令以控制其运动方向和行程的开关。

3. 行程开关的工作原理与（　　）相同，区别在于它不需要按压，而是通过生产机械（　　）部件的碰压使触头动作，从而将（　　）信号转变为（　　）信号，以控制机械动作或控制程序。

4. 各系列行程开关的基本结构大致相同，均由（　　）系统、（　　）机构和外壳组成。

5. 启动按钮选用（　　）色或（　　）色按钮，必须接（　　）触头；停止按钮选用（　　）色按钮，必须接（　　）触头。

二、简答题

在自动往返控制电路中，起限位功能的行程开关应使用常开触头还是常闭触头？为什么？

实训五

一、填空题

1. Y—△降压启动电动机启动时，把定子绕组接成 Y，以降低（　　），限制（　　）。待电动机启动后，再把定子绕组改接成△，使电动机全压运行。

2. 三相异步电动机定子绕组的接法为（　　）接法时，才有可能采用 Y—△启动。

3. 当三相异步电动机采用 Y—△降压启动时，每相定子绕组承受的电压是△联结全压启动时的（　　）倍。

4. 电网供电电压为 380V，电动机启动时若接成 Y，加在每相定子绕组上的启动电压是（　　）V，启动电流和启动转矩为△联结时的（　　）。

5. 电动机外壳必须可靠接（　　）线。

二、简答题

1. Y—△降压启动适合什么样的电动机？请分析在启动过程中电动机绕组的连接方式。

2. 电源断相后，为什么 Y 联结时电动机不能转动，而△联结时电动机能转动（只是声音较大）？

实训六

一、填空题

1. 速度继电器的作用是与（　　）配合，实现对电动机的（　　）控制。

2. 三相异步电动机常用的电气制动方法有（　　）（　　）（　　）3 种。

3. 速度继电器是反映转速和转向的继电器，其主要作用是以旋转速度的（　　）为指令信号。

4. 速度继电器与（　　）配合实现对电动机的反接制动控制，故又称为反接制动继电器。

5. 当转速上升至约 120r/min 时，速度继电器动作；当转速下降至约 100r/min 时，触头自动复位。可通过整定（　　）来设定速度继电器的动作条件。

6. 电力制动是使电动机在切断电源停转的过程中，产生一个和电动机实际旋转方向相反的（　　），迫使电动机迅速制动停转。

7. 电力制动的常用方法有（　　）制动、（　　）制动、（　　）制动、（　　）制动等。

8. 反接制动原理是改变电动机（　　），使定子绕组产生反向的旋转磁场，形成制动转矩，迫使电动机迅速停转。当电动机转速接近零时，应立即切断电动机电源，否则电动机将反转。

9. 反接制动时，旋转磁场反向转动，与电动机的转动方向（　　）。

10. 三相异步电动机采用反接制动，切断电源后，应将电动机的（　　）绕组的两相绕组反接。

二、判断题

（　　）1. 三相异步电动机反接制动控制电路中，速度继电器常开触头的作用是避免电动机反转。

（　　）2. 反接制动的优点是制动力强，制动迅速。

（　　）3. 反接制动的缺点是制动准确性差，制动过程冲击强烈，易损坏传动零件，制动能量消耗大，不宜经常制动。

（　　）4. 反接制动适用于要求制动迅速、系统惯性较大、不经常启动与制动的场合，如铣床、镗床、中型车床等机床主轴的制动控制。

（　　）5. 所有从一个接线端子（或接线桩）到另一个接线端子的导线必须完整，中间无接头。

评价表

1. 教师评价

项目	配分	扣分标准	教师评价
学习态度	10 分	（1）玩手机，每次扣 10 分； （2）上课睡觉，每次扣 10 分； （3）不遵守实训规章制度，扣 10 分	
提问	10 分	不能正确回答教师提问，扣 10 分	
出勤	10 分	（1）旷课，扣 10 分； （2）事假，扣 4 分	
作业	30 分	按评分标准扣分	
单元测验	40 分	按评分标准扣分	
总分			
班级：		组别：	姓名：

2. 小组互评

组别：		姓名：			
序号	考核标准	配分	得分	得分	得分
1	喜欢合作学习，积极参加小组活动	10			
2	敢于发表自己的见解，并尊重同学的意见	10			
3	积极帮助小组其他成员，友好相处	10			
4	学习目的明确，组织有序	10			
5	协作推动小组的工作	10			
6	表现积极，主动完成各项学习任务	10			
7	会通过网络检索资料，并做好摘录	10			
8	口头表达准确流畅，图表表达简单明了	10			
9	具有自我学习的能力	10			
10	具有自我认知和自我评估的能力	10			
总分					

模块七 常用机床电气控制设备及电气控制电路

知识点

- 分析、设计一般电气原理图的方法。
- 电气控制线路的绘制原则。

技能点

- 能够进行常用机床控制电路的设计与调试。
- 能够进行故障分析及查找。

安全要点

- 加装适当的保护电器，避免因电流过大或漏电导致事故。

素养提升

- 发扬爱岗敬业的工作作风，树立终身学习的人生态度。

实训一　机床电气控制设备的维护及检修方法

一、机床电气故障的检修步骤

1. 故障调查

（1）问。机床发生故障后，首先应向操作者了解故障发生前后的情况，再根据电气设备的工作原理来分析故障原因。通常，询问的内容有：故障发生在开车前、开车后，还是运行中？是运行中自行停车，还是发现异常情况后由操作者停下来的？发生故障时，机床工作在什么工作顺序，按动了哪个按钮，扳动了哪个开关？故障发生前后，设备有无异常现象（如异响、异常气味、冒烟或冒火等）？以前是否发生过类似的故障，是怎样处理的？等等。

（2）看。看熔断器内的熔丝是否熔断，其他电气元件有无烧坏、发热、断线，导线连接螺钉是否松动，电动机的转速是否正常。

（3）听。听电动机、变压器和一些电器元件在运行中的声音是否正常，这有助于寻找故障的部位。

（4）摸。电动机、变压器和电器元件的线圈发生故障时，温度会显著上升，可切断电源后用手触摸。

2. 电路分析

根据调查结果，参考电气设备的电气原理图进行分析，初步判断故障产生的部位，然后逐步缩小故障范围，直至找到故障点并加以消除。

分析故障时应有针对性。如接地故障，一般先考虑电器柜外的电气装置，后考虑电器柜内的电气元件；断路和短路故障，应先考虑动作频繁的元件，后考虑其余元件。

3. 断电检查

检查前先断开机床总电源；再检查电源线进线处有无因碰伤而引起的电源接地、短路等现象，检查螺旋式熔断器的熔断指示器是否跳出，热继电器是否动作；然后检查电器外部有无损坏，连接导线有无断路、松动，绝缘是否过热或烧焦。

4. 通电检查

若断电检查仍未找到故障，可对电气设备进行通电检查。

通电检查前，要尽量使电动机和其所传动的机械部分脱开，将控制器和转换开关置于零位，行程开关还原到正常位置，确认不存在缺相和严重不平衡。

检查顺序：先检查控制电路，后检查主电路；先检查交流系统，后检查直流系统；先检查开关电路，后检查负载电路。或断开所有开关、取下所有熔断器，然后按顺序逐一插入要检查部位的熔断器，合上开关，观察各电气元件是否按要求动作，是否出现冒火、冒烟、熔断器熔断的现象，直至检查出发生故障的部位。

二、机床电气故障的检修方法

1. 断路故障的检修

（1）验电笔检测法。

用验电笔接触检测点位，不亮即为断路处，如图 7－1－1 所示。

用验电笔检测断路故障时应注意以下两点：

1）在有一端接地的 220V 电路中测量时，应从电源侧开始，依次测量，并注意观察验电笔的亮度，防止由于外部电场、泄漏电流造成氖管发亮，而误认为电路没有断路。

2）检查 380V 且有变压器的控制电路中的熔断器是否熔断时，防止电源通过另一相熔断器和变压器的一次侧线圈回到已熔断的熔断器的出线端，造成熔断器没有熔断的假象。

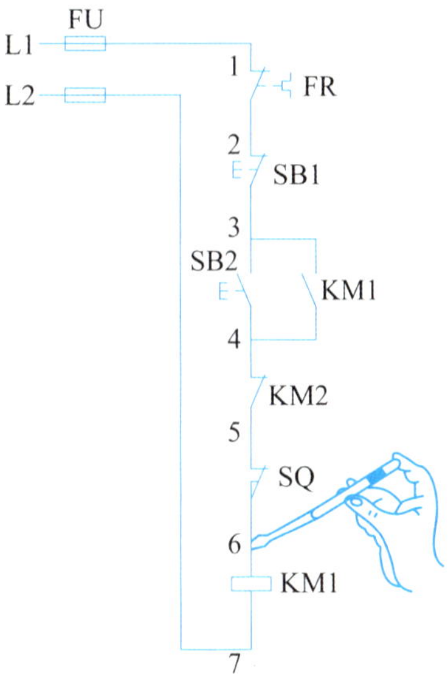

图 7－1－1　用验电笔检测

（2）校灯检测法。

校灯主要用于电气电路检查，特别是在检查电路的通断情况时发挥作用。通常由灯泡、灯座和两根测试线组成。工作时，将测试线连接到被测电路的两点，如果电路是通路，灯泡就会亮；如果是断路，灯泡不亮。例如，在机床电气维修中，可以用校灯检查控制电路的各个触点是否导通。

检测时，将校灯一端连接在 0 处，另一端按 1、2、3、4、5、6 的顺序逐点测试，如图 7－1－2 所示。按下按钮 SB2，如接在 2 号线上的校灯亮，而接在 3 号线上的校灯不亮，则说明 SB1（2－3）断路。

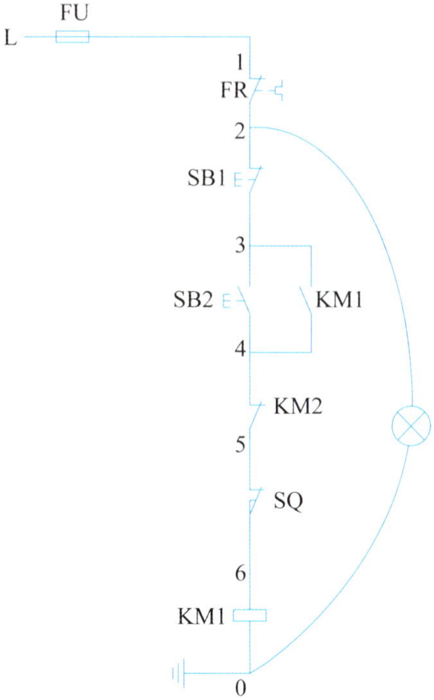

图 7－1－2　用校灯检测

用校灯检测断路故障时应注意以下两点：

1）灯泡的额定电压与被测电压应符合，被测电压太高，灯泡易烧坏；被测电压太低，灯泡不亮。通常，检查 220V 电路时，用一只 220V 的灯泡；检查 380V 的电路时，可用二只 220V 的灯泡串联。

2）注意灯泡的容量，查找断路故障时使用小容量（10～60W）的灯泡为宜，而查找接触不良引起的故障时，应用较大容量（150～200W）的灯泡。

（3）万用表检测法。

1）电压测量法。检测时，把万用表旋到交流电压 500V 挡位上。

①分阶测量法。电压的分阶测量法如图 7-1-3 所示。

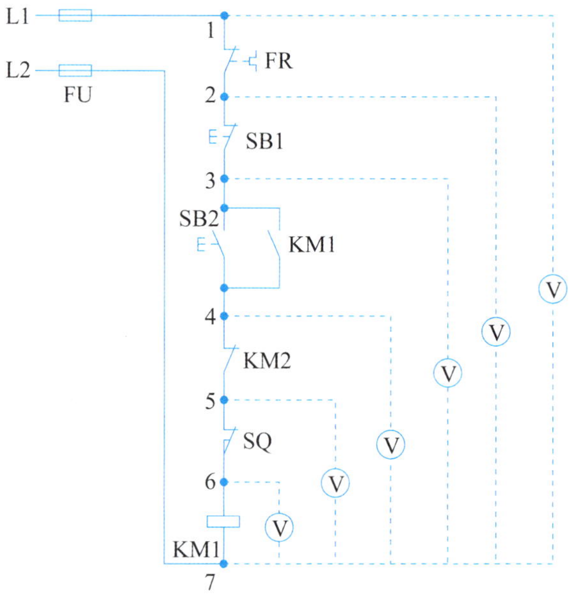

图 7-1-3　电压的分阶测量法

检测时，首先用万用表测量 1、7 两点间的电压，若电路正常应为 380V，然后按住启动按钮 SB2 不放，同时将黑表笔接到 7 号线上，红表笔按 2、3、4、5、6 标号依次测量，即分别测量 7-2、7-3、7-4、7-5、7-6 各阶之间的电压，电路正常情况下，各阶的电压均为 380V。如测到 7-5 电压为 380V，而 7-6 无电压，则说明行程开关 SQ 的常闭触头（5-6）断路。

根据各阶电压值判断故障原因的方法见表 7-1-1。

表 7-1-1　分阶测量法判断故障原因

故障现象	测试状态	7-1	7-2	7-3	7-4	7-5	7-6	故障原因
按下 SB2，KM1 不吸合	按下 SB2 不放	380V	380V	380V	380V	380V	0	SQ 动断（常闭）触头接触不良
		380V	380V	380V	380V	0	0	KM2 动断（常闭）触头接触不良
		380V	380V	380V	0	0	0	SB2 动合（常开）触头接触不良
		380V	380V	0	0	0	0	SB1 动断（常闭）触头接触不良
		380V	0	0	0	0	0	FR 动断（常闭）触头接触不良

②分段测量法。电压的分段测量法如图 7-1-4 所示。

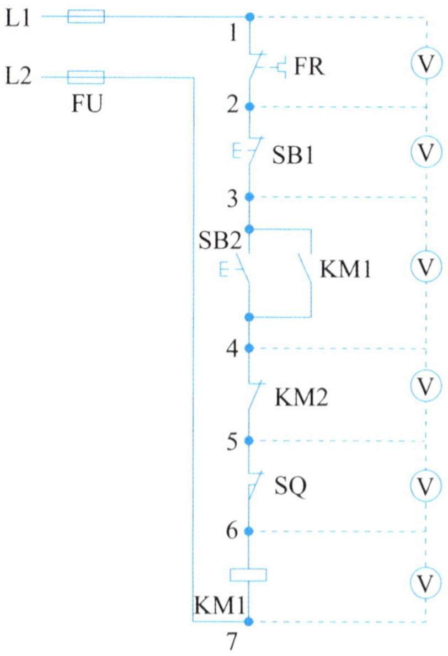

图 7-1-4　电压的分段测量法

电压的分段测量法是用红、黑两根表笔逐段测量相邻两标点 1-2、2-3、3-4、4-5、5-6、6-7 间的电压。检测时，先用万用表测试 1-7 两点，电压值为 380V，说明电源电压正常。

如电路正常，按下启动按钮 SB2 后，除 6-7 两点间的电压为 380V 外，其他任何相邻两点间的电压值均为零。

如按下启动按钮 SB2 后，接触器 KM1 不吸合，说明发生断路故障，此时可用电压表逐段检测各相邻两点间的电压。如测量到某相邻两点间的电压为 380V，说明这两点间有断路故障，根据各段电压值判断故障原因的方法见表 7-1-2。

表 7-1-2　分段测量法判断故障原因

故障现象	测试状态	1-2	2-3	3-4	4-5	5-6	6-7	故障原因
按下 SB2，KM1 不吸合	按下 SB2 不放	380V	0	0	0	0	0	FR 动断（常闭）触头接触不良
		0	380V	0	0	0	0	SB1 动断（常闭）触头接触不良
		0	0	380V	0	0	0	SB2 动合（常开）触头接触不良
		0	0	0	380V	0	0	KM2 动断（常闭）触头接触不良
		0	0	0	0	380V	0	SQ 动断（常闭）触头接触不良
		0	0	0	0	0	380V	KM1 线圈断路

2）电阻测量法。

①分阶测量法。电阻的分阶测量法如图 7-1-5 所示。

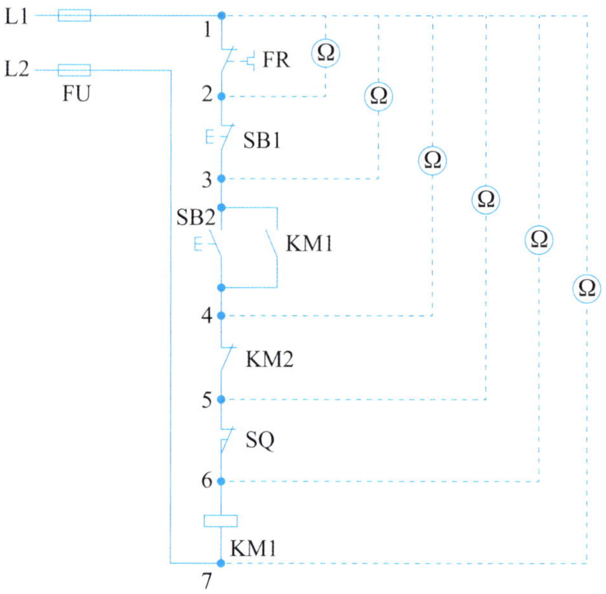

图 7-1-5　电阻的分阶测量法

按下启动按钮 SB2，接触器 KM1 不吸合，说明该电气回路存在断路故障。

用万用表的电阻挡检测前，应先断开电源，再按下按钮 SB2 不放，测量 1-7 两点间的电阻，如电阻值为无穷大，说明 1-7 之间的电路断路。然后分阶测量 1-2、1-3、1-4、1-5、1-6 各点间的电阻值。若电路正常，则相应两点间的电阻值为零；当测量出某标号间的电阻值为无穷大时，则说明表笔刚跨过的触头或连接导线断路。

②分段测量法。电阻的分段测量法如图 7-1-6 所示。

检测时，先切断电源，按下启动按钮 SB2，然后依次逐段测量相邻两标号点 1-2、2-3、3-4、4-5、5-6 间的电阻。如测得某两点间的电阻无穷大，说明这两点间的触头或连接导线断路。例如，测得 2-3 两点间的电阻为无穷大，说明停止按钮 SB1 或连接 SB1 的导线断路。

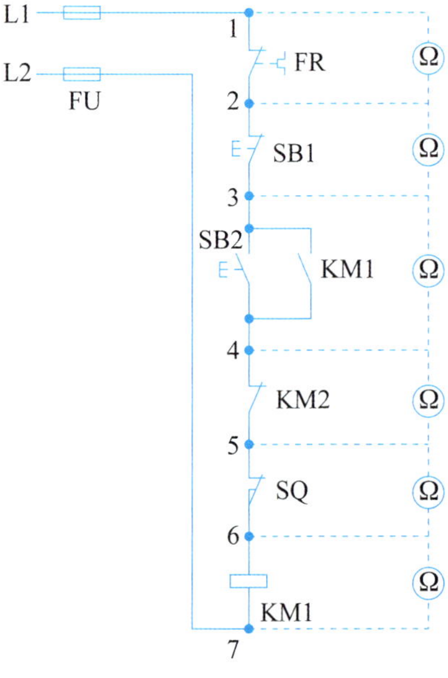

图 7-1-6　电阻的分段测量法

电阻测量法的优点是安全，缺点是测得的电阻值不准确时，容易导致判断错误。为此，应注意以下几点：

①用电阻测量法检测故障时一定要断开电源。

②如被测电路与其他电路并联，必须将它们断开，否则测得的电阻值不准确。

③测量高电阻值的电器元件时，把万用表的选择开关旋转至合适的电阻挡。

(4) 短接检测法。

用一根绝缘良好的导线把所怀疑的断路部位短接，如短接后电路被接通，说明该处断路。

1) 局部短接法。局部短接法检测断路故障如图 7-1-7 所示。

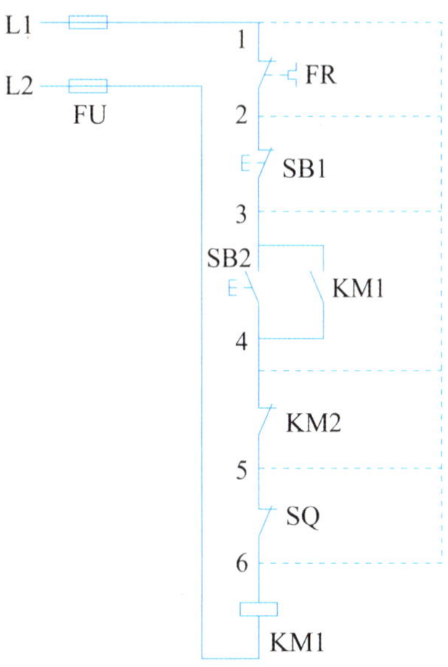

图 7-1-7 局部短接法

按下启动按钮 SB2 后，接触器 KM1 不吸合，说明该电路存在断路故障。检测时，先用万用表电压挡测量 1-7 两点间的电压值，若电压正常，可按下启动按钮 SB2 不放，然后用一根绝缘良好的导线分别短接 1-2、2-3、3-4、4-5、5-6。当短接到某两点时，接触器 KM1 吸合，说明断路故障就在这两点之间。短接部位及故障原因见表 7-1-3。

表 7-1-3 短接部位及故障原因

故障现象	短接点标号	KM1 动作	故障原因
按下 SB2，KM1 不吸合	1-2	KM1 吸合	FR 常闭触头接触不良或误动作
	2-3	KM1 吸合	SB1 常闭触头接触不良
	3-4	KM1 吸合	SB2 常闭触头接触不良
	4-5	KM1 吸合	KM2 常闭触头接触不良
	5-6	KM1 吸合	SQ 常闭触头接触不良

2) 长短接法检测断路故障如图 7-1-8 所示。

长短接法是指一次短接两个或多个触头来检测断路故障的方法。

当 FR 的常闭触头和按钮 SB1 的常闭触头同时接触不良时，如用局部短接法短接 1-2 点，按下启动按钮 SB2，KM1 仍然不会吸合，且可能导致判断错误。而采用长短接法将 1-6 短接，如 KM1 吸合，说明 1-6 段电路存在断路故障，然后短接 1-3 和 3-6，若短接 1-3 时，按下按钮 SB2 后 KM1 吸合，说明故障在 1-3 段，再用局部短路法短接 1-2 和 2-3，便可以很快检测出断路故障。

短接法检测断路故障时应注意以下几点：

①短接法需要手拿绝缘导线带电操作，所以一定要注意安全，避免触电事故。

②短接法只适用于检测压降极小的导线和触头之间的断路故障。对于压降较大的电器，如电阻、接触器和继电器的线圈等出现断路故障，不能采用短接法，否则会出现短路故障。

③对于机床的重要部位，必须在确保电气设备或机械部位不会出现事故的情况下使用短接法。

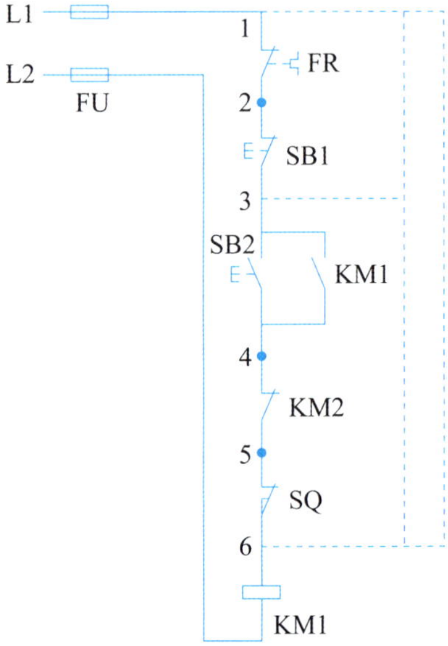

图 7-1-8　长短接法

2. 短路故障的检测

（1）电源间短路故障的检测。

这种故障一般是电器的触头或连接导线将电源短路。如图 7-1-9 所示为电源间的短路故障。

行程开关 SQ 中的 2 号线与 0 号线因某种原因连接，导致电源短路。合上电源，按下按钮 SB2 后，熔断器 FU 就熔断。下面采用电池灯检测法。电池灯主要用于电气电路检查，特别是在检查电路的短路情况时发挥作用。通常由电池、灯泡和两根测试线组成，电池作为电源提供电能，灯泡用于显示电路的状态。工作时，将测试线连接到被测电路的不同节点，可以判断两点间是否短路。若测试线接触的两点本不应导通（正常情况下电阻极大），但灯泡亮起，就表明这两点之间可能存在短路故障。这是因为短路会使两点间电阻变得很小，有足够的电流通过灯泡并使其发光。

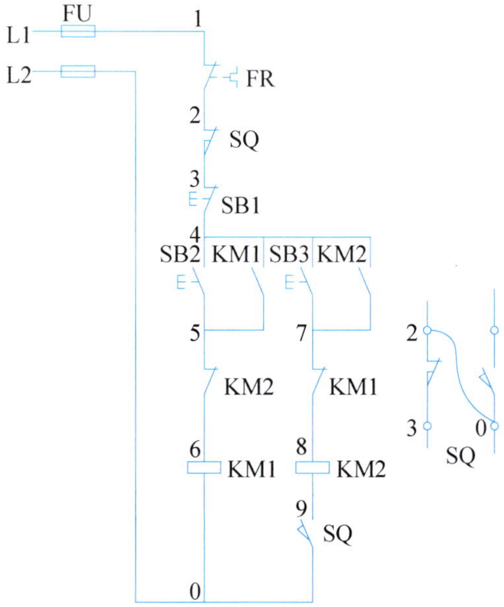

图 7-1-9　电源间的短路故障

1）取出熔断器 FU 的熔芯，将电池灯的两根线分别接到 1 号线和 0 号线上，灯亮，说明电源间短路。

2）将行程开关 SQ 的常开触头上的 0 号线拆下，灯暗，说明电源在这个环节短路。

3）将电池灯的一根线从 0 号线移到 9 号线上，灯灭，说明短路在 0 号线上。

4）将电池灯的两根线分别接到 1 号线和 0 号线上，然后依次断开 4、3、2 号线，若断开 2 号线时灯灭，说明 2 号线和 0 号线间短路。

上述短路故障亦可用万用表的电阻挡检测。

（2）电器触头本身短路故障的检测。

如停止按钮 SB1 的常闭触头短路，则接触器 KM1 和 KM2 工作后就不能释放。又如接触器 KM1 的自锁触头短路，这时合上电源，KM2 就吸合，这类故障较明显，通过分析即可确定故障点。

（3）电器触头之间短路故障的检测。

如图 7－1－10 所示，接触器 KM1 的两副辅助触头 3 号线和 8 号线因某种原因短路，此时，合上电源，接触器 KM2 即吸合。

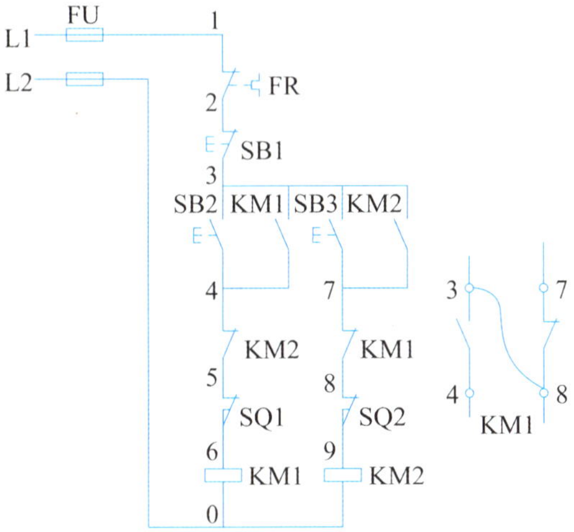

图 7－1－10　电器触头间的短路故障

1）通电检测。可按下按钮 SB1，如接触器 KM2 释放，则可确定一端短路故障在 3 号线；然后将 SQ2 断开，KM2 也释放，则说明短路故障可能在 3 号线和 8 号线之间。若拆下 7 号线，KM2 仍吸合，则可确定 3 号线和 8 号线为短路故障点。

2）断电检修。将熔断器 FU 取出，用万用表的电阻挡（或电池灯）测 2－9，若电阻为“0”（或电池灯亮）表示 2－9 之间存在短路故障；然后按下按钮 SB1，若电阻为“∞”（或电池灯不亮），说明短路不在 2 号线；再将 SQ2 断开，若电阻为“∞”（或电池灯不亮），则说明短路也不在 9 号线。然后将 7 号线断开，电阻为“0”（或电池灯亮），则可确定短路故障点在 3 号线和 8 号线之间。

上述检查和分析电气设备故障的一般顺序和方法，应根据故障的性质和具体情况灵活选用，断电检查多采用电阻法，通电检查多采用电压法或电流法。各种方法可交叉使用，以便迅速有效地找出故障点。

3. 修复及注意事项

找出电气设备的故障点后，就要着手进行修复、试运转、记录等工作，然后交付使用。这一过程中必须注意以下事项：

（1）在查找故障点和修复故障时，注意不能把找出的故障点作为故障的终点，还必须进一步分析查明产生故障的根本原因。例如：在处理某台电动机因过载烧毁的事故时，决不能认为将烧毁的电动机重新修复或更换一台同型号的新电动机就算完成工作，而应进一步查明电动机过载的原因，到底是负载过重所致，还是电动机选择不当、功率过小所致。因此，修复故障应在找出故障原因并排除之后进行。

（2）找出故障点后，一定要针对不同故障情况和部位采取正确的修复方法，不要轻易采用更换电器元件和补线等方法，更不允许轻易改动线路或更换规格不同的电器元件，以防发生人为故障。

（3）在故障点修理的过程中，一般情况下应尽量做到复原。不过有时为了使设备尽快恢复运行，也可根据实际情况采取应急措施，但绝不可凑合行事。

（4）电气故障修复完毕，需要通电试运行时，应和操作者配合，避免出现新的故障。

总之，在实际工作中，每次排除故障后应及时总结经验，并做好维修记录，记录的内容可包括：机床的名称、型号和编号，故障发生的时间，故障的现象，故障的部位，损坏的电器，故障原因，修复措施及修复后的运行情况等，作为档案以备日后维修时参考。注意通过对历次故障的分析，采用有效措施，防止类似事故再次发生。

实训二　常用机床电气控制电路分析

一、CA6140 型卧式车床的电气控制线路

车床是一种应用极为广泛的金属切削机床，能够车削外圆、内圆、端面、螺纹、螺杆和定型表面等。

普通车床可完成两种主要运动：一种是卡盘或顶尖带动工件的旋转运动；另一种是溜板带动刀架的纵向或横向直线运动，称为进给运动。

车床的辅助运动：刀架的快速进给与快速退回，尾座的移动与工件的夹紧、松开等。

1. 型号的含义

CA6140 型卧式车床型号的含义如图 7－2－1 所示。

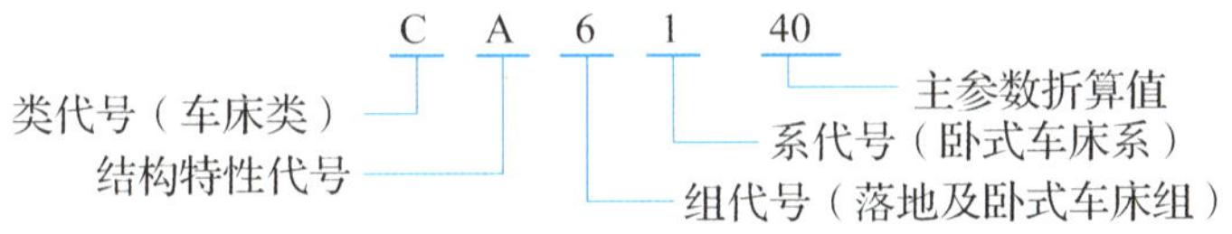

图 7－2－1　CA6140 型卧式车床型号的含义

2. 主要结构及运动形式

CA6140 型卧式车床的外形如图 7－2－2 所示，主要由床身、主轴箱、进给箱、溜板箱、方刀架、丝杠、光杠、尾架等部分组成。

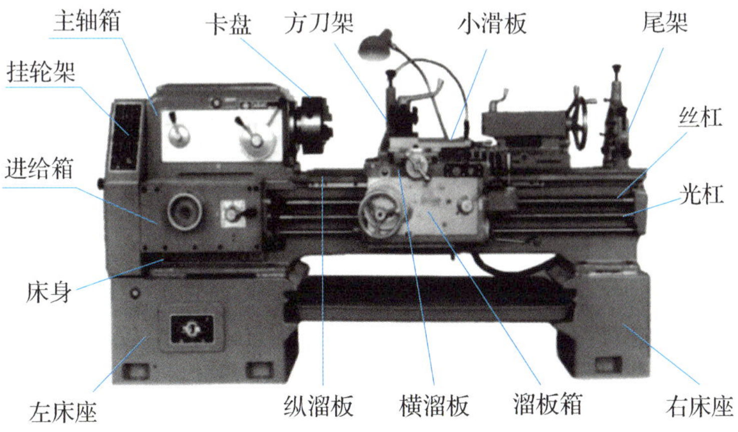

图 7－2－2　CA6140 型卧式车床的外形

进行切削加工时，为了获得所需的工件表面形状，必须使刀具和工件按照一定的规律运动，以确保刀具和工件之间具有正确的相对运动。

车床的主运动是主轴带动工件的旋转运动。

车床的进给运动是刀架带动刀具的直线运动。

车床的辅助运动是车床上除切削运动以外的其他一切必要的运动，如尾架的纵向移动，工件的夹紧与放松等。

3. 电力拖动的特点及控制要求

（1）主拖动电动机一般选用三相笼型异步电动机，不进行电气调速。

（2）采用齿轮箱进行机械有级调速。为减小振动，主拖动电动机通过几条 V 带将动力传递到主轴箱。

（3）在车削螺纹时，要求主轴能够正反转，通过主拖动电动机正反转或机械方式实现。

（4）主拖动电动机的启动、停止通过按钮操作。

（5）刀架移动和主轴转动有固定的比例关系，以满足螺纹的加工要求。

（6）车削加工时，由于刀具工作温度过高，有时需要冷却，因此应配有冷却泵电动机，并且要求在主拖动电动机启动后，方可决定是否开动冷却泵；当主拖动电动机停止时，冷却泵应立即停止。

（7）必须有过载、短路、欠压、失压保护。

（8）具有安全的局部照明装置。

4. CA6140 型卧式车床电路分析

在明确实训任务的基础上，分析图 7－2－3 所示的车床的电气原理图。

（1）主电路分析。

主电路共有 3 台电动机：M1 为主轴电动机，带动主轴旋转、带动刀架做进给运动；M2 为冷却泵电动机，用于输送切削液；M3 为刀架快速移动电动机。

将钥匙开关 SB 向右旋转，再扳动断路器 QF 将三相电源引入。主轴电动机 M1 由接触器 KM 控制，热继电器 FR1 作过载保护，熔断器 FU 作短路保护，接触器 KM 作失压和欠压保护。冷却泵电动机 M2 由中间继电器 KA2 控制，热继电器 FR2 作为它的过载保护。刀架快速移动电动机 M3 由中间继电器 KA2 控制，由于是点动控制，故未设过载保护。FU1 作为冷却泵电动机 M2、快速移动电动机 M3、控制变压器 TC 的短路保护。

（2）控制电路分析。

控制电路的电源由控制变压器 TC 二次侧输出 110V 电压提供。在正常工作时，位置开关 SQ1 的常开触头闭合，打开床头皮带罩后，SQ1 断开，切断控制电路电源，以保证人身安全。钥匙开关 SB 和位置开关 SQ2 在正常工作时是断开的，QF 线圈不通电，断路器 QF 能合闸。打开配电盘小门时，SQ2 闭合，QF 线圈得电，断路器 QF 自动断开。

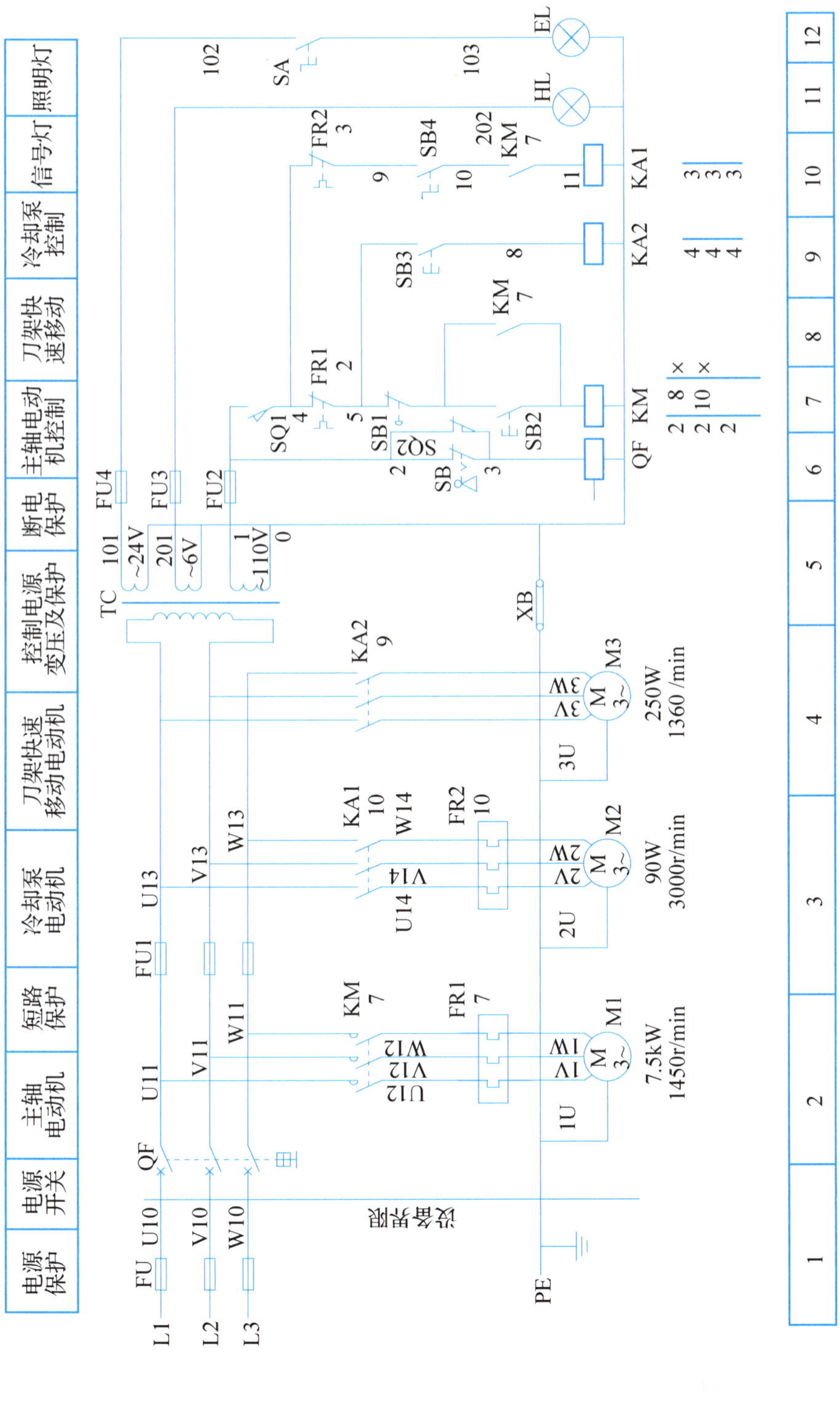

图7-2-3　CA6140型卧式车床的电气原理图

1）主轴电动机 M1 的控制。

①M1 启动。

按下SB2→KM线圈得电→
- KM的自锁触头（8）区闭合
- KM主触头（2）区闭合 → 主轴电动机M1启动运转
- KM常开辅助触头（10）区闭合，为KA1得电做准备

②M1 停止。

按下SB1→KM线圈失电→KM所有触头复位→M1失电停止

主轴的正反转是通过多片摩擦离合器实现的。

2）冷却泵电动机 M2 的控制。

由于主轴电动机 M1 和冷却泵电动机 M2 在控制电路中采用顺序控制，因此只有当主轴电动机 M1 启动后，即 KM 常开辅助触头（10）区闭合，合上旋钮开关 SB4，冷却泵电动机 M2 才可能启动。当 M1 停止运行时，M2 自行停止。

3）刀架快速移动电动机 M3 的控制。

刀架快速移动电动机 M3 的启动是由安装在进给操作手柄顶端的按钮 SB3 控制的，它与中间继电器 KA2 组成点动控制电路。刀架移动方向（前、后、左、右）的改变是通过进给操作手柄配合机械装置实现的。如需快速移动，按下按钮 SB3 即可。

（3）照明、信号电路分析。

控制变压器 TC 二次侧分别输出 24V 和 6V 电压，作为车床照明灯和信号灯电路的电源。EL 作为车床的低压照明灯，由开关 SA 控制；HL 为电源信号灯。FU4 和 FU3 分别提供短路保护。

5. 车床电气故障检修

（1）主轴电动机 M1 不能启动的检修。

第一步：检查接触器 KM 是否吸合，如果接触器 KM 吸合，则故障必然发生在电源电路和主电路上。可按以下步骤检修：

1）合上断路器 QF，用万用表测量接触器受电端 U11、V11、W11 点之间的电压，如果电压是 380V，则电源电路正常。当测量到 U11 与 W11 之间无电压时，再测量 U11 与 W10 之间有无电压，如果无电压，则 FU（L3）熔断或连线断路；否则，故障为断路器 QF（L3）接触不良或连线断路。

修复措施：查明损坏原因，更换相同规格和型号的熔体、断路器及连线。

2）断开断路器 QF，用万用表电阻 R×1 挡测量接触器输出端 U12、V12、W12 之间的电阻，如果阻值较小且相等，说明所测电路正常；否则，依次检查热继电器 FR1、电动机 M1 以及它们之间的连线。

修复措施：查明损坏原因，修复或更换相同规格和型号的热继电器 FR1、电动机 M1 以及它们之间的连线。

3）检查接触器 KM 主触头是否良好，如果接触不良或烧毁，则更换动、静触头或相同规格的接触器。

4）检查电动机机械部分是否良好，如果电动机内部轴承等损坏，应更换轴承；如果外部机械有问题，可配合机修钳工进行维修。

第二步：若接触器 KM 不吸合，可按以下步骤检修：

首先检查 KA2 是否能吸合，若能吸合，说明 KM 和 KA2 的公共控制电路部分（0－1－2－4－5）正常，故障范围在 KM 线圈部分支路（5－6－7－0）；若 KA2 不能吸合，就要检查照明灯和信号灯是否亮，若照明灯和信号灯亮，说明故障范围在控制电路上。若灯 HL、EL 都不亮，说明电源部分故障，但不能排除控制电路有故障。

（2）主轴电动机 M1 启动后不能自锁的检修。

当按下启动按钮 SB2 时，主轴电动机能启动运转，但松开 SB2 后，电动机随即停止。故障原因是接触器 KM 的自锁触头接触不良或连接线松脱。

（3）主轴电动机 M1 不能停车的检修。

故障原因多是接触器 KM 的主触头熔焊；停止按钮 SB1 击穿或电路中 5、6 两点连接线短路；接触器铁芯表面粘牢污垢。可通过以下方法判明是哪种原因造成电动机不能停车：若断开 QF，接触器 KM 即释放，则说明故障为按钮 SB1 击穿或电路连接线短路；若断开 QF，接触器 KM 过一段时间释放，则故障为铁芯表面粘牢污垢；若断开 QF，接触器 KM 不释放，则故障为主触头熔焊。根据具体故障采取相应措施修复。

（4）主轴电动机在运行中突然停车的检修。

故障原因是热继电器 FR1 动作。发生故障后，一定要找出热继电器 FR1 动作的原因，排除后才能使其复位。引起热继电器 FR1 动作的原因可能是三相电源电压不平衡；电源电压较长时间过低；负载过重以及主轴电动机 M1 的连接导线接触不良等。

（5）刀架快速移动电动机不能启动的检修。

首先检查 FU1 熔丝是否熔断，其次检查中间继电器 KA2 触头的接触器是否良好，若无异常或按下按钮 SB3 时继电器 KA2 不吸合，则故障必定在控制电路中。这时依次检查 FR1 的常闭触头、点动按钮 SB3 及继电器 KA2 的线圈是否有断路现象即可。

技能检测

人为设置 1～2 个故障，学生分组进行故障检查与排除练习。

1. 故障现象

针对下列故障现象分析故障范围，按照规范的检修步骤排除故障。

（1）按下按钮 SB2 后主轴不能启动。

（2）主轴运行后转动按钮 SB4，无切削液流出（切削液箱有切削液，且冷却泵运转正常；需要考虑冷却泵的旋转方向）。

（3）按下按钮 SB2 后主轴点动运行。

（4）机床照明灯不亮。

2. 检修步骤及工艺要求

（1）在教师的指导下操作车床。

（2）熟悉车床各元器件的位置及电路走向。

（3）观察、理解教师示范的检修流程。

（4）在车床上人为设置自然故障。故障的设置应注意以下几点：

1）人为设置的故障必须是车床在工作中受外界因素影响而导致的自然故障。

2）不能通过更改电路或更换元器件等设置非自然故障。

3）设置故障时不能损坏电路元器件，不能破坏电路的美观性；不能设置易造成人身事故的故障；尽量不设置易导致设备事故的故障。

二、M7120 型平面磨床的电气控制线路

磨床是指用砂轮的周边或端面进行机械加工的精密机床，根据用途不同可分为外圆磨床、内圆磨床、平面磨床、无心磨床和专用磨床，专用磨床包括螺纹磨床、球面磨床、齿轮磨床、导轨磨床等。

1. 运动形式及主要结构

（1）运动形式。

1）主运动：砂轮的旋转。

2）进给运动：砂轮架的上下移动（垂直进给）；砂轮架的横向（前后）进给（横向进给）；工作台的纵向（左右）进给（纵向进给）。

（2）主切削工具：砂轮。

（3）M7120 型号含义：M 表示磨床类，7 表示平面磨床组，1 表示卧轴矩台式，20 表示工作台的工作面宽 200mm。

（4）结构：床身、垂直进给手轮、工作台、位置行程挡块、砂轮修正器、横向进给手轮、拖板、磨头和驱动工作台手轮。

2. 电力拖动的特点及对控制的要求

（1）M7120 平面磨床采用 4 台电动机拖动。

1）砂轮电动机：拖动砂轮旋转，只要求单向旋转，无跳速要求。

2）砂轮升降电动机：使砂轮在立柱导轨上做垂直运动，用于调整砂轮与工件的位置。

3）液压泵电动机：拖动液压泵供出压力油，实现工作台的纵向往复运动和砂轮箱的横向自动进给，并承担工作台导轨的润滑。

4）冷却泵电动机：拖动冷却泵，提供磨削加工时需要的冷却液。

（2）为了满足磨削小工件的需要，并确保工件在磨削过程中受热后可自由伸缩，采用电磁吸盘来吸持工件。

（3）应具备照明电路和完善的保护环节。如短路、过载、零压及电磁吸盘的失压保护等。

（4）欠压继电器 KA 不能可靠动作，则各电动机均无法启动。欠压继电器 KA 的作用：在加工过程中，若电源电压不足，则电磁吸盘的吸力也就不足，工件会因失去足够的吸力而被高速旋转的砂轮碰击飞出，造成严重事故。为确保安全，在电路中设置了欠压继电器 KA。

3. 电气控制电路分析

M7120 型平面磨床的电气原理图如图 7－2－4 所示，包括主电路、控制电路、电磁工作台控制电路及照明与指示灯电路。

（1）主电路分析。

主电路中有 4 台电动机，M1 是液压泵电动机，M2 是砂轮电动机，M3 是冷却泵电动机，M4 是砂轮升降电动机。

4 台电动机的工作要求：M1、M2 和 M3 只做单向旋转，M4 做正反向旋转，冷却泵电动机 M3 在 M2 运转后才能运转。

（2）控制电路分析。

1）液压泵电动机 M1 的控制。

电源电压正常时，欠压继电器 KA 的线圈得电吸合，KA 常开触头闭合；按下启动按钮 SB3，接触器 KM1 线圈得电，KM1 主触头闭合，电动机 M1 启动。

2）砂轮电动机 M2 及冷却泵电动机 M3 的控制。

按下启动按钮 SB5，接触器 KM2 线圈得电，砂轮电动机 M2 启动，冷却泵电动机 M3 同时启动。

3）砂轮升降电动机 M4 的控制。

因为砂轮升降为短时运转，所以采用点动控制。

按下点动按钮 SB6，接触器 KM3 线圈得电，电动机 M4 启动正转，砂轮上升，上升到所需位置后松开按钮 SB6，KM3 线圈断电，电动机 M4 停转，砂轮停止上升。

按下点动按钮 SB7，接触器 KM4 线圈得电，电动机 M4 启动反转，砂轮下降，下降到所需位置后松开按钮 SB7，KM4 线圈断电，电动机 M4 停转，砂轮停止下降。

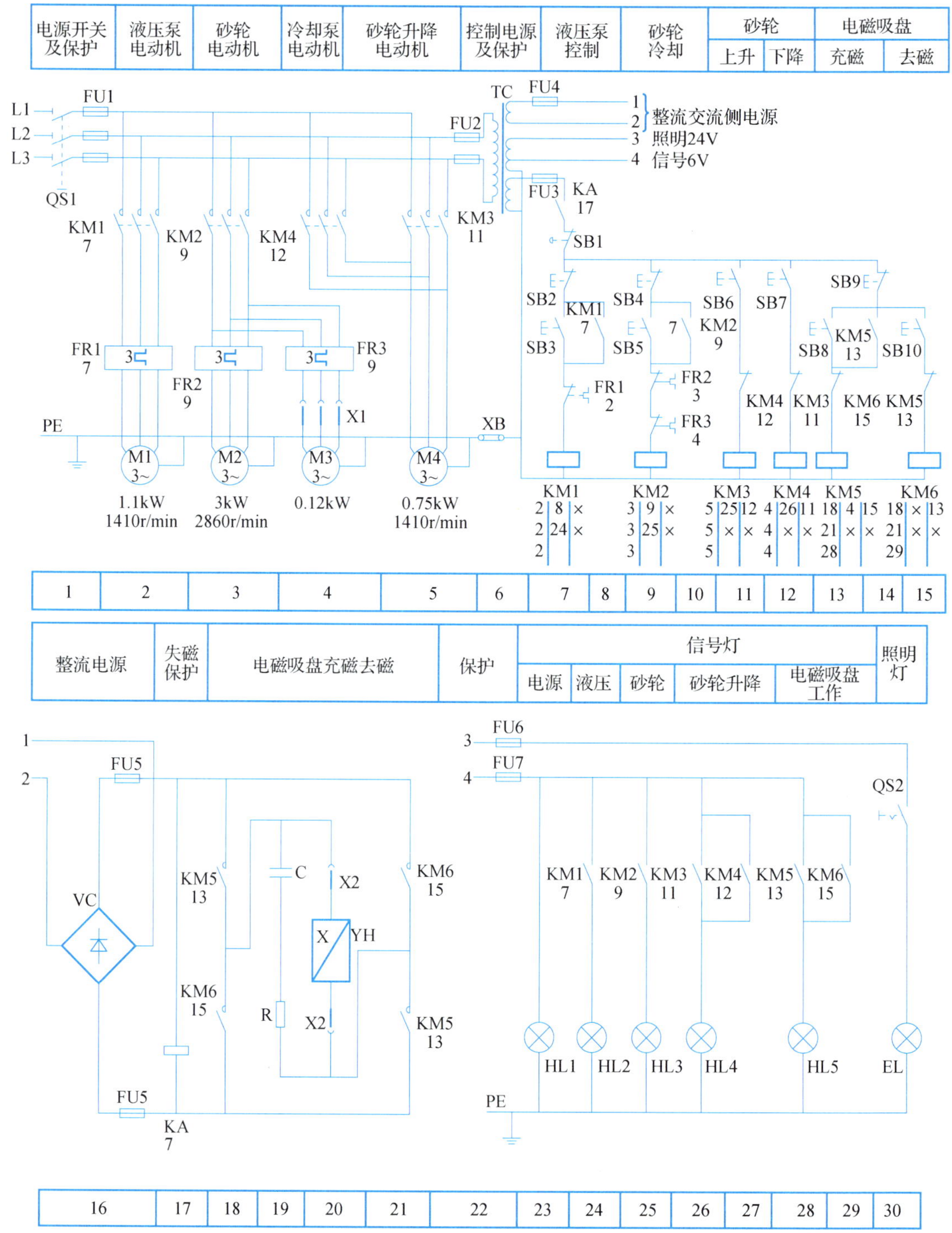

图 7-2-4　M7120 型平面磨床的电气原理图

（3）电磁工作台控制电路分析。

停止按钮 SB9、启动按钮 SB8、接触器 KM6 常闭触头、接触器 KM5 线圈及自锁触头和启动按钮 SB10、接触器 KM5 常闭触头、接触器 KM6 线圈等组成两条分别给电磁工作台（又称电磁吸盘）充磁和去磁的控制电路。

电磁吸盘是用于固定工件的夹具，利用通电导体产生的磁场吸牢铁磁材料工件。与机械夹紧装置相比，电磁吸盘具有夹紧迅速、不损伤工件、工作效率高、一次能吸牢若干小工件、工件加工发热后可以自由伸缩等优点，在平面磨床中应用十分广泛。

电磁吸盘的控制电路包括整流装置、控制装置和保护装置 3 个部分。

1）整流装置。

整流装置由变压器 TC 和单相桥式全波整流器 VC 组成，供给 110V 直流电源。

2）控制装置。

控制装置由按钮 SB8、SB9、SB10 和接触器 KM5、KM6 等组成。

充磁过程如下：按下启动按钮 SB8，接触器 KM5 线圈得电，KM5 主触头闭合，电磁吸盘 YH 线圈得电，工作台充磁吸住工件。同时，KM5 自锁触头闭合，联锁触头断开。

磨削加工完毕，取下加工好的工件前要按按钮 SB9，切断电磁吸盘 YH 的直流电源，由于吸盘和工件都有剩磁，所以还需要对吸盘和工件进行去磁。

去磁过程如下：按下点动按钮 SB10，接触器 KM6 线圈得电，KM6 主触头闭合，电磁吸盘 YH 线圈通入反向直流电，使吸盘和工件去磁。去磁时，为防止时间过长使吸盘反向磁化而再次吸住工件，接触器 KM6 采用点动控制。

3）保护装置。

保护装置由放电电阻 R，放电电容 C 及欠压继电器 KA 组成。电磁吸盘脱离电源的瞬间，其两端产生的较大的自感电动势会损坏线圈和其他电器，故用电阻和电容组成放电回路。这是一种过电压保护的阻容（RC）吸收回路，利用电容器两端的电压值不能突变的特点（即当电路电压增大时，电容器 C 处于充电状态，相当于容抗值 X_C 瞬时下降），使电磁吸盘线圈两端电压的变化趋缓，充电电流经过电阻 R 的过程中，电磁能量得到释放。

欠压继电器 KA 的线圈并联在电磁吸盘 YH 电路中，KA 的常开触头串联在控制电路中。当电源电压降低或断电，电磁吸盘吸不牢工件时，欠压继电器 KA 释放，KA 的常开触头断开，切断控制电路的电源，使接触器 KM1 和 KM2 线圈断电，液压泵电动机 M1 和砂轮电动机 M2 停车，防止工件被高速旋转的砂轮撞击而飞出，保证安全。

（4）照明和指示灯电路分析。

如图 7－2－4 所示的 EL 为照明灯，工作电压为 24V，由变压器 TC 供电，QS2 为照明负荷隔离开关。

HL1、HL2、HL3、HL4 和 HL5 为指示灯，工作电压为 6V，也由变压器 TC 供电，5 个指示灯分别表示电源正常，电动机 M1、M2 和 M4 工作，电磁吸盘 YH 工作。

4. 常见故障分析

（1）砂轮只能下降，不能上升。

先观察接触器 KM3 是否吸合。如电源电压正常，但接触器不吸合且无声音，可用万用表的电阻挡测量线圈两端，如电路不通，说明线圈已断路；如电路通，则可依次检查按钮 SB6 的连接线是否脱落，接触器 KM4 的常闭联锁触头接触是否良好。若接触器 KM3 有“嗡嗡”声但不吸合，可能是接触器机械卡阻。

（2）电磁吸盘没有吸力。

先检查变压器 TC 的整流输入端熔断器 FU4 及电磁吸盘电路熔断器 FU5 的熔体是否熔断；再检查接插器 X2 的两触头电压是否正常。

如上述检查均未发现故障，可检查电磁吸盘 YH 线圈的两个出线头。若电磁吸盘 YH 密封不好，冷却液浸蚀，会导致绝缘损坏，使两个出线头间短路或出线头本身断路。线头间短路后，若不及时检修，有可能烧毁整流器 VC 和整流变压器 TC，这一点应在日常维护时特别注意。

（3）电磁吸盘的吸力不足。

原因之一是交流电源电压较低，使整流后的直流电压相应下降，导致吸盘的吸力不足。检查时可用万用表直流电压挡测量整流器 VC 的输出端电压值，应不低于 110V（空载时直流输出电压为 130～140V），若电源电压不足，应调高交流电源电压。另外，接触器 KM5 主触头和接插器 X2 的插头、插座间的接触不良也会导致吸盘吸力不足。

原因之二是整流电路发生故障。整流器 VC 是由 4 个桥臂组成的，若整流器材质为硅二极管，那么每一臂就是一只硅二极管，如果有一个硅二极管或连接导线断路，就会造成某桥臂开路，这时直流输出电压将下降一半左右，使流过电磁吸盘的电流减小，导致吸力降低。检修时，可测量直流输出电压是否有下降一半的现象。触摸 4 个整流臂也可判断是否有桥臂断路，断路的桥臂以及与它相对的另一臂由于没有电流流过，温度会比其余两桥臂低。

断开电磁吸盘 YH 回路的一瞬间，线圈将产生很大的自感电动势，电路中会出现过压现象，如吸收过电压的电阻 R 或电容 C 损坏，可能导致二极管击穿。若有一桥臂的二极管被击穿而形成短路，则与它相邻的另一桥臂的二极管也会因过流而很快损坏。变压器 TC 的二次侧绕组会流过很大的短路电流，使熔断器 FU4 的熔体熔断。硅整流二极管损坏后应更换。

技能检测

在明确实训任务的基础上，分析磨床电气控制电路的电气原理图。

人为设置 1～2 个故障，学生分组进行故障检查与排除练习。

1. 故障现象

针对下列故障现象分析故障范围，按照规范的检修步骤排除故障。

（1）液压泵电动机缺相。

（2）砂轮电动机、冷却泵电动机均缺一相（同一相）。

（3）砂轮电动机缺一相。

（4）砂轮下降电动机缺一相。

（5）控制变压器缺一相，控制回路失效。

（6）控制回路失效。

（7）液压泵电动机不启动。

（8）KA 继电器不动作，液压泵电动机、砂轮冷却电动机、砂轮升降电动机、电磁吸盘均不能启动。

（9）砂轮上升失效。

（10）电磁吸盘充磁和去磁失效。

（11）电磁吸盘不能充磁。

（12）电磁吸盘不能去磁。

（13）整流电路中无直流电，KA 继电器不动作。

（14）照明灯不亮。

2. 检修步骤及工艺要求

（1）在教师的指导下操作磨床，熟悉磨床各元器件的位置及电路走向。

（2）观察、理解教师示范的检修流程。

（3）在磨床上人为设置自然故障。故障的设置应注意以下几点：

1）人为设置的故障必须是磨床在工作中受外界因素影响而导致的自然故障。

2）不能通过更改电路或更换元器件等设置非自然故障。

3）设置故障时不能损坏电路元器件，不能破坏电路的美观性；不能设置易造成人身事故的故障；尽量不设置易导致设备事故的故障。

三、Z3040 型摇臂钻床的电气控制线路

钻床是一种用途广泛的万能机床。钻床的结构形式多样，包括立式钻床、卧式钻床、深孔钻床及台式钻床等。摇臂钻床是一种有代表性的立式钻床，主要用于对大型零件进行钻孔、扩孔、铰孔和攻螺纹等。摇臂钻床的运动形式有主运动（主轴旋转）、进给运动（主轴纵向移动）、辅助运动（摇臂沿外立柱的垂直移动、主轴箱沿摇臂的径向移动、摇臂与外立柱一起相对于内立柱的回转运动）。Z3040 型摇臂钻床的主要结构与运动示意图如图 7－2－5 所示。

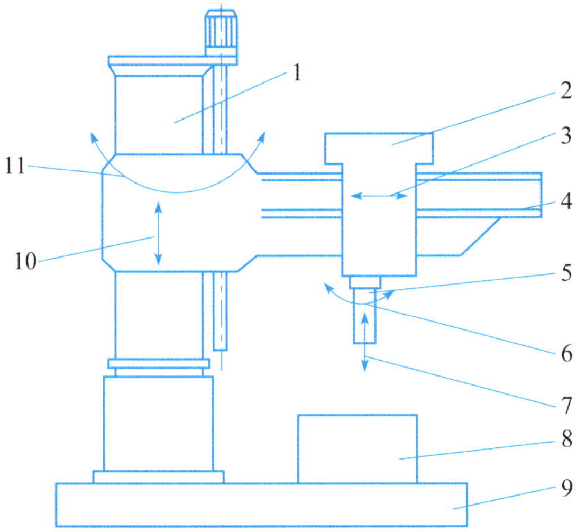

图 7-2-5　Z3040 型摇臂钻床的主要结构与运动示意图

1—内外立柱；2—主轴箱；3—主轴箱沿摇臂径向运动；4—摇臂；5—主轴；6—主轴旋转主运动；7—主轴纵向进给；8—工作台；9—底座；10—摇臂垂直运动；11—摇臂回旋运动

1. Z3040 型摇臂钻床液压控制系统分析

Z3040 型摇臂钻床具有两套液压控制系统：一套是操纵机构液压系统，另一套是夹紧机构液压系统。前者安装在主轴箱内，用于实现主轴正反转、停车制动、空挡、预选及变速；后者安装在摇臂背后的电器盒下部，用于夹紧或松开主轴箱、摇臂及立柱。

（1）操纵机构液压系统。

该系统液压油由主轴电动机拖动齿轮泵送出。通过主轴变速、正反转及空挡操作手柄来改变两个操纵阀的相对位置，对液压油进行分配，进而完成不同的动作。操作手柄有 5 个空间位置：上、下、内、外和中间。其中，上为空挡，下为变速，外为正转，内为反转，中间为停车。调节主轴转速及主轴进给量时，先通过旋钮预选，再操作手柄。

启动主轴时，先按下主轴电动机启动按钮，主轴电动机启动，拖动齿轮泵，送出液压油，然后将操作手柄扳至要转向的位置，即可改变两个操纵阀的相对位置。一股液压油将制动摩擦离合器松开，为主轴旋转创造条件；另一股液压油压紧正转（反转）摩擦离合器，接通主轴电动机到主轴的传动链，驱动主轴正转或反转。

在主轴正转或反转的过程中，也可旋转变速旋钮，改变主轴转速或主轴进给量。

1）主轴停车。将操作手柄扳回中间位置后，主轴电动机仍拖动齿轮泵旋转，但整个液压系统为低压油，无法松开制动摩擦离合器。在制动弹簧的作用下，制动摩擦离合器压紧，使制动轴上的齿轮不能转动，实现主轴停车。也就是说，主轴停车时主轴电动机仍然旋转，只是不能将动力传至主轴。

2）主轴变速与进给变速。将操作手柄扳至“变速”位置，改变两个操纵阀的相对位置，使齿轮泵送出的液压油进入主轴转速预选阀和主轴进给量预选阀，然后进入各变速液压缸。各变速液压缸为差动液压缸，具体哪个液压缸上腔进油或回油，取决于选定的主轴转速和进给量大小。另一条油路系统推动拨叉缓慢移动，逐渐压紧主轴正转摩擦离合器，接通主轴电动机到主轴的传动链，使主轴缓慢转动，称为缓速。缓速的目的是使滑移齿轮能比较顺利地进入啮合位置，避免出现顶齿现象。变速完成后，松开操作手柄，手柄将在弹簧作用下由“变速”位置自动复位到主轴“停车”位置，即可操纵主轴正转或反转，主轴将在新的转速或进给量下工作。

3）主轴空挡。将操作手柄扳至“空挡”位置后，两个操纵阀的相对位置改变了，液压油使主轴传动系统中的滑移齿轮处于中间脱开位置，此时用手即可轻松转动主轴。

（2）夹紧机构液压系统。

主轴箱、立柱和摇臂的夹紧与松开是通过液压泵电动机拖动液压泵送出液压油，进而推动活塞和菱形块来实现的。其中，主轴箱和立柱的夹紧或松开由一个油路控制；因为摇臂的夹紧或松开与摇臂升降构成自动循环，所以由另一个油路单独控制。这两个油路均由电磁阀控制。

启动液压泵电动机，拖动液压泵，送出液压油，在电磁阀控制下，使液压油经二位六通阀流入夹紧或松开油腔，推动活塞和菱形块，即可实现主轴箱及立柱的夹紧或松开。由于液压泵电动机采用点动控制，因此主轴箱和立柱的夹紧与松开是点动的。

2. Z3040型摇臂钻床电气原理图分析

如图7-2-6所示为Z3040型摇臂钻床的电气原理图，M1为主轴电动机，M2为摇臂升降电动机，M3为液压泵电动机，M4为冷却泵电动机。

（1）主电路分析。

主电路中，M1单方向旋转，由接触器KM1控制，主轴的正反转则由机床液压系统操纵机构配合正反转摩擦离合器实现，并通过热继电器FR1进行长期过载保护。

M2通过正反转接触器KM2、KM3实现正反转控制。控制电路可确保在操纵摇臂升降时，先将液压泵电动机M3启动，供出液压油，经液压系统将摇臂松开，再将电动机M2启动，拖动摇臂上升或下降。移动到位后，控制电路确保M2先停下，再自动通过液压系统将摇臂夹紧，液压泵电动机M3最后停下。M2处于短时工作状态，不用设长期过载保护。

M3通过接触器KM4、KM5实现正反转控制，并通过热继电器FR2进行长期过载保护。

M4的容量小，为0.125kW，由开关SA1控制。

（2）控制电路分析。

控制电路中，按钮SB1、SB2与KM1构成主轴电动机M1的单方向旋转启动控制电路。M1启动后，指示灯HL3亮，表示主轴电动机在旋转。

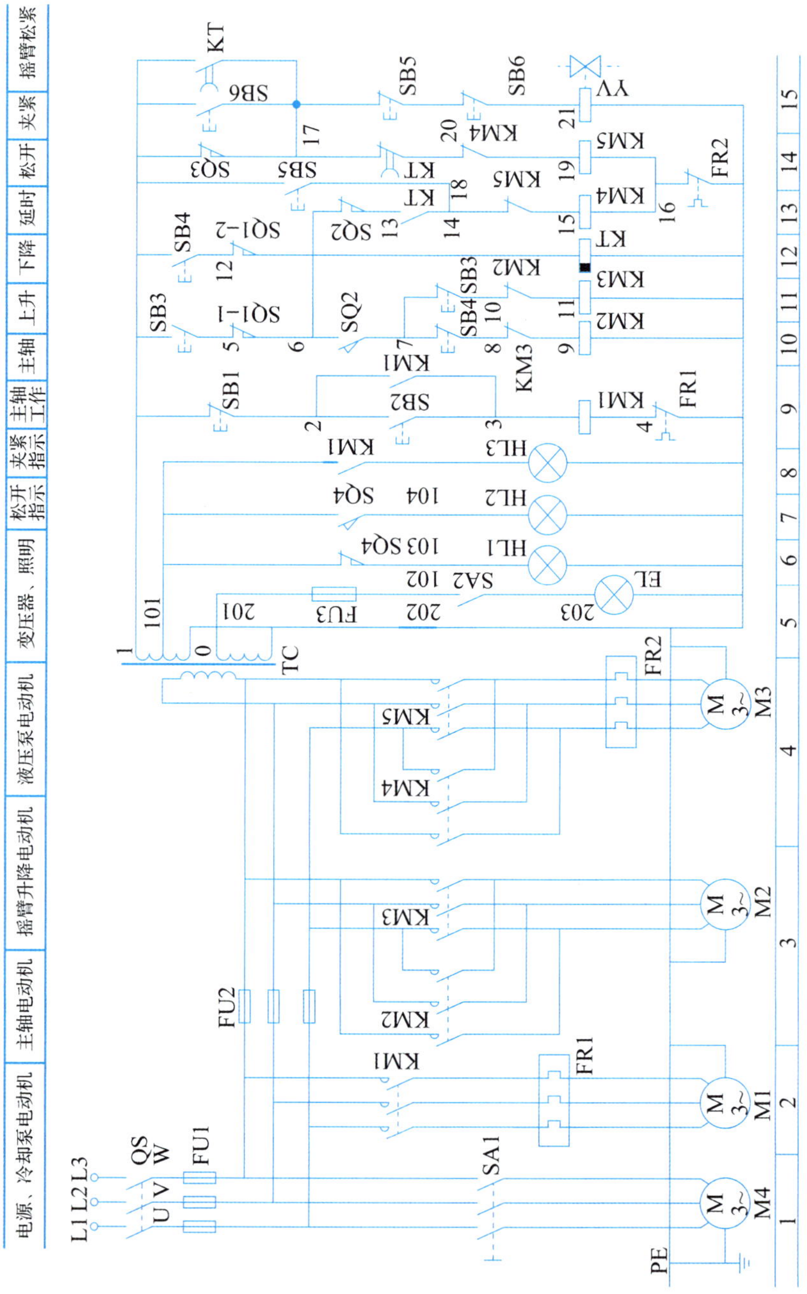

图7-2-6 Z3040型摇臂钻床的电气原理图

摇臂上升按钮 SB3、下降按钮 SB4 及正反转接触器 KM2、KM3 组成具有双重互锁的电动机正反转点动控制电路。由于摇臂的升降控制要与夹紧机构液压系统紧密配合，因此与液压泵电动机的控制有着密切的关系。下面以摇臂上升为例分析摇臂升降的控制。

按下摇臂上升按钮 SB3（点动按钮），时间继电器 KT 线圈通电，触头 KT（1－17）、KT（13－14）立即闭合，使电磁阀 YV、KM4 线圈同时通电，液压泵电动机启动，拖动液压泵送出液压油，并经二位六通阀进入油腔，推动活塞和菱形块，将摇臂松开。活塞杆通过弹簧片压上位置开关 SQ2，发出摇臂松开信号，即触头 SQ2（6－7）闭合、SQ2（6－13）断开，使 KM2 通电、KM4 断电。于是电动机 M3 停止转动，液压泵停止供油，摇臂维持松开状态；同时 M2 启动，带动摇臂上升。SQ2 是用于反映摇臂是否松开并发出松开信号的器件。

当摇臂上升到所需位置时，松开按钮 SB3，KM2 和 KT 断电，M2 电动机停止转动，摇臂停止上升。但由于触头 KT（17－18）经 1～3s 延时闭合，触头 KT（1－17）同样延时后断开，因此 KT 线圈断电，并经 1～3s 延时后 KM5 通电，此时 YV 通过 SQ3 仍然得电。M3 反向启动，拖动液压泵，供出液压油，经二位六通阀进入摇臂夹紧油腔，向相反方向推动活塞和菱形块，将摇臂夹紧。同时，活塞杆通过弹簧片压下位置开关 SQ3，使触头 SQ3（1－17）断开，使 KM5 断电，液压泵电动机 M3 停止运转，摇臂夹紧完成。所以说 SQ3 为摇臂夹紧信号开关。时间继电器 KT 是为保证夹紧动作在摇臂升降电动机停止运转后再进行而设置的，KT 延时时间根据摇臂升降电动机从切断电源到停止的惯性来调整。

摇臂升降的极限保护由位置开关 SQ1 实现。SQ1 有两对动断（常闭）触头，当摇臂上升或下降到极限位置时相应触头动作，切断对应的上升或下降接触器 KM2 或 KM3 线圈的电源，使 M2 停止运转，摇臂停止移动，实现极限位置保护。开关 SQ1 的两对触头平时应设置在同时接通位置；动作时，应使一对触头断开，而另一对触头仍保持闭合。SQ1－1 实现上限位保护，SQ1－2 实现下限位保护。

摇臂自动夹紧程度由位置开关 SQ3 控制。如果夹紧机构液压系统出现故障不能夹紧，那么触头 SQ3（1－17）便无法断开。若开关 SQ3 安装调试不当，摇臂夹紧后仍不能压下 SQ3，电动机 M3 会因长时间处于过载状态而烧毁，为此，采用热继电器 FR2 作为过载保护。

主轴箱和立柱的松开与夹紧是同时进行的。当按下松开按钮 SB5 时，KM4 通电，M3 电动机正转，拖动液压泵送出液压油，这时 YV 处于断电状态，液压油经二位六通阀进入主轴箱和立柱的松开油腔，推动活塞和菱形块，使主轴箱和立柱的夹紧装置松开，并在松开的同时通过位置开关 SQ4 控制指示灯发出信号。当主轴箱与立柱松开时，开关 SQ4 不受压，SQ4 的动断（常闭）触头（101－102）闭合，指示灯 HL1 亮，表示确已松开，可以移动主轴箱和立柱。当主轴箱和立柱被夹紧时，将压下 SQ4，其动合（常开）触头

（101－103）闭合，指示灯 HL2 亮，此时可以进行钻削加工。

机床安装好之后接通电源，可通过主轴箱和立柱的夹紧与松开来检查电源相序。确认电源相序正确后，再调整电动机 M2 的接线。

3. Z3040 型摇臂钻床电气控制电路的常见故障分析与检修

Z3040 型摇臂钻床电气控制电路比较简单，特殊环节是摇臂的运动。摇臂在上升或下降时，夹紧机构先自动松开，上升或下降到预定位置后，夹紧机构再将摇臂固定在立柱上。这个过程是由电气、机械和液压系统紧密配合实现的。所以，在维修和调试时，不仅要熟悉摇臂运动的电气过程，更要注意机、电、液的配合。

（1）摇臂不能上升（或下降）。

1）检查位置开关 SQ2 是否动作，若已动作，即 SQ2 的动合（常开）触头（6－7）已闭合，则说明故障发生在接触器 KM2 或摇臂升降电动机 M2 上；另一种情况是 SQ2 没有动作（这种情况较常见），实际上此时摇臂已经放松，但由于活塞杆压不上 SQ2，使接触器 KM2 不能吸合，升降电动机不能得电旋转，导致摇臂不能上升或下降。

2）液压系统发生故障，如液压泵卡死、不转，油路堵塞或气温太低使油的黏度增大，摇臂不能完全松开，压不上 SQ2，导致摇臂不能上升或下降。

3）电源的相序接反，按摇臂上升按钮 SB3，液压泵电动机反转，使摇臂夹紧，压不上 SQ2，摇臂也就不能上升或下降。

若判断是位置开关 SQ2 的位置改变造成的故障，则应与机械、液压维修人员配合，调整好 SQ2 的位置并紧固。

（2）摇臂不能夹紧。

1）位置开关 SQ3 安装位置不准确，或紧固螺钉松动造成 SQ3 过早动作，使液压泵电动机 M3 在摇臂还未充分夹紧时就停止工作。

2）接触器 KM5 线圈回路出现故障。

（3）立柱、主轴箱不能夹紧（松开）。

立柱、主轴箱的夹紧或松开是同时进行的。立柱、主轴箱不能夹紧或松开，可能是油路堵塞、接触器 KM4 或 KM5 线圈回路出现故障造成的。

（4）立柱、主轴箱夹紧后不能保持。

按下按钮 SB6，立柱、主轴箱能夹紧，但放开按钮后，立柱、主轴箱便松开。故障多是机械原因造成的，如菱形块和承压块的安装角度、方向错误，或者距离不合适。如果菱形块立不起来，则是夹紧力调得太大或夹紧液压系统压力不够所致。作为电气维修人员，掌握一些机械和液压知识可避免盲目检修，事半功倍。

（5）摇臂上升或下降位置开关失灵。

位置开关 SQ1 失灵分为以下两种情况：

1）位置开关损坏、触头不能因开关动作而闭合、接触不良，导致电路不能正常工作。电路断开后，信号不能传递，摇臂便不能上升或下降。

2）位置开关不能动作，触点熔焊，电路始终呈接通状态。当摇臂上升或下降到极限位置后，摇臂升降电动机堵转，发热严重，由于电路中未设过载保护元件，因此导致电动机绝缘损坏。

（6）主轴电动机刚启动运转，熔断器就熔断。

按主轴启动按钮 SB2，主轴电动机刚开始旋转，熔断器便熔断。可能是机械机构发生卡阻现象或钻头被铁屑卡住，使电动机堵转，过大的负载使主轴电动机电流增大，热继电器来不及动作，导致熔断器熔断。此外，也可能是电动机自身故障导致熔断器熔断。

排除故障时，应先退出主轴，根据空载运行情况分析故障现象。

技能检测

在明确实训任务的基础上，分析钻床电气控制电路的电气原理图。

人为设置 1～2 个故障，观察故障现象，分析原因，分组进行故障检查与排除练习。

针对故障现象分析故障范围，用万用表试车检测并排除故障。

1. 故障现象

针对下列故障现象分析故障范围，编写检修流程，逐步排除故障。

（1）按下按钮 SB2，主轴不能启动。

（2）按下按钮 SB3，摇臂不能上升。

（3）按下按钮 SB5，液压泵不工作。

2. 检修步骤及工艺要求

（1）在教师的指导下操作钻床，熟悉钻床各元器件的位置和电路走向。

（2）观察、理解教师示范的检修流程。

（3）在 Z3040 型摇臂钻床上人为设置自然故障。故障的设置应注意以下几点：

1）人为设置的故障必须是钻床在工作中受外界因素影响而导致的自然故障。

2）不能通过更改电路或更换元器件等设置非自然故障。

3）设置故障时不能损坏电路元器件，不能破坏电路的美观性；不能设置易造成人身事故的故障；尽量不设置易导致设备事故的故障。

四、X62W 万能铣床的电气控制线路

铣床的种类很多，按照结构形式和加工性能的不同，可分为立式铣床、卧式铣床、龙

门铣床、仿形铣床和专用铣床等，此外，还有万能铣床。

万能铣床是一种通用的多用途机床，它可以用圆柱铣刀、圆片铣刀、角度铣刀、成型铣刀及端面铣刀等刀具对多种零件进行平面、斜面、螺旋面及成形表面的加工，还可以加装万能铣头、分度头和圆工作台等机床附件，扩大加工范围。常用的万能铣床有两种：一种是 X62W 型卧式万能铣床，铣头水平方向放置；另一种是 X52K 型立式万能铣床，铣头垂直方向放置。这两种铣床在结构上相似，差别在于铣头的放置方向不同，而工作台的进给方式、主轴变速的工作原理等都一样，电气控制线路经过系列化以后也基本一样。

1. X62W 型卧式万能铣床型号的含义

X62W 型卧式万能铣床型号的含义如图 7-2-7 所示。

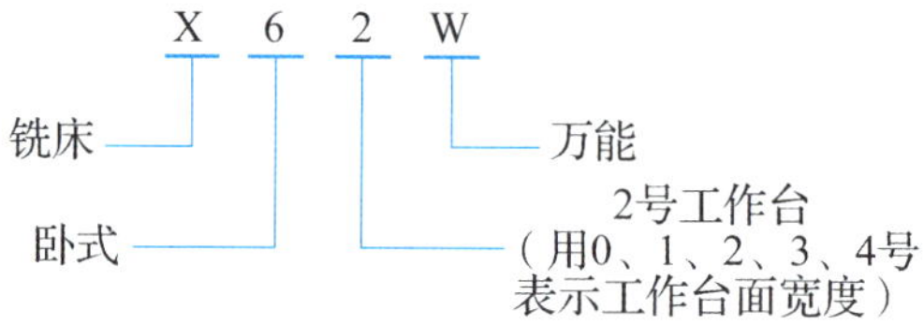

图 7-2-7　X62W 型卧式万能铣床型号的含义

2. X62W 型卧式万能铣床的主要结构及运动形式

X62W 型卧式万能铣床的外形如图 7-2-8 所示，它由床身、主轴、刀杆架、悬梁、工作台、回转盘、溜板、升降台、底座等部分组成。刀杆架可以在悬梁上水平移动，悬梁也

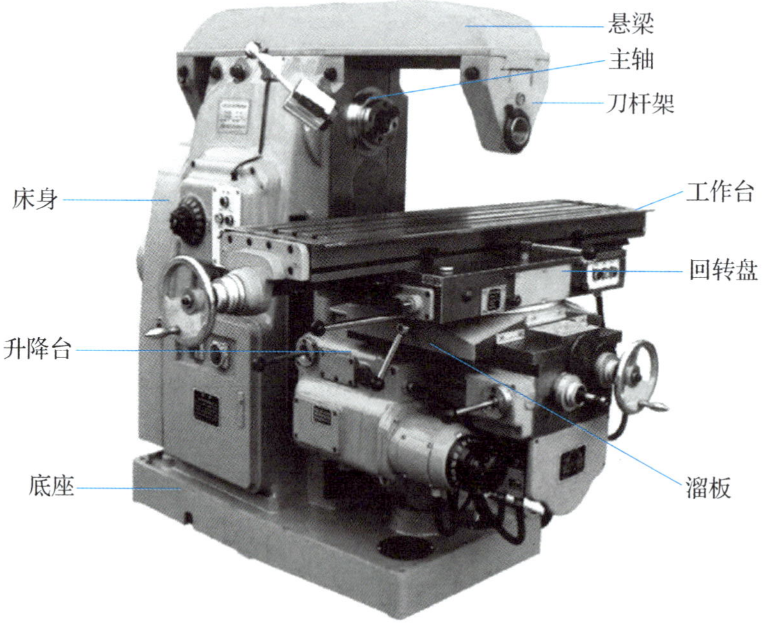

图 7-2-8　X62W 型卧式万能铣床的外形

可以在床身顶部的水平导轨上水平移动。床身的前面有垂直导轨，升降台可沿着它上下移动。升降台上面的水平导轨上装有可在与主轴轴线平行的方向移动（前后移动）的溜板。溜板上部有可转动的回转盘，工作台就在回转盘上的导轨上进行与主轴轴线方向垂直的移动（左右移动）。安装在工作台上的工件就可以在 3 个坐标轴的 6 个方向调整位置或进给。工作台除了能在与主轴轴线平行或垂直的方向进给外，还能在倾斜方向进给，以便加工螺旋槽。

铣床主轴带动铣刀的旋转运动是主运动；铣床工作台的前后（横向）、左右（纵向）和上下（垂直）6 个方向的运动是进给运动；铣床其他的运动，如工作台的旋转运动则属于辅助运动。

3. X62W 万能铣床电力拖动的特点及控制要求

该铣床共用 3 台异步电动机拖动，分别是主轴电动机 M1、进给电动机 M2 和冷却泵电动机 M3。

（1）铣削加工有顺铣和逆铣两种加工方式，所以要求主轴电动机能正反转。

（2）铣床的工作台要进行前、后、左、右、上、下 6 个方向的进给运动和快速移动，所以也要求进给电动机能正反转，并通过操纵手柄和机械离合器相配合来实现。

（3）根据加工工艺要求，该铣床应具有以下电气联锁措施：

1）为防止刀具和铣床损坏，要求只有主轴旋转后才允许进行进给运动和进给方向的快速移动。

2）为了减小加工工件表面的粗糙度，只有在进给运动停止后主轴才能停止或同时停止。该铣床在电气上采用了主轴和进给同时停止的方式，但由于主轴运动的惯性很大，实际上满足了进给运动先停止，主轴运动后停止的要求。

3）6 个方向的进给运动只能同时进行一种，该铣床通过机械操纵手柄和位置开关相配合的方式实现 6 个方向的联锁。

（4）主轴运动和进给运动通过变速盘进行速度选择，为确保变速齿轮进入良好啮合状态，两种运动都要求变速后做瞬时冲动。

（5）当主轴电动机或冷却泵电动机过载时，进给运动必须立即停止，以免损坏刀具和铣床。

4. X62W 万能铣床电气控制电路分析

X62W 万能铣床的电气原理图如图 7－2－9 所示。

该电路分为主电路、控制电路和照明电路。

（1）主电路分析。

主电路中共有 3 台电动机，其中 M1 为主轴电动机，拖动主轴带动铣刀进行铣削加工，

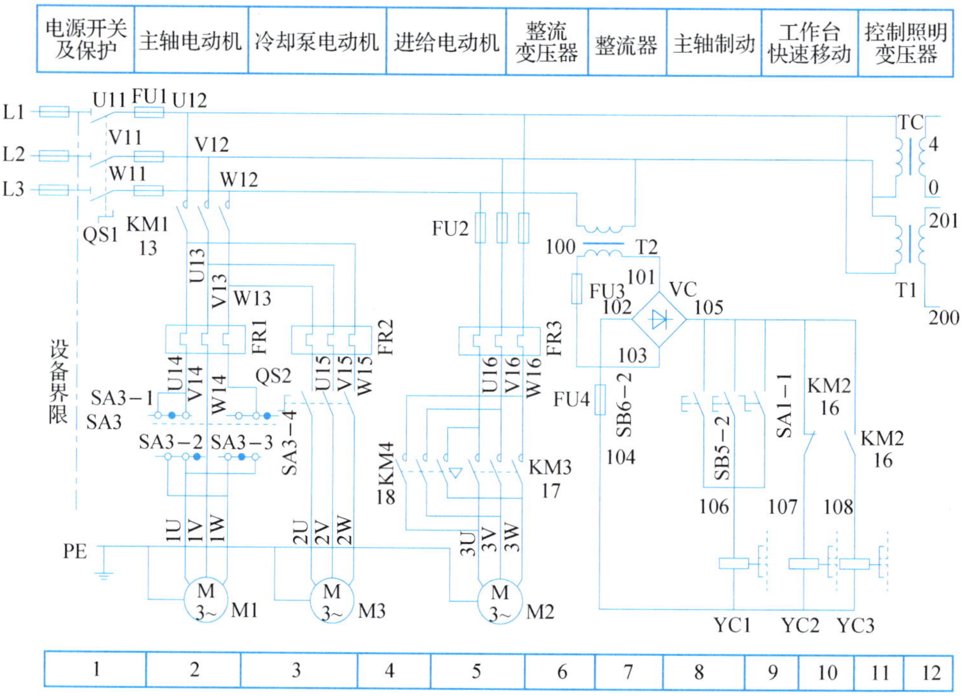

（a）X62W万能铣床的主电路

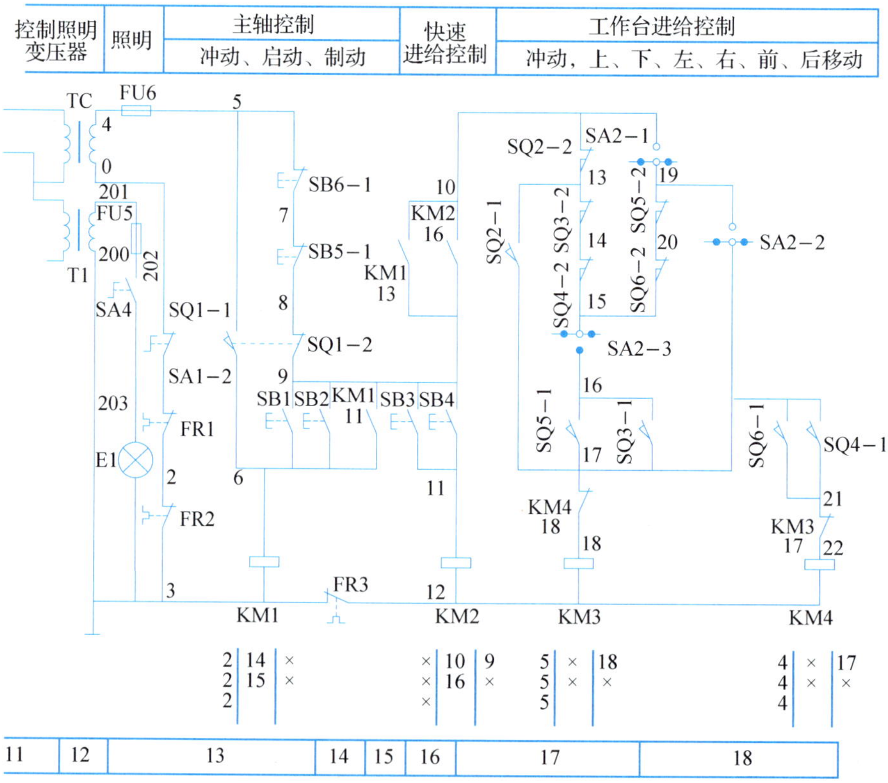

（b）X62W万能铣床的控制电路

图 7-2-9　X62W 万能铣床的电气原理图

SA3 为 M1 的换向开关；M2 为工作台进给电动机，通过操纵手柄和机械离合器的配合拖动工作台进行前、后、左、右、上、下 6 个方向的进给运动和快速移动，其正反转通过接触器 KM3、KM4 实现；M3 为冷却泵电动机，供应切削液，且当 M1 启动后 M3 才能启动，通过手动开关 QS2 控制；3 台电动机共用熔断器 FU1 作短路保护，3 台电动机分别用热继电器 FR1、FR2、FR3 作过载保护。

（2）控制电路分析。

控制电路的电源由控制变压器 TC 输出 110V 电压供给。

1）主轴电动机 M1 的控制。

为了方便操作，主轴电动机 M1 采用两地控制方式，两组安装在工作台上，另一组安装在床身上。SB1 和 SB2 是将两组启动按钮并联在一起，SB5 和 SB6 是将两组停止按钮串联在一起。KM1 是主轴电动机 M1 的启动接触器，YC1 是主轴制动用的离合器，SQ1 是主轴变速时瞬时点动的位置开关。主轴电动机是通过弹性联轴器和变速机构的齿轮传动链实现传动的，可使主轴具有 18 级转速（30～1500r/min）。

①主轴电动机 M1 的启动。

启动前，应先选定主轴的转速，再合上电源开关 QS1，然后把主轴换向开关 SA3（2 区）扳到所需转向。主轴换向开关 SA3 的位置及动作见表 7-2-1。按下启动按钮 SB1（或 SB2），接触器 KM1 线圈得电，KM1 主触头和自锁触头闭合，主轴电动机 M1 启动运转，KM1 常开辅助触头（9-10）闭合，为工作台进给电路提供电源。

表 7-2-1　主轴换向开关 SA3 的位置及动作

位置	正转	停转	反转
SA3-1	—	—	+
SA3-2	+	—	—
SA3-3	+	—	—
SA3-4	—	—	+

②主轴电动机 M1 的制动。

铣削完毕，需要对主轴电动机 M1 制动时，按下停止按钮 SB5（或 SB6），SB5-1（或 SB6-1）常闭触头（13 区）分断，接触器 KM1 线圈失电，KM1 所有触头复位，电动机 M1 断电做惯性运转，SB5-2（或 SB6-2）常开触头（8 区或 7 区）闭合，接通电磁离合器 YC1，主轴电动机 M1 制动停转。

③主轴更换铣刀控制。

M1 停转后并不处于制动状态，主轴仍可自由转动。在更换主轴铣刀时，为避免主轴转动，造成更换困难，应将主轴制动。

方法是将转换开关 SA1 扳向换刀位置，这时常开触头 SA1 - 1（9 区）闭合，电磁离合器 YC1 线圈得电，主轴处于制动状态以便换刀；同时，常闭触头 SA1 - 2（13 区）断开，切断了控制电路，铣床无法运行，可确保人身安全。

④主轴变速时的瞬时点动（变速冲动控制）。

主轴变速操纵箱装在床身左侧窗口上，主轴变速通过一个变速手柄和一个变速盘实现。主轴变速时的冲动控制是利用变速手柄与冲动开关 SQ1 通过机械上的联动机构实现的，如图 7 - 2 - 10 所示。变速时，先把变速手柄 3 压下，使手柄的楔块从定位槽中脱出，然后向外拉动手柄使楔块落入第二道槽内，使齿轮组脱离啮合。转动变速盘 4 至所需转速后，把手柄 3 推回原位，使楔块重新落进槽内，齿轮组重新啮合（这时传动比已改变）。为了使齿轮啮合容易，扳动手柄复位时，电动机 M1 会产生一个冲动。在手柄 3 推进时，手柄上装的凸轮 1 将弹簧杆 2 推动一下又返回，这时弹簧杆 2 推动一下位置开关 SQ1（13 区），使 SQ1 的常闭触头 SQ1 - 2 先分开，常开触头 SQ1 - 1 后闭合，接触器 KM1 瞬时得电动作，电动机 M1 瞬时启动；紧接着，凸轮 1 放开弹簧杆 2，位置开关 SQ1 触头复位，接触器 KM1 断电释放，电动机 M1 断电。此时，电动机 M1 因未制动而惯性旋转，使齿轮系统抖动。在抖动期间，将变速手柄 3 先快后慢地推进去，齿轮便可顺利啮合。若齿轮系统没有在瞬时点动过程中实现良好啮合，可以重复上述步骤直到啮合为止。注意：变速前应停车。

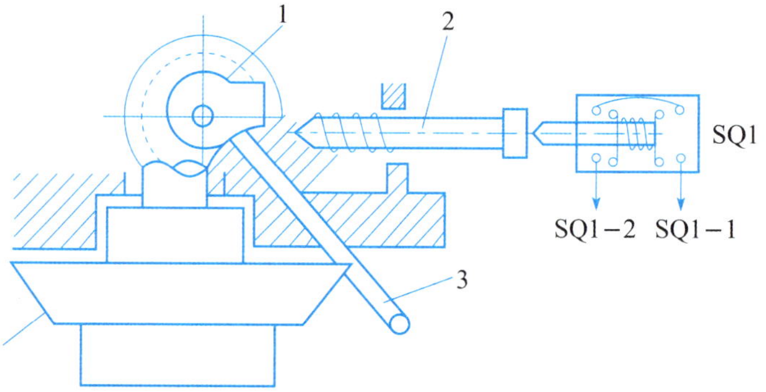

图 7 - 2 - 10　主轴变速冲动控制示意图

1—凸轮；2—弹簧杆；3—变速手柄；4—变速盘

2）工作台进给电动机 M2 的控制。

工作台的进给运动在主轴启动后方可进行。工作台的进给运动可以在 3 个坐标轴的 6 个方向进行，即工作台在回旋盘上的左右运动、工作台与回旋盘在溜板上和溜板一起前后运动、升降台在床身的垂直导轨上上下运动。这些进给运动是通过两个操纵手柄和机械联动机构控制相应的位置开关，使进给电动机 M2 正转或反转来实现的，并且 6 个方向的运动是联锁的，不能同时接通。

①圆形工作台进给控制。

为了扩大铣床的加工范围，可以在铣床工作台上安装附件——圆形工作台，以便对圆弧或凸轮进行铣削加工。转换开关 SA2 就是用来控制圆形工作台的。需要圆形工作台旋转时，将开关 SA2 扳到接通位置，这时触头 SA2－1 和 SA2－3（17 区）断开，触头 SA2－2（18 区）闭合，电流经 10－13－14－15－20－19－17－18 路径使接触器 KM3 得电，电动机 M2 启动，通过一根专用轴带动圆形工作台做旋转运动。不需要圆形工作台旋转时，将开关 SA2 扳到断开位置，这时触头 SA2－1 和 SA2－3（17 区）闭合，触头 SA2－2（18 区）断开，以保证工作台在 6 个方向的进给运动。圆形工作台的旋转运动和 6 个方向的进给运动是联锁的。

②工作台的左右进给。

工作台的左右进给运动由左右进给操作手柄控制，操作手柄与位置开关 SQ5 和 SQ6 联动，有左、中、右 3 个位置，其控制关系见表 7－2－2。当手柄扳至中间位置，位置开关 SQ5 和 SQ6 均未被压合，进给控制电路处于断开状态；当手柄扳至左或右位置，手柄压下位置开关 SQ5 或 SQ6，使常闭触头 SQ5－2 或 SQ6－2（17 区）分开，常开触头 SQ5－1（17 区）或 SQ6－1（18 区）闭合，接触器 KM3 或 KM4 得电动作，电动机 M2 正转或反转。由于在 SQ5 或 SQ6 被压合的同时，机械机构已将电动机 M2 的传动链与工作台下面的左右进给丝杠搭合，因此电动机 M2 的正转或反转便可拖动工作台向左或向右运动。当工作台向左或向右进给到极限位置时，工作台两端安装的限位挡铁碰撞手柄连杆，可使手柄自动复位到中间位置，位置开关 SQ5 或 SQ6 复位，电动机的传动链与左右丝杠脱离，电动机 M2 停转，工作台停止进给，实现了左右运动的终端保护。

表 7－2－2　工作台的左右进给操作手柄位置及其控制关系

手柄位置	位置开关动作	接触器动作	电动机 M2 转向	传动链搭合丝杠	工作台位置方向
左	SQ5	KM3	正转	左右进给丝杠	向左
中	—	—	停止	—	停止
右	SQ6	KM4	反转	左右进给丝杠	向右

③工作台的上下和前后进给。

工作台的上下和前后进给是通过手柄控制的。该手柄与位置开关 SQ3 和 SQ4 联动，有上、下、中、前、后 5 个位置，其控制关系见表 7－2－3。当手柄扳至中间位置，位置开关 SQ3 和 SQ4 均未被压合，工作台无任何进给运动；当手柄扳至下或前位置，手柄压下位置开关 SQ3，使常闭触头 SQ3－2（17 区）分开，常开触头 SQ3－1（17 区）闭合，接触器 KM3 得电动作，电动机 M2 正转，带动工作台向下或向前运动；当手柄扳至上或后位置，手柄压下位置开关 SQ4，使常闭触头 SQ4－2（17 区）分开，常开触头 SQ4－1（18 区）闭合，接触器 KM4 得电动作，电动机 M2 反转，带动工作台向上或向后运动。

表 7－2－3　工作台不同手柄位置及其控制关系

手柄位置	位置开关动作	接触器动作	电动机 M2 转向	传动链搭合丝杠	工作台位置方向
上	SQ4	KM4	反转	上下进给丝杠	向上
下	SQ3	KM3	正转	上下进给丝杠	向下
中	—	—	停止		停止
前	SQ3	KM3	正转	前后进给丝杠	向前
后	SQ4	KM4	反转	前后进给丝杠	向后

为什么进给电动机 M2 只有正、反两个转向，而工作台却能够在 4 个方向上进给呢？这是因为手柄扳至不同位置时，机械机构已将电动机 M2 的传动链与不同的进给丝杠搭合。当手柄扳至下或上位置时，手柄在压下位置开关 SQ3 或 SQ4 的同时，通过机械机构将电动机 M2 的传动链与升降台上下进给丝杠搭合，当 M2 得电正转或反转时，便可带着升降台向下或向上运动；同理，当手柄扳至前或后位置时，手柄在压下位置开关 SQ3 或 SQ4 的同时，通过机械机构将电动机 M2 的传动链与溜板下面的前后进给丝杠搭合，当 M2 得电正转或反转时，就带着溜板向前或向后运动。和左右进给一样，当工作台在上、下、前、后 4 个方向的任一方向进给到极限位置时，挡铁都会碰撞手柄连杆，使手柄自动复位到中间位置，位置开关 SQ3 或 SQ4 复位，上下丝杠或前后丝杠与电动机的传动链脱离，电动机 M2 停转，工作台停止进给。

由以上分析可知，两个操作手柄被置于某一方向后，只能压下 4 个位置开关 SQ3～SQ6 中的一个，接通电动机 M2 正转或反转电路，同时通过机械机构将电动机的传动链与 3 根丝杠（左右丝杠、上下丝杠、前后丝杠）中的一根（只能是一根）搭合，拖动工作台沿选定的进给方向运动，而不会沿其他方向进给。

④左右进给手柄和上下、前后进给手柄的联锁控制。

对于两个手柄，只能进行一个进给方向的操作。即当一个操作手柄被置于某一进给方向后，另一个操作手柄必须置于中间位置，否则将无法实现任何进给运动，这是因为在控制电路中对两者实行了联锁保护。例如，把左右进给手柄扳向左时，又将另一个进给手柄扳向下，则位置开关 SQ5 和 SQ3 均被压下，触头 SQ5－2 和 SQ3－2 均分断，断开了接触器 KM3 和 KM4 的通路，电动机 M2 只能停止，确保安全。

⑤进给变速时的瞬时点动。

和主轴变速一样，进给变速时，为了确保齿轮进入良好的啮合状态，也要进行变速后的瞬时点动。进给变速时，必须先把进给操纵手柄放在中间位置，然后将进给变速盘（在升降台前面）向外拉出，使进给齿轮松开，转动变速盘选定进给速度后，再将变速盘向里推回原位，齿轮便重新啮合。在推进过程中，挡块压下位置开关 SQ2（17 区），使触头 SQ2－2 分断，SQ2－1 闭合，接触器 KM3 经 10－19－20－15－14－13－17－18 路径得电动作，电动机 M2 启动；随着变速盘复位，接触器 KM3 断电释放，电动机 M2 失电停转。这时，使电动机 M2 瞬时点动一下，齿轮系统产生一次抖动，齿轮便可顺利啮合。

⑥工作台的快速移动控制。

为了提高生产效率，在不进行铣削加工时，可对工作台进行快速移动。6 个进给方向的快速移动可通过两个进给操纵手柄和快速移动按钮配合实现。

安装好工件后，扳动进给操作手柄选定进给方向，按下快速移动按钮 SB3 或 SB4（两地控制），接触器 KM2 得电，KM2 常闭触头（9 区）分断，电磁离合器 YC2 失电，将齿轮传动链与进给丝杠分离；KM2 两对常开触头闭合：一对使电磁离合器 YC3 得电，将电动机 M2 与进给丝杠直接搭合；另一对使接触器 KM3 或 KM4 得电，电动机 M2 得电正转或反转，带动工作台沿选定的方向快速移动。由于工作台的快速移动采用的是点动控制，故松开按钮 SB3 或 SB4 后快速移动停止。

（3）冷却泵及照明电路的控制。

主轴电动机 M1 和冷却泵电动机 M3 采用的是顺序控制，即只有在主轴电动机 M1 启动后冷却泵电动机 M3 才能启动。冷却泵电动机 M3 由组合开关 QS2 控制。

铣床照明变压器 T1 供给 24V 的安全电压，由开关 SA4 控制。熔断器 FU5 用作照明电路的短路保护。

5. 常见电气故障分析及检修

（1）主电动机 M1 不能启动。

对于这种故障，可采用电压法从上到下逐一测量，也可采用中间分段电压法快速测量，检测流程如图 7－2－11 所示。

（2）主电动机启动，进给电动机就转动，但扳动任一进给手柄都不能进给。

故障是圆形工作台转换开关 SA2 拨到了“接通”位置导致的。进给手柄在中间位置时，启动主轴，进给电动机 M2 工作，扳动任一进给

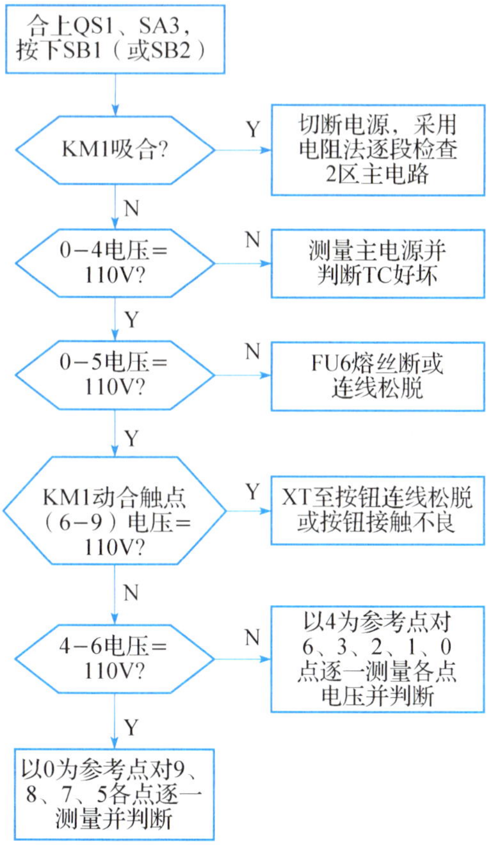

图 7－2－11　故障检测流程

手柄，都会切断 KM3 的通电回路，使进给电动机停转。只要将 SA2 扳到“断开”位置就可以正常进给。

（3）主轴停车没有制动作用。

常见的故障点包括交流回路中的 FU3、T2，整流桥，直流回路中的 FU4、YC1、SB5－2（SB6－2）等。检查时，可先将主轴转向转换开关 SA3 扳到停止位置，然后按下按钮 SB5（或 SB6），仔细听有无 YC1 得电后离合器动作的声音。具体检测流程如图 7－2－12 所示。

（4）工作台各方向都不能进给。

主轴工作正常，但各方向均不能进给，这种故障多出现在公共点上，可先通过试车判断故障位置，再进行测量。故障检测流程如图 7－2－13 所示。

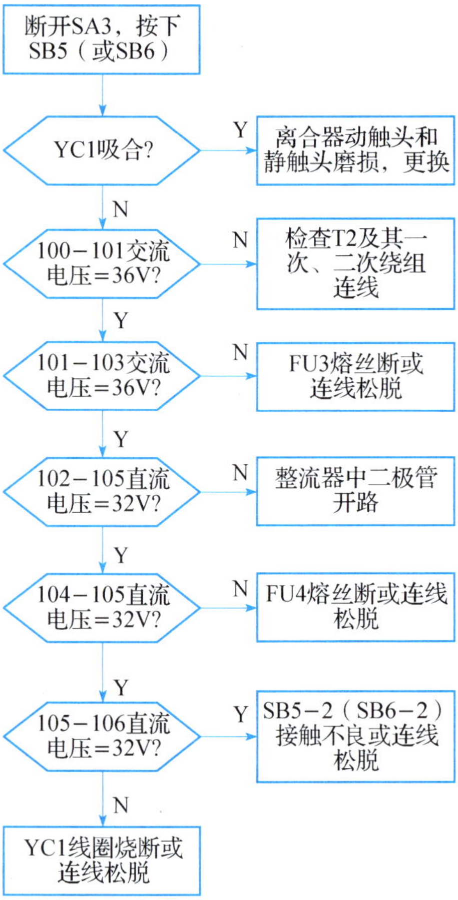

图 7－2－12　故障检测流程

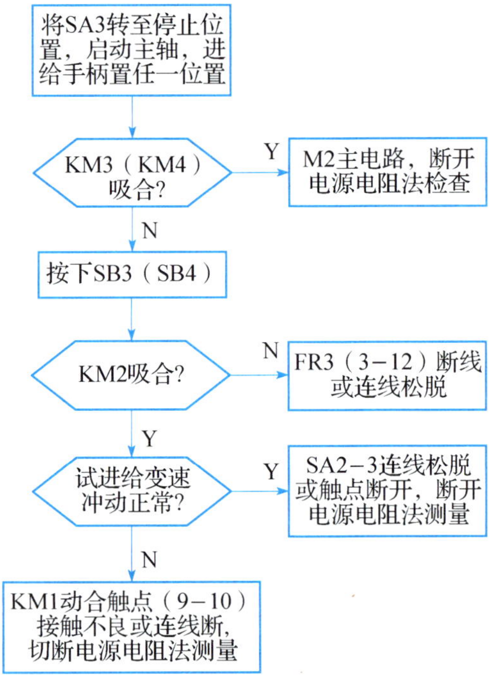

图 7－2－13　故障检测流程

提示：主轴电动机工作正常，而进给部分有故障时，为了能通过试车声音判断故障位置，可将主轴转换开关 SA3 转至停止位置，避免主轴电动机工作声音影响判断

（5）工作台能上下进给，但不能左右进给。

这种故障多出现在左右进给的公共通道 17 区。首先检查垂直与横向进给十字手柄是否位于中间位置，是否压触 SQ3 或 SQ4；然后在两个手柄处于中间位置时，检查进给变速冲动是否正常，若正常则表明故障为变速冲动位置开关 SQ2－2 接触不良或其连接线松脱，否则故障多在 SQ3－2、SQ4－2 触头及其连接线上。故障检测流程如图 7－2－14 所示。

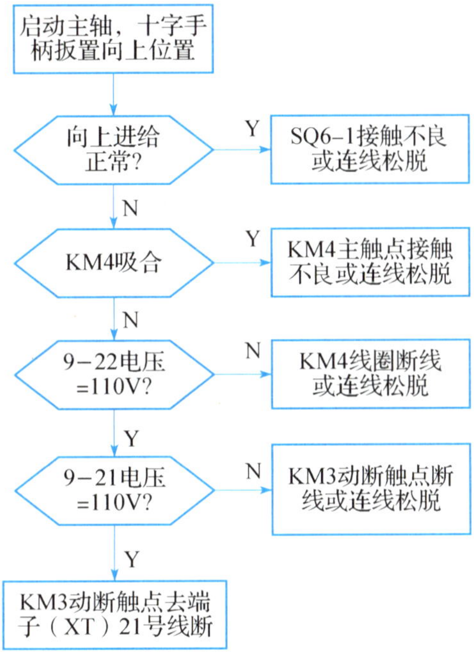

图 7－2－14　故障检测流程

> **提示：** 检测时，为避免误判，可在不启动主轴的前提下，将纵向进给手柄置于任意工作位置，断开互锁的一条并联通道，然后采用电压法或电阻法找出故障的具体位置。

（6）圆形工作台不工作。

圆形工作台不工作时，应该将圆形工作台转换开关 SA2 重新转置断开位置，检查纵向和横向进给工作是否正常，排除 4 个位置开关（SQ3～SQ6）动断触头之间的互锁故障。当纵向和横向进给正常后，可判断故障在 SA2－2 触头或其连接线上。

技能检测

在明确实训任务的基础上，分析铣床电气控制电路的电气原理图。

人为设置 1～2 个故障，学生分组进行故障检查与排除练习。

1. 故障现象

针对下列故障现象分析故障范围，编写检修流程，按照检修步骤排除故障。

（1）主轴电动机没有换刀制动状态。

（2）主轴变速时无变速冲动状态。

（3）按下主轴电动机启动按钮 SB2，电动机不工作。

（4）横向和纵向进给工作正常，但无快速进给。

（5）工作台能左右进给，但不能上下进给。

（6）工作台能向上进给，但不能向下进给。

2. 检修步骤及工艺要求

（1）在教师的指导下操作铣床，熟悉铣床各元器件的位置和电路走向。

（2）观察、理解教师示范的检修流程。

（3）在 X62W 型万能卧式铣床上人为设置自然故障。故障的设置应注意以下几点：

1）人为设置的故障必须是铣床在工作中受外界因素影响而导致的自然故障。

2）不能通过更改电路或更换元器件等设置非自然故障。

3）设置故障时不能损坏电路元器件，不能破坏电路的美观性；不能设置易造成人身事故的故障；尽量不设置易导致设备事故的故障。

练习与提高

班级：________________　　姓名：________________

一、填空题

1. CA6140 型卧式车床采用（　　）调速，为了减小振动，通过（　　）传动。

2. CA6140 型卧式车床电动机没有反转控制，而主轴有反转要求，这是靠（　　）实现的。

3. CA6140 型卧式车床主轴电动机采用（　　）启动和（　　）制动。

4. CA6140 型卧式车床的运动形式包括（　　）和（　　）。

5. 磨床的主切削工具是（　　），主运动是（　　）。

6. M7120 型平面磨床中，能正反转的电动机是（　　），作用是（　　）。

7. M7120 型平面磨床中，采用点动控制的电动机是（　　）。

8. 电磁吸盘要用（　　）电流，所以采用整流装置。若桥式整流器中有一个二极管断开，则整流电压将变为原来电压的（　　）。

9. M7120 型平面磨床的电磁吸盘控制电路中，KM5 必须（　　）锁，而去磁控制用的 KM6 不允许（　　）锁，否则将反向充磁，使工件无法取下。

10. 若 X62W 万能铣床主轴电动机拖动的主轴没有旋转，则工作台的（　　）及（　　）是不能进行的。

11. 若 X62W 万能铣床主轴电动机正反转通过组合开关 SA4 控制，是因为铣削加工根据工艺要求（　　）。

12. X62W 万能铣床电气控制电路中，（　　）是主运动，工作台的（　　）、（　　）、（　　）运动都是进给运动，工作台的旋转运动是（　　）运动。

13. X62W 万能铣床主轴电动机采用两地控制方式，因此启动按钮 SB3 和 SB4 是（　　）联的；停止按钮 SB1 和 SB2 的常闭触头是（　　）联的。

二、选择题

1. CA6140 型卧式车床的主轴不启动，当按下启动按钮后，听到接触器的吸合声，故障最可能出现在（　　）。

A. 主电路

B. 控制电路

C. 照明电路

2. 从（　　）方面考虑，CA6140 型卧式车床应选用笼型三相异步电动机，不进行电气调速。

A. 经济性、可靠性

B. 可行性

C. 安全性

3. CA6140 型卧式车床主电动机若有一相断开，会发出嗡嗡声，转矩下降，可能（　　）。

A. 烧毁电动机

B. 烧毁控制电路

C. 导致电动机加速运行

4. CA6140 型卧式车床的过载保护采用（　　），短路保护采用（　　），失电压保护采用（　　）。

A. 接触器自锁

B. 熔断器

C. 热继电器

5. M7120 型平面磨床的电气联锁工作原理：（　　）不能可靠动作，各电动机均无法启动。

A. 电压继电器 KA　　B. 液压泵控制线圈 KM1

C. 砂轮机接触器线圈 KM2　　D. 冷却泵电机 M3

6. M7120 型平面磨床砂轮升降电动机的正反转控制可通过（　　）实现。

A. 点动　　B. 点动互锁

C. 自锁　　D. 互锁

7. 对于 M7120 型平面磨床的控制电路，具备可靠的（　　）后，才允许启动砂轮和液压系统，以保证安全。

A. 交流电压

B. 直流电压

C. 交流电流

8. M7120 型平面磨床的砂轮在加工时（　　）。

A. 需调速

B. 不需调速

C. 可调速也可不调速

9. X62W 万能铣床的操作模式是（　　）。

A. 全按钮控制　　B. 全手柄控制

C. 按钮＋手柄控制　　D. 行程开关控制

10. X62W 万能铣床前后进给正常，但不能左右进给，说明（　　）。

A. 主电路正常，控制电路故障　　B. 主电路故障，控制电路正常

C. 主电路和控制电路都存在故障　　D. 主电路和控制电路以外存在故障

11. X62W 万能铣床工作台进给必须在主轴启动后才允许，是考虑（　　）。

A. 电路安装的需要　　B. 加工工艺的需要

C. 安全的需要　　D. 工作方便

12. X62W 万能铣床工作台没有采取制动措施，是因为（　　）。

A. 惯性小　　B. 转速不高且有丝杠传动

C. 有机械制动　　D. 不需要

评价表

1. 教师评价

项目	配分	扣分标准	教师评价
学习态度	10 分	（1）玩手机，每次扣 10 分； （2）上课睡觉，每次扣 10 分； （3）不遵守实训规章制度，扣 10 分	
提问	10 分	不能正确回答教师提问，扣 10 分	
出勤	10 分	（1）旷课，扣 10 分； （2）事假，扣 4 分	
作业	30 分	按评分标准扣分	
单元测验	40 分	按评分标准扣分	
总分			
班级：	组别：		姓名：

2. 小组互评

组别：		姓名：			
序号	考核标准	配分	得分	得分	得分
1	喜欢合作学习，积极参加小组活动	10			
2	敢于发表自己的见解，并尊重同学的意见	10			
3	积极帮助小组其他成员，友好相处	10			
4	学习目的明确，组织有序	10			
5	协作推动小组的工作	10			
6	表现积极，主动完成各项学习任务	10			
7	会通过网络检索资料，并做好摘录	10			
8	口头表达准确流畅，图表表达简单明了	10			
9	具有自我学习的能力	10			
10	具有自我认知和自我评估的能力	10			
总分					

参考文献

［1］ 席时达．电工技术［M］．5版．北京：高等教育出版社，2019.

［2］ 赵红顺，马仕麟．电气控制技术实训［M］．3版．北京：机械工业出版社，2024.

［3］ 人力资源社会保障部教材办公室．电力拖动控制线路与技能训练［M］．6版．北京：中国劳动社会保障出版社，2020.

［4］ 王兰军，王炳实．机床电气控制与PLC［M］．2版．北京：机械工业出版社，2022.

附　录

附录一　电气事故案例及原因分析

案例1：不懂电气安全常识导致的触电死亡事故

【死者情况】张某　男　32岁　工地负责人

【地　　点】某建筑工地搅拌机电门箱前

【经　　过】

某建筑工地新装了一台搅拌机，上午电工接上线就走了，下午工地开始使用搅拌机时，发现转向错了。工地没有电工，工地负责人张某就自己去摆弄电门。他边摆弄边说："这事很简单，把两根线一倒就行了。"于是他把三相刀开关拉下，便伸手去抓开关电源侧的导线，结果手握导线触电死亡。

【主要原因分析】

张某认为将刀开关拉下之后，开关的哪一侧都没有电了。于是就伸手去抓导线，导致死亡。

【事故教训及防范措施】

一些不懂电气安全常识的人认为：开关拉开后就没有电了，不去区分开关的电源侧和负载侧。还有人拉开了电灯的单相开关后认为，灯都不亮了，哪里还有电？

在触电死亡的人员中，有许多不是电工，不懂电气安全常识，却去操作、维修电气设备，导致触电事故。如某人拿用电器的两根线去接电，接上一根后，便用手去修理另一根线的接线头。他认为两根线都接上去才有电，实际上电已经从用电器传到另一个线头，结果触电死亡。

为了防止这类事故发生，一是要严格执行电气安全规程，不是电工，不许安装、维修电气设备；二是要开展全员电气安全教育，现代社会需要大家都懂得电气安全常识。

案例2：没有绝缘保护导致的触电死亡事故

【死者情况】王某　男　38岁　驾驶员

【地　　点】某公司冷库月台下的水井旁

【经　　过】

运输处驾驶员王某脚穿拖鞋，使用电动高压水泵冲刷车辆，因电线漏电，触电倒地。事故发生后，相关部门迅速组织现场抢救，并及时送至医院，终因抢救无效死亡。

【主要原因分析】

水泵电线系临时线路，没有架高使其与地面分离，而是散放在地面上，甚至浸泡在水中。驾驶员有时驾车从线路上经过，将绝缘层轧破，造成漏电，最终导致王某触电死亡。

【事故教训及防范措施】

水泵使用应遵守以下三项措施：一是对水泵电线布局进行彻底整改，将线路架高或埋入地下，并安装漏电保护器；二是使用水泵时必须戴绝缘手套、穿水靴；三是定期检查电线、水泵情况，发现问题及时纠正。

案例 3：相线与零线接线颠倒导致触电死亡事故

【死者情况】李某　男　19 岁　电工

【地　　点】建筑工地搅拌机工作区

【经　　过】

某建筑工地正在紧张施工，搅拌机搅拌好水泥后停下来。一名工人推车过来接水泥，正当搅拌机向外倒水泥时，手扶推车把手的工人突然感到麻电，大喊“有电”，于是停止工作，找来电工修理。电工李某到来后，用验电笔测搅拌机外壳果然有电，就把搅拌机上的开关拉开，再次测量仍然有电，就跑到前一级开关箱，拉开了控制搅拌机回路的刀开关。这时，他认为不会再有电，没再验电，就伸手握住搅拌机动力箱的铁门，导致触电，送到医院抢救无效死亡。

【主要原因分析】

控制搅拌机开关箱的电源是从总配电箱配出的，总配电箱里控制搅拌机回路开关的三相导线中有一相是黑色的，而没经开关的保护线是灰色的。搅拌机搅拌好水泥后，工地某分包电工要为本队临时接一照明灯，于是他把开关拉开，撤掉负荷线，接好照明后在恢复原负荷时，他认为黑色线应该是保护线，就把黑色线和原来的保护线互换了，把原来的保护线接到电流的相线 E，相线接至搅拌机外壳。当电工李某拉开两极开关时，由于三相开关并不能切断接在外壳上的相线，因此搅拌机仍然带电，导致电工李某触电死亡。

（1）原接线中，总配电箱内的相序并没有按习惯将黑色线作为保护线，埋下了事故隐患。

（2）分包电工在恢复原接线时，主观地把相序倒过来，使搅拌机带电，是造成事故的直接原因。

（3）电工李某在检修中虽拉下二级开关，但并没有切断接在外壳上的相线，又没有认真地验电，也是导致事故的原因。

【事故教训及防范措施】

（1）接线要规范，黑色线或绿黄双色线要接外壳，不要把相线错接在外壳上。

（2）检修开始前一定要全面验电，不能认为电已经停了，验不验电无所谓。

案例4：未安装漏电保护器导致触电死亡事故

【死者情况】赵某　男　42岁　铲车司机

【地　　点】某运输公司刷车台

【经　　过】

为迎接车辆安全检查，某运输公司的铲车司机赵某开始刷洗铲车。他把车开到刷车台上，手握喷射式清洗机的喷枪，刷洗约20分钟后，周围的工人突然听到他“啊”一声喊叫，接着就倒在刷车台上。工人们急忙切断电源，此时赵某已经失去知觉，只能向外呼气，送到医院后抢救无效死亡。

【主要原因分析】

经检查，清洗机的电源线采用的是橡胶护套软电缆线。从清洗机的开关到电动机这一段线恰好搭在电动机外壳的散热风刺上。清洗机在运行中处于振动状态，电动机散热风刺与护套线接触摩擦。时间一长，将护套线的外层护套和内层的橡胶绝缘层磨破，使导线接触电动机散热风刺，导致清洗机金属外壳带电。清洗机的外壳与喷枪通过带钢丝网的高压水管连接，从而使喷枪带电，最终导致赵某触电死亡。

【事故教训及防范措施】

有关部门规定，使用清洗机这类触电危险性大的设备，必须安装漏电保护器，以确保人身安全。该公司相关负责人安全意识不强，没有将安全规章制度落实到位，也是导致事故的原因之一。

案例5：未采用安全电压导致的触电事故

【死者情况】刘某　男　23岁　力工

【地　　点】某新建加油站油库内

【经　　过】

某工程队承包新建加油站油库内的设备安装工程，刘某协助焊工进行管道焊接。油库无窗户，采光不好，环境潮湿、狭窄且有积水，于是工人用两根塑料线拉了临时照明灯。焊接工作完成后，焊工说：“我把工具先拿出去，把电门拉下来，你把灯和电线收拾好拿出去。”过了一会儿仍不见刘某出来，焊工便回到油库寻找，发现刘某躺在地上，灯和电线散落一地。刘某被送到医院后抢救无效死亡。

【主要原因分析】

尸体表面检查发现，刘某右手小拇指根部和左脚有电流烧伤的痕迹。检查灯具发现，灯线的相线接在灯头的螺口上，且螺口裸露。由此可以推断，焊工没有切断电源时，刘某已开始收拾灯和灯线，当他右手握住灯头时，触到灯头裸露处触电。

【事故教训及防范措施】

在潮湿、狭窄且采光不好的油库内作业，应尽量采用 12V 的安全电压和安全手持灯具，既可增强安全性，又便于随工作地点移动。

附录二　用电安全导则（GB/T 13869—2017）（节选）

5　用电产品的安装与使用

5.1　安装

5.1.1　用电产品的安装

用电产品的安装应符合相应产品标准的规定。

用电产品应按照制造商要求的使用环境条件进行安装，如果不能满足制造商的环境要求，应该采取附加的安装措施，例如，为用电产品提供防止外来电气、机械、化学和物理应力的防护。

一般条件下，用电产品的周围应留有足够的安全通道和工作空间，且不应堆放易燃、易爆和腐蚀性物品。

5.1.2　电气线路的安装

电气线路应具有足够的绝缘强度、机械强度和导电能力，其安装应符合相应产品标准的规定。

当系统接地的形式采用保护接地系统时，应在电路中采用剩余电流保护器进行保护，并且保护应具有选择性。

保护接地线应采用焊接、压接、螺栓连接或其他可靠方法，严禁缠绕或挂钩。电缆线中的绿/黄双色线在任何情况只能用作保护接地线。

5.1.3　插头插座的安装

插头插座的安装应符合相应产品标准的规定。

插拔插头时，应保证电气设备和电气装置处于非工作状态，同时人体不得触及插头的导电极，并避免对电源线施加外力。

插头与插座应按规定正确接线，插座的保护接地极在任何情况下都应单独与保护接地线可靠连接，不得在插头（座）内将保护接地极与工作中性线连接在一起。

5.2　使用

5.2.1　通用要求

正确选用用电产品的规格型式、容量和保护方式（如过载保护等），不得擅自更改用电产品的结构、原有配置的电气线路以及保护装置的整定值和保护元件的规格等。

选择用电产品，应确认其符合产品使用说明书规定的环境要求和使用条件，并根据产品使用说明书的描述，了解使用时可能出现的危险及应采取的预防措施。用电产品检修后重新使用前应再次确认。

用电产品应该在规定的使用寿命期限内使用，超过使用寿命期限的应及时报废或更换，必要时按照相关规定延长使用寿命。

任何用电产品在运行过程中，应有必要的监控或监视措施；用电产品不允许超负荷运行。

用电产品因停电或故障等情况而停止运行时，应及时切断电源。在查明原因、排除故障，并确认已恢复正常后才能重新接通电源。

正常运行时会产生飞溅火花或外壳表面温度较高的用电产品，使用时应远离可燃物质或采取相应的密闭、隔离等措施，用完后及时切断电源。

6 用电产品的维修

用电产品的维修应按照制造商提供的维修规定或定期维修要求进行。维修后需要检验的要按规定进行检验方能投入使用。

用电产品的测试及维修应根据情况采取全部停电、部分停电和不停电 3 种方式，设置安全警示标志及采取相应的安全措施，并由专业人员进行，非专业人员不得从事电气设备和电气装置的维修，但属于正常更换易损件的情况除外；涉及公众安全的用电产品，其相应活动应由具有相应资格的人员按规定进行。

检修后的电气设备和电气装置，应证明其安全性能符合正常使用要求。不合格的用电产品不得投入使用，应及时予以报废，并在明显位置予以标识。用电产品拆除时，应对原来的电源端做妥善处理，不应使任何可能带电的导电部分外露。

长期放置不用的用电产品在重新使用前，应经过必要的检修和安全性能测试。

7 特殊场所和特殊环境条件用电安全的一般原则

7.1 特殊场所的一般原则

在儿童活动场所，应考虑将插座安装在一定的高度，否则应采取必要的防护措施。

在浴场（室）、蒸汽房、游泳池等潮湿的公共场所，应有特殊的用电安全措施，保证在任何情况下人体不触及用电产品的带电部分，并当用电产品发生漏电、过载、短路或人员触电时能自动切断电源。

医疗场所的电气装置可参照 GB/T 16895.24—2005 的规定。

在可燃、助燃、易燃（爆）物体的储存、生产、使用等场所或区域内使用的用电产品，其阻燃或防爆等级要求应符合特殊场所的标准规定。

7.2 特殊环境条件的一般原则

我国地域广阔，应考虑电气设备及电气装置的特殊环境条件，包括热带、寒冷、高原、工业腐蚀、矿山、船用等。

在不同特殊环境条件下使用的各类产品，可按产品特点和使用环境对其的影响，考虑适用的环境参数和严酷等级，确定用电产品的防护类型。

在特殊环境条件下使用的用电产品，可通过提高设计参数等措施确保绝缘性能良好、满足各种环境条件的特殊要求、保持正常运行等。此外，热带环境中的干热型、干热沙漠型和其他特殊环境条件下户外使用的用电产品应满足一定的外壳防护等级，并能在高温、低温或太阳辐射下正常工作。

附录三 安全操作规程（参考）

一、电工通用安全操作规程

1. 主题内容与适用范围

本标准规定了对电工安全方面的一般性要求。

2. 电工

2.1 电工作业属特种作业，必须两人以上值班，持有电工安全操作证者方可独立作业。

2.2 作业前必须按规定穿戴好劳动保护用品。

2.3 上班前四小时或工作中不准喝酒。

2.4 必须掌握扑救电火及触电急救的知识和技术。

2.5 在变、配电所工作者，若间断工作三个月以上，必须经复工教育方可恢复工作。

3. 安全操作要求

3.1 按停、送电工作程序办事，绝不带负荷操作。

3.2 电气设备和线路在未经验明确实无电前，应一律视为有电。

3.3 经验明确认无电后，要将相应的标志牌挂在明处。

3.4 不准使用金属制作的或字样不清的标志牌。

3.5 带电作业须经主管动力师批准并采取可靠的安全措施才能进行，作业时要设专人监护，监护人必须自始至终在工作现场。

3.6 高处作业必须扎好安全带，穿软底绝缘鞋。作业中严禁投掷工具、材料等物件。

3.7 使用 1kV 以上验电器时，必须带绝缘胶皮手套。

3.8 不准使用漏气、破裂或受潮的绝缘用具。

3.9 不准随意拆除各种安全防护装置、照明信号、监测仪表、警戒标记、防雷装置等。

3.10 发生电气事故，特别是发生电气火灾、触电事故时，必须迅速切断故障部分电源，防止事故扩大，对触电休克人员应立即就地抢救，同时报告领导和有关部门。没有主管动力师通知，不能动手抢修和送电。

二、配电室值班电工安全操作规程

1. 主题内容与适用范围

本标准规定了配电室值班电工应具备的基本条件，高、低压带电，停电安全作业及停、送电安全操作要求。

2. 值班电工

2.1 应持有电工安全操作证。

2.2 应熟悉电工安全通则及安全操作标准。

2.3 应熟悉供电系统和配电室内各种设备的性能及操作方法。

2.4 应具备在异常状态下处理事故和采取安全措施的能力。应掌握触电急救技术。

2.5 应有高度责任心，自觉严格执行值班巡视制度、倒闸操作制度、工作票制度、交接班制度、安全用具及消防设备管理制度、出入配电室制度等。

3. 安全操作要求

3.1 在电气设备上工作应填写、使用工作票或按命令执行。

3.2 口头或电话命令，必须清楚正确。值班电工应将发令人、工作负责人及工作任务详细记入值班日记本中，并应向发令人复诵，核对一遍。

3.3 事故抢修可不填写工作票但应将抢修事宜记录在维修记录本中。开始工作前做好安全措施并指定专人监护，监护人必须始终在工作现场，认真履行监护职责，必须要离开现场时，应指定胜任的人代替。

3.4 单独巡视高压设备及担任监护的人员必须经动力部门批准。

3.5 不论高压设备带电与否，值班人员不得单人移开或越过遮栏去工作。若必须移开遮栏，必须有监护人在场，而且操作范围应符合设备不停电时的安全距离要求。

3.6 所有工作人员（包括工作负责人）都不许单独留在高压室内或室外变电所高压设备区内。

3.7 雷雨天气需巡视室外高压设备时应穿绦绝靴，且不得靠近避雷器及避雷针。

3.8 巡视配电装置时，进出高压室必须随手将门锁好。

3.9 与供电单位或用户（调度员）联系进行送电、倒闸操作时，值班负责人必须复诵核对操作命令无误，并且将联系内容及联系人姓名做好记录，再行操作。

3.10 停电拉闸操作，必须按照油开关、负荷侧刀闸、母线侧刀闸的顺序进行，严禁负荷拉刀闸。

3.11 高压设备和大容量低压总盘上的倒闸操作，必须由两个人执行，并应由对设备更为熟悉的较高级电工担任监护。特别重要和复杂的倒闸操作由熟练的值班电工操作，值班负责人担任监护并应始终在工作现场。

3.12 远方控制或隔墙操作的油开关和刀闸（有联锁装置的油开关）可以由单人操作。

3.13 用绝缘棒拉合高压刀闸或经传动机构拉合高压刀闸、油开关时，都应戴绝缘手套。

3.14 雨天操作室外高压设备时应穿绝缘靴。雷电时禁止倒闸操作。

3.15 带电装卸熔断器时，应戴防护眼镜和绝缘手套，必要时使用绝缘夹钳并站在绝缘垫上。

3.16 电气设备人为或事故停电后，在拉开刀闸并采取安全措施之前，应仍视为有电，不得触及设备或进入遮栏，防止突然来电。

3.17 施工或检修需要停电时，值班人员应按工作票要求采取安全措施（包括停电、验电、装设临时接地线、装设遮栏、悬挂标志牌）并会同工作负责人现场检查，确认无电并交代附近带电设备和注意事项后，双方办理许可开工签证，方可开始作业。

3.18 工作结束，工作人员撤离现场后，工作负责人应向值班人员交代清楚检修项目并共同检查现场，双方办理工作终结签证后，值班人员方可拆除安全措施，恢复送电。

3.19 在办理工作终结手续之前，不准将施工设备或检修设备合闸送电。

3.20 高压设备停电作业要求：工作人员正常活动范围小于表 1 规定距离的设备必须停电；距离大于表 1 但小于表 2 规定的设备，必须在与带电部分不小于表 1 的距离处装设牢固的临时遮拦，否则必须停电。

表 1 工作人员工作中正常活动范围与带电设备的安全距离

电压等级（kV）	安全距离（m）
10 及以下	0.35
20～35	0.60
44	0.90
60～110	1.50
154	2.00
220	3.00
330	4.00
500	5.00

表 2　设备不停电的安全距离

电压等级（kV）	安全距离（m）
10 及以下	0.70
20～35	1.00
44	1.20
60～110	1.50
154	2.00
220	3.00
330	4.00

3.21　停电时必须切断各回路可能来电的电源，使各回路至少有一个明显断开点：

a. 拉开油开关，断开其操作电源；

b. 变压器、电压互感器必须从高、低两侧断开；

c. 电压互感器的一、二次熔断器都必须取下。

3.22　验电时，必须用电压等级合适的验电器。在检修设备进出线两侧分别验电。验电前应验明验电器是否良好。

3.23　在高压设备上验电必须戴绝缘手套。

3.24　在验明设备确实无电后，应立即着手进行以下工作：

a. 将检修设备的导体接地并相间短路；

b. 对可能送电至停电设备的各回路或可能产生感应电压的部分装接地线；

c. 接地线应使用多股铜软线，截面积不得小于 $25mm^2$；

d. 接地线必须使用专用的线夹固定在导体上。严禁用缠绕的方法进行接地或短路；

e. 装设接地线时必须先接好接地端再接导体端，拆除时顺序相反；

f. 装拆接地线时都应戴绝缘手套或使用绝缘棒，并由两人同时进行；

g. 严禁检修人员自行拆除或变动原有的接地线；

h. 装拆接地线时，应做好记录并在交接时交代清楚。

3.25　在电容器组回路上作业时，必须先将电容器逐个对地放电。

3.26　在一经合闸即可送电到工作地点的场合，应做好以下工作：

a. 开关或刀闸操作把手上应悬挂“禁止合闸 有人工作”的标志牌；

b. 工作地点两旁、对面的带电设备遮栏上，以及禁止通行的过道上应悬挂“止步 高压危险”的标志牌；

c. 工作地点应悬挂“在此工作”的标志牌。

3.27　在带电设备附近作业，必须设专人监护。带电设备只能在工作人员的前面或一侧，否则应该停电。

3.28　线路或用户检修要求停电时，值班电工应采取安全措施，然后通知对方工作负责人开始工作并进行登记。工作结束，必须在接到原负责人通知后方可恢复送电。严禁约时停电、送电。

3.29　低压回路停电检修时应断开电源，取下熔断器，在刀闸把手上悬挂“禁止合闸 有人工作”的标志牌。

3.30　低压设备带电作业时，应设专人监护、戴绝缘手套、使用带绝缘的工具并站在干燥的绝缘物上进行。相邻相的带电部分，应用绝缘板隔开，严禁使用锉刀、金属尺等导电工具。

3.31　在带电的电流互感器二次回路上作业时，要严防电流互感器二次侧开路产生高压。断开二次侧回路时，必须使用短路片或短路线在电流互感器二次侧的专用端子上短路，严禁用导线缠绕。

3.32　在带电的电流互感器上作业时，必须设专人监护、使用带绝缘的工具并站在绝缘垫上进行。不得将回路的永久接地点断开。

3.33　发生触电事故或电气火灾时，值班电工应不经联系立即断开有关设备的电源，在积极进行抢救的同时报告领导和有关部门。

三、维修值班电工安全操作规程

1. 主题内容与适用范围

本标准规定了维修值班电工维修作业的安全要求。

2. 安全操作要求

2.1　班前应按要求穿戴好防护用品，检查工具、仪表等是否完好可靠。

2.2　任何电器设备未经验电前一律视为有电。

2.3　拆卸、修理电气设备必须在停车后切断电源、取下熔断器、挂上“禁止合闸 有人工作”的标志牌并验明无电后进行。

2.4　在配电室总盘及母线上工作时，应在验明无电后，挂临时接地线。装、拆接地线必须由值班电工进行。

2.5　临时工作中断后或每班开始工作前，必须重新检查电源确已断开并验明无电。

2.6　每次检修结束时，必须清点所带工具零件等，防止遗忘在设备内造成事故。

2.7　专门检修人员修理电气设备时，值班电工要进行登记，完工后要做好交接并共同检查现场，确认无误后方可送电。

2.8 低压设备上必须进行带电作业时，须经有关负责人批准并设专人监护，三相电源相邻带电部分和金属部分应用绝缘板隔开，作业中严禁使用不带绝缘的金属用具、工具。

2.9 严禁带电拉开动力配电箱的刀闸开关。

2.10 带电装卸管式熔断器时，要戴防护眼镜和绝缘手套。必要时使用绝缘夹钳站在绝缘垫上进行。

2.11 按各回路用电设备容量选用适当的熔断器。

2.12 安装就位的设备，不准断开外壳接地线。

2.13 电器或线路拆除后，可能带电的线头等必须及时用绝缘胶布等包扎好。

2.14 安装照明灯时，必须将开关装在相线上，灯口螺纹必须接在零线上。

2.15 临时装设的电器设备，必须将金属外壳接地。

2.16 电动工具必须使用单相三孔或三相四孔插座或将外壳保护线单独接到保护导体上。严禁将电动工具的外壳保护线和工作零线拧在一起插入插座。使用时应装漏电保护器并戴绝缘手套。

2.17 用橡胶护套软线电缆连接移动设备时，专供保护接零的芯线上不允许有工作电流流过。

2.18 动力配电盘、配电箱、开关、变压器等电气设备附近，不准堆放易燃、易爆、潮湿及其他影响操作的物品。

2.19 使用梯子时，梯子要有防滑措施，并设专人监护。使用没有搭钩的梯子时，要有人扶持。使用人字梯时，拉绳必须牢固。禁止使用用钉子钉成的或金属做的梯子。

2.20 使用喷灯时，油量不得超过喷灯容积的四分之三，打气要适当。不应使用漏油、漏气的喷灯。不准在易燃物品附近点燃喷灯。

2.21 使用移动式电气设备前，必须经值班电工检查，确认没有问题方可使用。雪雨天不准在室外使用移动式电动工具和电焊机等。

2.22 高处作业时，要系好安全带，穿软底绝缘鞋，作业中不准投掷工具、材料等，不准在母线上蹲坐、行走。

2.23 使用摇表时，先选好使用范围，然后两人操作。被测量的电气设备或线路必须先停电、放电，确认线路无人工作后，方可进行测量。

2.24 钳形电流表只能测500V以下的电气设备和线路，使用前要检查绝缘手柄是否良好，选好量程，每次只能测一相，测量时钳口不准与另一相接触，也不准碰地。测量裸导线时必须采取安全措施。

2.25 用普通电流表测量电流时，必须先连好线再送电。注意电流互感器在任何时候都不准开路，电压互感器不得短路。

2.26 使用仪表进行带电测量时，必须使用绝缘合格的导线和正规的仪表棒，并设专人读表。

2.27 使用临时接地器时要注意以下几点：

a. 临时接地器只用于系统的变配电间和大型复杂的从母线上或低压盘中直接引线的电气设备的停电检修；

b. 凡是装临时接地器的设备或线路，都必须挂“已接地”的标志牌；

c. 装接地器前，必须放电并逐相验电；

d. 装接地器时，应先装接地端，后接至三相导体，拆除时顺序相反；

e. 接地器和标志牌未拆除前，不能合闸送电。

2.28 天车检修高处作业时应做到以下几点：

a. 如同一跨有两个以上天车，检修前应与其他天车的司机联系好；

b. 拉下被修天车总闸，采取可靠的安全措施，挂上标志牌；

c. 拆卸抱闸和电机对轮时，要避免滑动。检修室外天车时，要用夹轨钳把天车固定牢靠。

2.29 操作低压盘时，其他人应撤到隐蔽处。

2.30 处理故障、操作无灭弧装置的刀闸开关时，要先查明故障原因。

2.31 应根据现场实际情况按规定选用安全电压。

2.32 安全电压电源一律采用双卷隔离变压器，严禁用电阻降压或自耦变压器降压供电。

2.33 停电检修下列设备或线路时应办理工作票：

a. 长度 100m 以上的室外电缆或架空线；

b. 变压器的二次侧接头、铝母线、铜母线和低压盘；

c. 动力配电箱、照明配电箱和天车滑触线；

d. 联络线、联络刀闸及 100kW 以上的大型用电设备；

e. 母线或低压盘引线。

2.34 工作没完成或没有收回工作票时，任何人不得随意送电。

2.35 电气设备发生火灾时，要立刻切断电源并用正确方法灭火，绝不可用水灭火。